彩图 5　核桃长足象果面产卵

彩图 6　核桃长足象幼虫及受害果

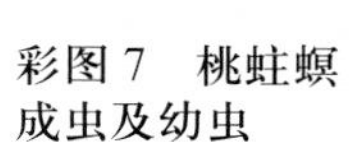

彩图 7　桃蛀螟成虫及幼虫

彩图 8　云斑天牛成虫和幼虫

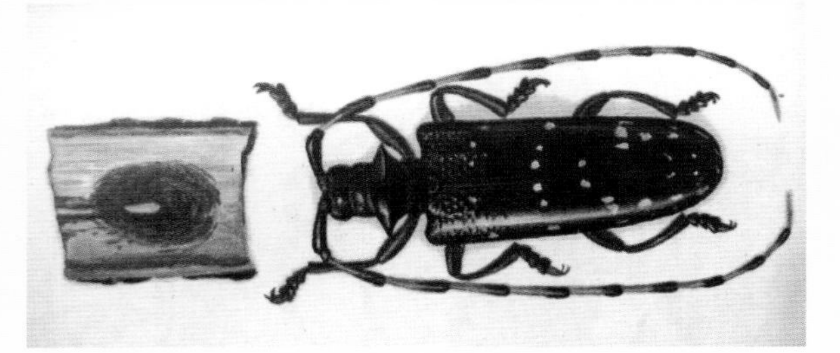

彩图9　星天牛成虫及卵

彩图10　皱绿橘天牛

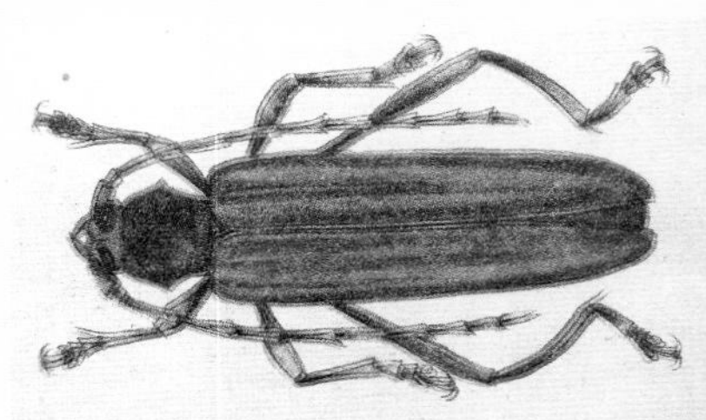

彩图11　多斑豹蠹蛾成虫

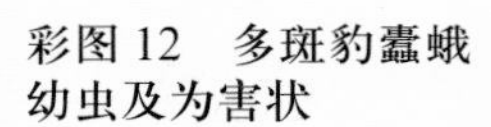

彩图12　多斑豹蠹蛾幼虫及为害状

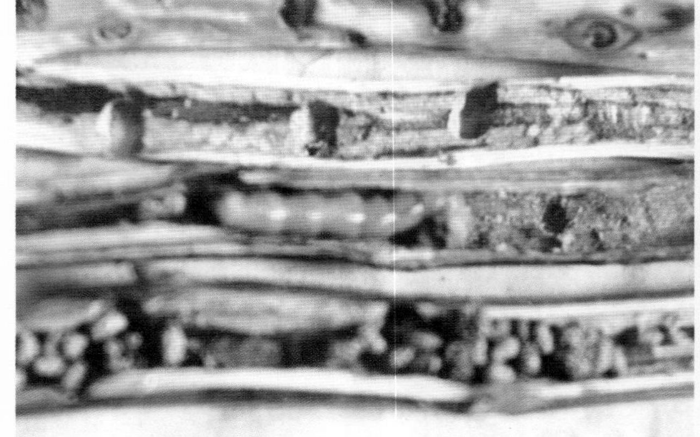

彩图 13　多斑豹蠹蛾幼虫为害引起核桃枯枝

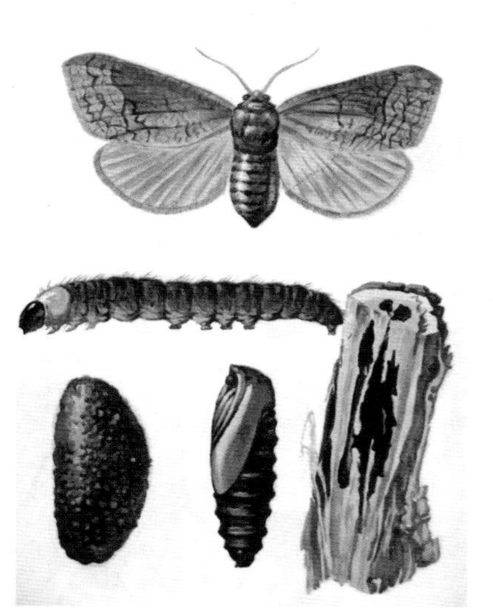

彩图 15　柳干木蠹蛾成虫（朱弘复 图）

彩图 14　芳香木蠹蛾成虫、幼虫（杨有乾 图）

彩图 16　柳干木蠹蛾幼虫（朱弘复 图）

彩图 17　赤腰透翅蛾成虫

彩图 18　赤腰透翅蛾幼虫

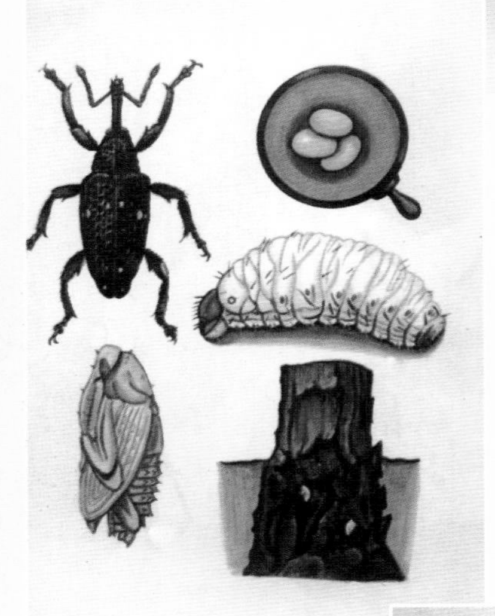

彩图 19　核桃横沟象成虫、卵、幼虫及为害状（杨有乾 图）

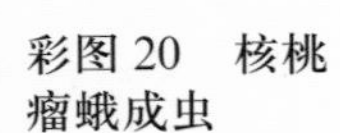

彩图 20　核桃瘤蛾成虫

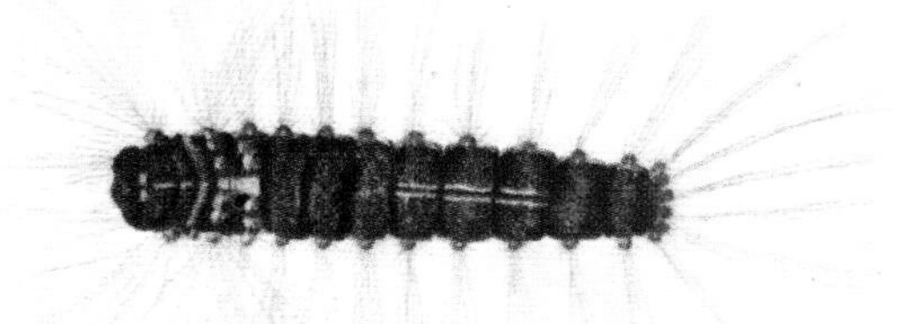

彩图 21　核桃瘤蛾幼虫

彩图 22　核桃缀叶螟成虫

彩图 23　核桃缀叶螟幼虫（曹子刚 图）

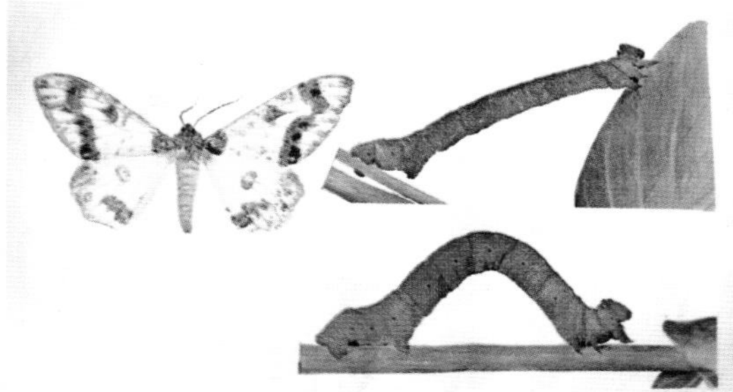

彩图 24　黄连木尺蛾成虫及幼虫（王林瑶 图）

彩图 25　桑褶翅尺蛾成虫及幼虫（朱弘复 图）

彩图 26　柿星尺蛾成虫及幼虫（方承莱 图）

彩图 27　核桃星尺蛾成虫及幼虫（王林瑶 图）

彩图 28　银杏大蚕蛾成虫

彩图 29　银杏大蚕蛾卵块及幼虫

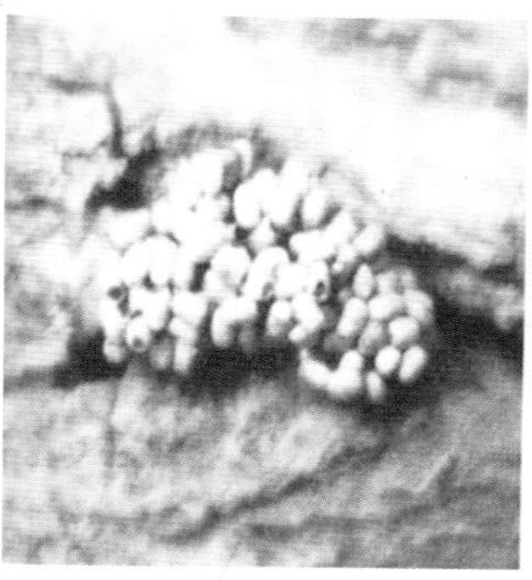

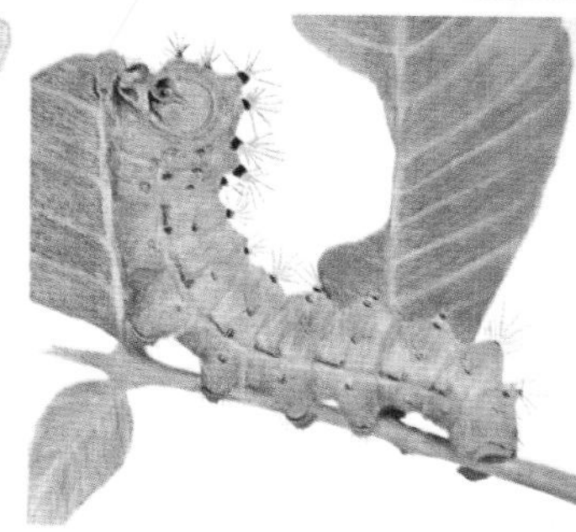

彩图 30　绿尾大蚕蛾成虫及幼虫(方承莱 图)

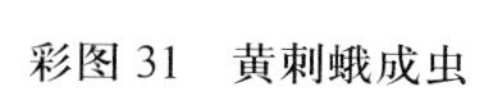

彩图 31　黄刺蛾成虫

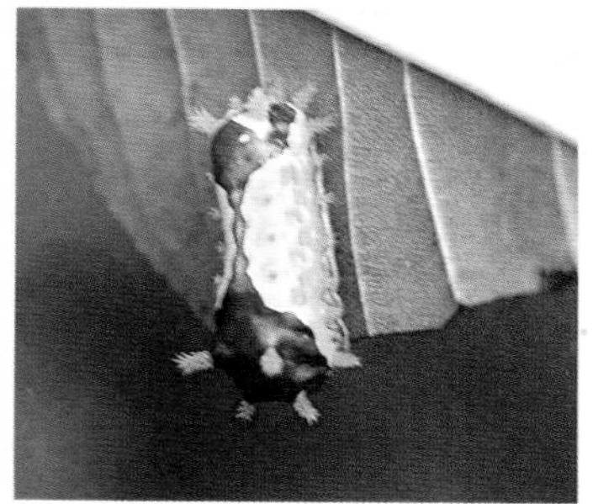

彩图 32　黄刺蛾幼虫及茧

彩图 33　褐边绿刺蛾成虫及幼虫

彩图 34　扁刺蛾成虫

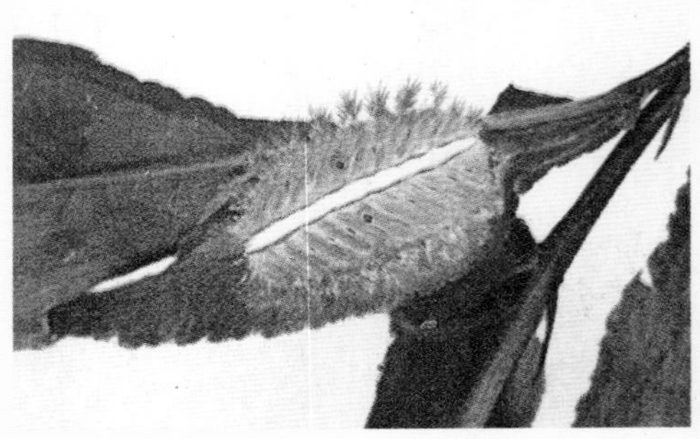

彩图 35　扁刺蛾幼虫及茧(朱弘复　图)

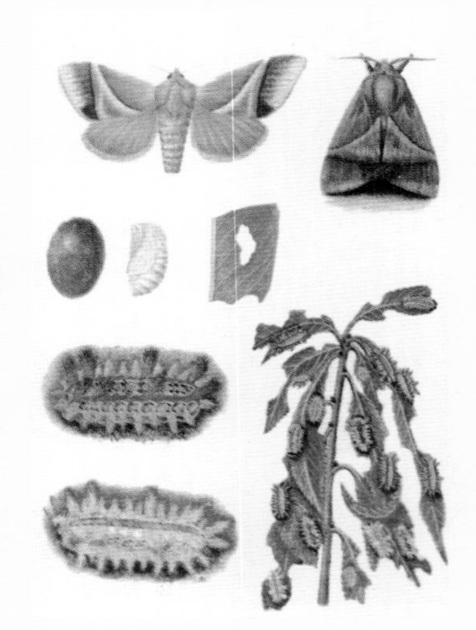

彩图 36　桑褐刺蛾成虫、卵块、茧及蛹（吴印青　图）

彩图 37　黑眉刺蛾成虫（曹子刚　图）

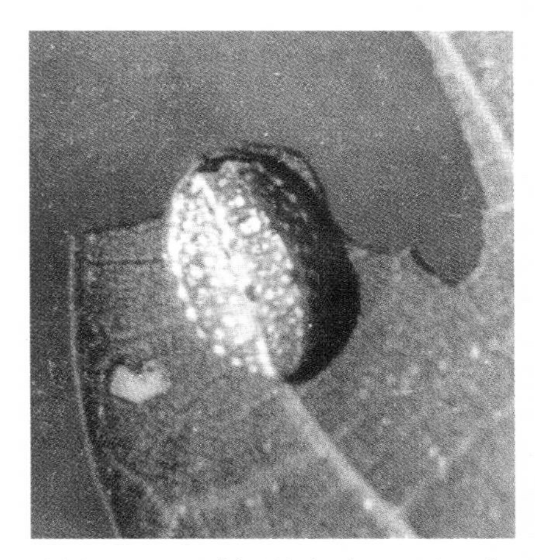

彩图 38　黑眉刺蛾幼虫（曹子刚　图）

彩图 39　舞毒蛾成虫、幼虫、卵及蛹（刘玉娟　图）

彩图 40　角斑古毒蛾成虫、幼虫及蛹（刘玉娟　图）

彩图 41　桑毛虫成虫及幼虫（朱弘复 图）

彩图 42　美国白蛾成虫及幼虫

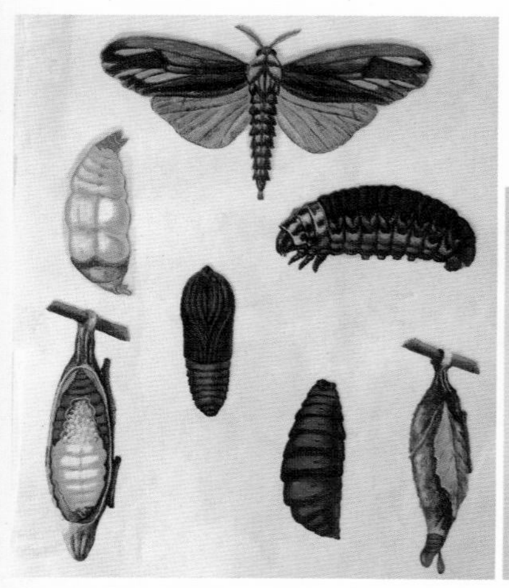

彩图43　大袋蛾成虫、幼虫及蛹（杨有乾 图）

彩图 44　桃剑纹夜蛾成虫及幼虫（朱弘复 图）

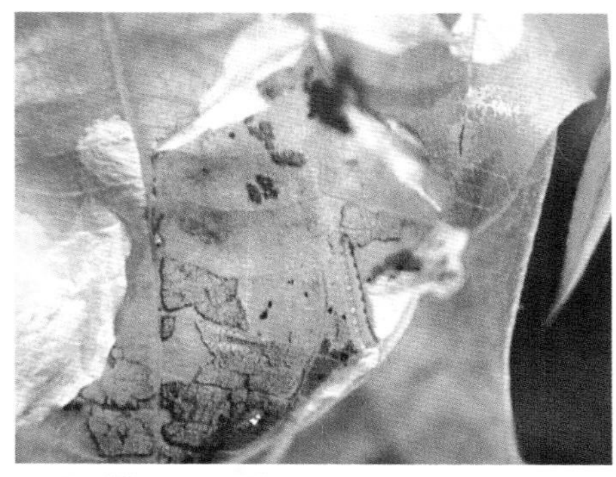

彩图 45　核桃细蛾幼虫（邱强　图）

彩图 46　核桃细蛾为害状（邱强　图）

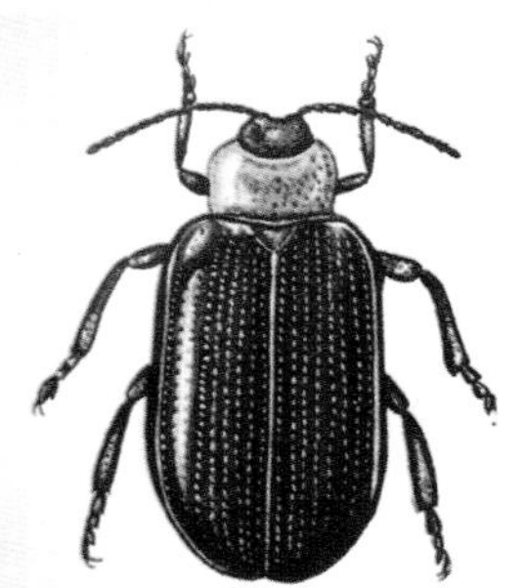

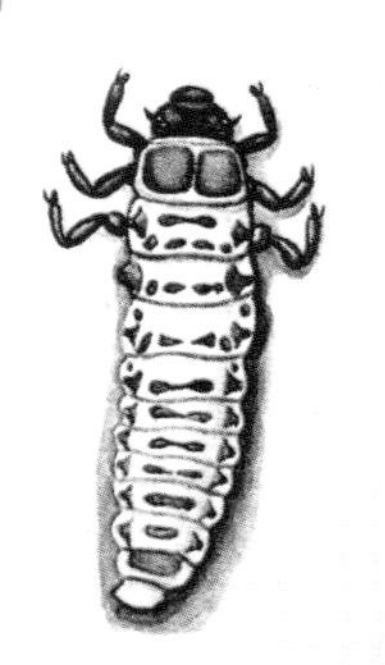

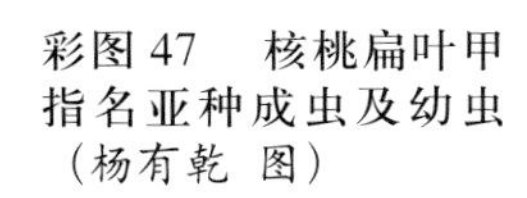

彩图 47　核桃扁叶甲指名亚种成虫及幼虫（杨有乾　图）

彩图 48　铜绿金龟成虫及为害状（邱强　图）

彩图 49　斑喙丽金龟成虫及为害状（邱强 图）

彩图 50　大灰象成虫（杨有乾 图）

彩图 51　蒙古象成虫（杨有乾 图）

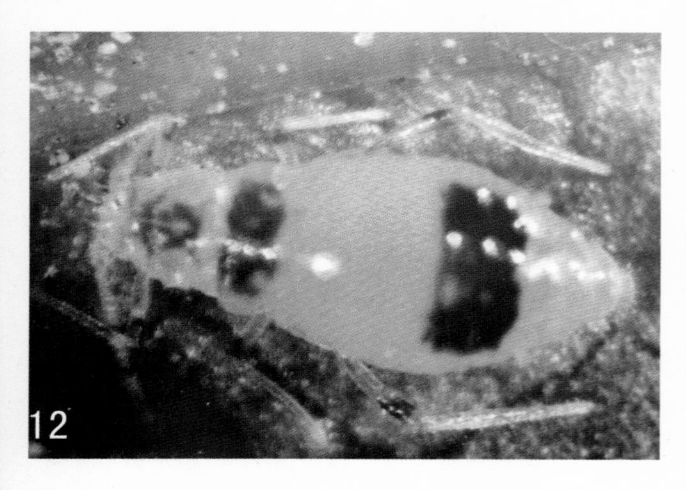
彩图 52　核桃黑斑蚜（邱强 图）

彩图 53　草履蚧雄虫

彩图 54　草履蚧雌若虫

彩图 55　草履蚧天敌红环瓢虫

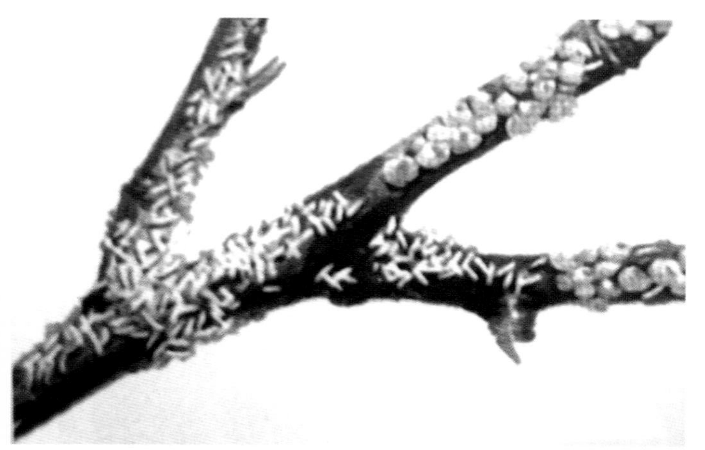

彩图 56　桑盾蚧

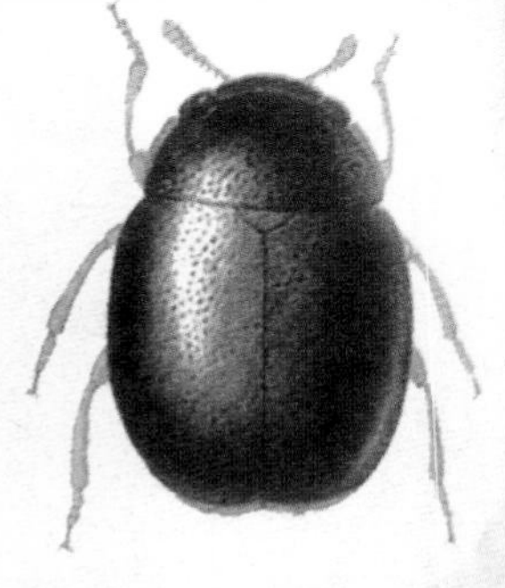

彩图 57　桑盾蚧天敌日本方头甲

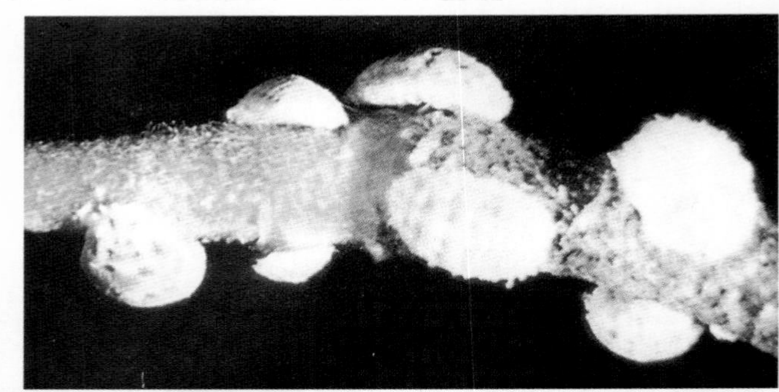

彩图 58　柿粉蚧若虫
（张管曲 图）

彩图 59　柿粉蚧卵袋
（张管曲 图）

彩图 60　榆蛎盾蚧及枝干、果实受害状
（曹子刚 图）

彩图 61　梨圆蚧成虫及若虫（曹子刚 图）

彩图 62　大青叶蝉成虫

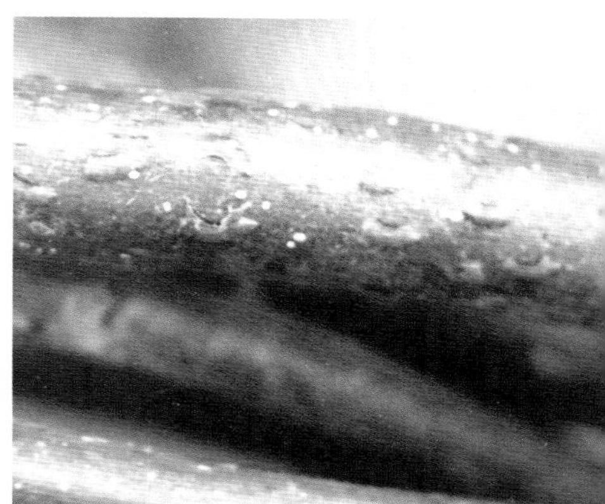

彩图 63　大青叶蝉枝干产卵状

彩图 64　斑衣蜡蝉成虫

彩图 65　斑衣蜡蝉若虫

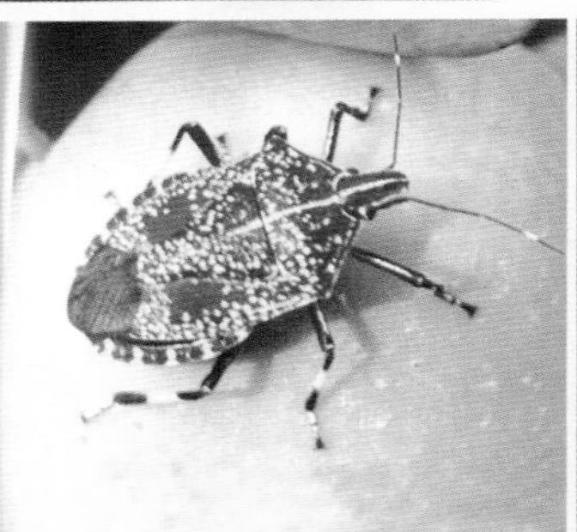

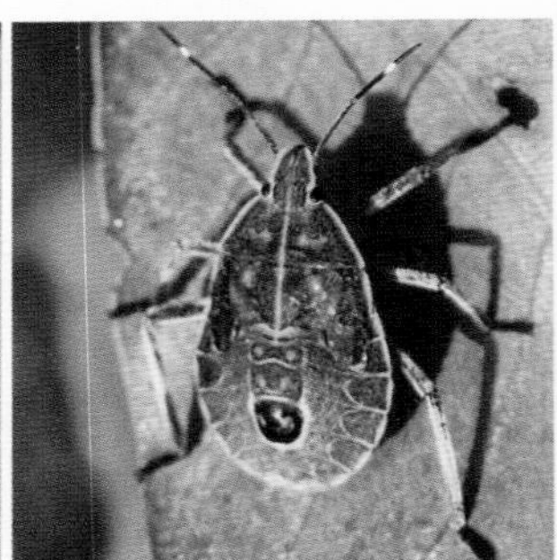

彩图 66　麻皮蝽成虫及若虫（曹子刚 图）

彩图 67　山楂叶螨成虫

彩图 68　榆全爪螨成虫(邱强 图)

彩图 69　核桃黑斑病病叶、病果

彩图 70　核桃炭疽病果（曹子刚 图）

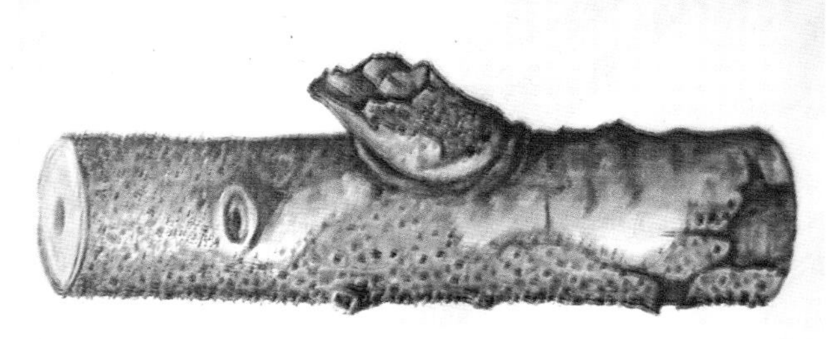

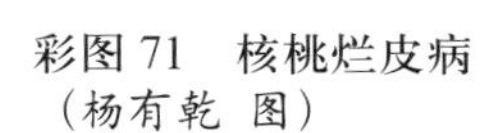

彩图 71　核桃烂皮病（杨有乾 图）

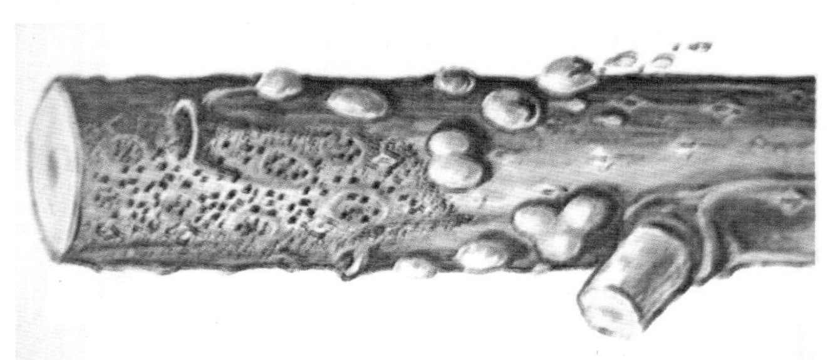

彩图 72　核桃溃疡病（杨有乾 图）

彩图 73　核桃干腐病
（谢宝多　图）

彩图 74　核桃枝枯病
（邱强　图）

彩图 75　核桃丛枝病
（李传道　图）

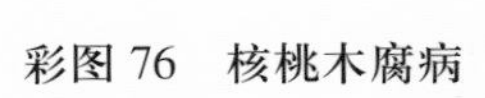

彩图 76　核桃木腐病

彩图 77　核桃膏药病
（杨有乾 图）

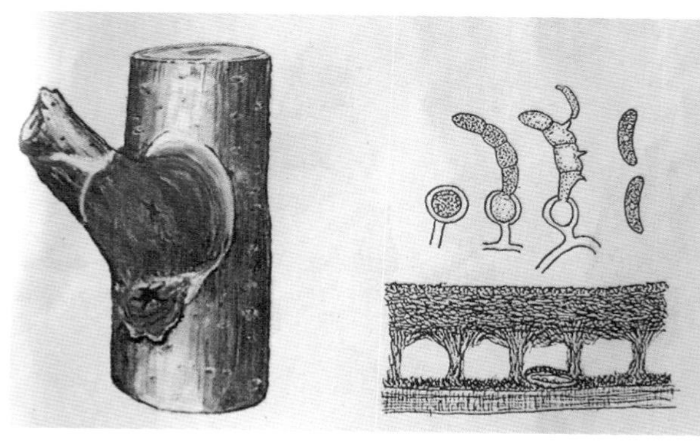

彩图 78　桑寄生

彩图 79　槲寄生

彩图 80　核桃褐斑病
（王国平 图）

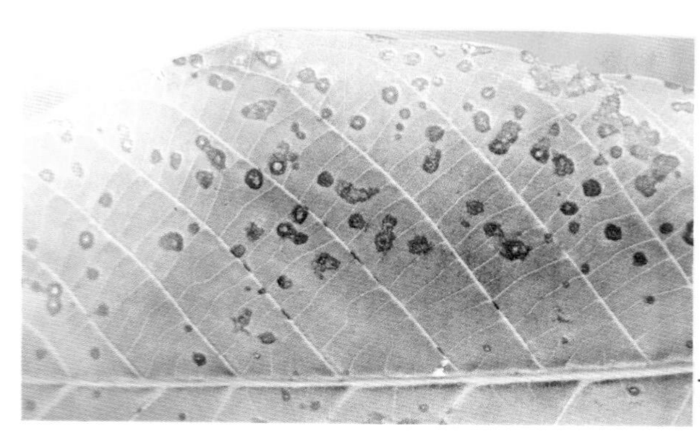

彩图 81　核桃白粉病

彩图 82　核桃灰斑病

彩图 83　核桃缺铁病

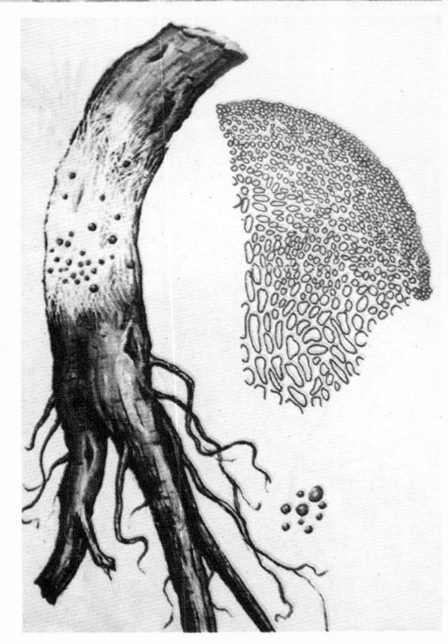

彩图 84　核桃白绢病（杨有乾　图）

核桃病虫害防治新技术

编著者
孙益知　孙光东
庞红喜　周小惠

金盾出版社

内 容 提 要

本书记述核桃害虫102种，病害22种，对每一种病虫害的分布危害、害虫形态特征，病害症状、病原，发生危害规律及防治技术做了详细阐述。对核桃病虫害综合防治理论与方法及科学使用农药做了介绍。并配有彩色图片87幅。该书内容丰富，图文并茂，技术先进实用，适合广大果农，植保、果树、林业科技人员，农林大专院校师生阅读。

图书在版编目(CIP)数据

核桃病虫害防治新技术/孙益知等编著．—北京：金盾出版社，2009.9(2017.6重印)
ISBN 978-7-5082-5943-7

Ⅰ.①核… Ⅱ.①孙… Ⅲ.①核桃—病虫害防治方法 Ⅳ.①S436.64

中国版本图书馆CIP数据核字(2009)第145691号

金盾出版社出版、总发行
北京太平路5号(地铁万寿路站往南)
邮政编码：100036 电话：68214039 83219215
传真：68276683 网址：www.jdcbs.cn
北京天宇星印刷厂印刷、装订
各地新华书店经销
开本：850×1168 1/32 印张：10.625 彩页：20 字数：242千字
2017年6月第1版第9次印刷
印数：36001～39000册 定价：22.00元

前　言

核桃是世界四大干果之首，营养价值很高，核桃仁含脂肪63%～75%(脂肪酸90%为油酸、亚油酸)，蛋白质15.4%～75%，碳水化合物10%，还含有丰富的钙、铁、磷等多种矿物质和核黄素、尼克酸、硫胺素、胡萝卜素以及维生素E等营养物质，有助于增强记忆力，对各种年龄段的人都有很好的保健作用。2008年12月美国的一项动物实验首次证明，吃核桃可以抑制肿瘤生长。在古代我国人民就誉称核桃为“长寿果”。随着人民生活水平的提高，人们对健康食品、健脑食品需求趋旺。世界果树生果仁协会预计，核桃仁的需求量将以每年5%速度递增，这是核桃价格不断上涨的原因所在。因此，发展核桃生产是很有前途的产业。

世界上有40多个国家栽培核桃，约200余万公顷，年产核桃113万吨。我国有25个省(市、区)栽植核桃，栽植面积约100余万公顷，有2亿多株。2006年产核桃47.5万吨，居世界首位，出口核桃仁13 135吨，创汇5 584万美元。但是我国核桃单产低，品种良莠不齐，因病虫危害减产20%～30%，严重的减产在50%以上。做好病虫害防治，不仅可显著提高产量，还可大大提高核桃质量。

编者多年深入陕西省商洛市、汉中市核桃产区，进行科技扶贫，科技攻关，解决了核桃病虫害防治问题，促进了当地核桃产量大幅度提高，并获得多项科技成果。先后到甘肃、山西、河南、山东和湖北等核桃产区进行考察。在广泛收集文献的基础上，编写了

《核桃病虫害防治新技术》一书，书中记述害虫 102 种、病害 22 种及其防治技术，力求反映最新研究成果并奉献给广大读者。

由于编写时间仓促，疏漏不妥之处在所难免，敬请读者谅解指正。

编著者

目　　录

第一篇　核桃害虫防治

第二篇　核桃病害防治

第三篇　核桃病虫害综合防治

第一篇　核桃害虫防治

第一章　蛀果害虫

一、核桃举肢蛾

核桃举肢蛾 *Atrijuglans hetauhei* Yang，俗称核桃黑，属鳞翅目，举肢蛾科。

（一）分布为害

分布于北京、河北、山西、山东、河南、陕西、甘肃、四川、重庆和贵州。为害核桃及核桃楸。幼虫钻蛀核桃青皮和核仁，受害果皮逐渐变黑凹陷早落。一般核桃受害果率 10%～20%，受害严重时虫果率达 50%～80%。1985 年陕西省商洛地区，因核桃举肢蛾的为害减产核桃 400 万千克。

（二）形态特征

1. 成虫　雌蛾体长 5～8 毫米，翅展 13～15 毫米；雄蛾体长 4～7 毫米，翅展 12～13 毫米。体黑褐色，有金属光泽。头部褐色被银灰色大鳞片。下颚须内侧白色，外侧淡褐色。下唇须向前突出弯向内方。触角黑褐色密被白毛，丝状。复眼朱红色，胸背黑褐色，中胸小盾片被白鳞毛。前翅狭长黑褐色，翅基 1/3 处有圆形白斑，翅端 1/3 处有一内弯半月形白斑，缘毛黑褐色。后翅披针形，黑褐色，有金属光泽。后足胫节和跗节有黑色毛三束，腹背黑褐色，第二至第六节密生横列金黄色小刺（彩图 1～3）。

2. 卵 长椭圆形，长 0.3～0.4 毫米，初产时乳白色，后渐变为黄白色，孵化前红黄色。

3. 幼虫 初孵化幼虫体长 1.5 毫米，乳白色，头部黄褐色。老龄幼虫体长 8～13 毫米，头部棕褐色，体淡黄白色，体背有紫红色斑点，腹足趾钩单序环状，臀足趾钩单序横带。

4. 蛹 长 5～6 毫米，宽约 2.5 毫米，纺锤形，初期为黄色，后期变为深褐色被蛹，藏于茧内。茧长 7～10 毫米，长椭圆形，略扁平，褐色粘满细土粒，较宽的一端有黄白色丝缝，为成虫羽化时的出口，常露出于土表。

（三）发生规律

河北、山西和山东 1 年发生 1 代，据郑建平（1992 年）在河北省武安市研究观察，核桃举肢蛾过冬幼虫 5 月下旬开始化蛹，6 月下旬 7 月上旬陆续羽化，7 月下旬为幼虫蛀果高峰期，7 月末 8 月上旬幼虫先后脱果入土结茧过冬，1 年发生 1 代。

在北京、陕西和四川 1 年发生 1～2 代。据金骥、卢友三和李振宇在北京地区研究，越冬幼虫于 4 月底 5 月初开始化蛹，5 月中下旬至 6 月初为化蛹盛期，越冬代成虫最早于 5 月初羽化，盛期为 5 月底 6 月初，末期为 6 月下旬。第一代幼虫在 5 月中旬开始蛀果为害，5 月下旬至 7 月中旬为幼虫蛀果盛期，6 月下旬至 7 月中旬为老熟幼虫脱果入土盛期，7 月中旬至 8 月上旬为化蛹盛期。7 月初即有少量当年一代成虫羽化，盛期在 7 月下旬至 8 月上旬、末期可延至 9 月初。第二代幼虫于 7 月初开始蛀果为害，大量蛀果期在 8 月中旬（此时有少量老熟幼虫脱果入土过冬），第二代幼虫脱果盛期在 8 月下旬至 9 月初，9 月中旬检查被害核桃果时，尚有少量未老熟幼虫。在陕西丹凤县海拔 1 200 米山区，年均气温

10℃左右，过冬代幼虫翌年 6 月上中旬化蛹，6 月下旬成虫开始羽化，7 月上中旬为成虫羽化产卵盛期，幼虫陆续蛀果为害，8 月下旬幼虫脱果入土结茧，1 年发生 1 代。在海拔 600 米浅山区，年平均气温 13.8℃。过冬代幼虫 4 月底、7 月上旬化蛹，5 月中旬至 7 月中旬成虫羽化产卵，幼虫蛀果为害引起落果，自 6 月中旬至 8 月上旬当年第一代幼虫脱果入土结茧化蛹，7 月上旬至 8 月下旬，当年第一代成虫羽化产卵，幼虫蛀果为害，8 月下旬幼虫陆续脱果入土结茧过冬，1 年发生 2 代。四川省 1 年发生 1～2 代，浅山区 1 年发生 2 代，高山区 1 年发生 1 代。河南省 1 年发生 2 代，过冬代成虫 4 月下旬至 6 月陆续羽化，幼虫 5 月中孵化蛀果。当年代成虫先后于 7 月上旬至 8 月上旬羽化。

成虫早晨中午多栖息在核桃叶片背面或草丛石块上。后足上举，不停摇动，有时跳跃，行走用前、中足。飞翔、交尾、产卵多在 17～20 时，活动盛期 18～19 时，成虫产卵多选在两果交界的缝隙、萼凹、梗凹处。卵散产，一般每果产卵 1～2 粒，少数产 4～5 粒，每雌虫可产卵 30～40 粒，一般产 20 多粒。成虫略有趋光性，成虫寿命 3～8 天。卵期 5～8 天，一般 7 天，幼虫孵化后在果面爬行 1～5 小时方蛀入果内。第一代幼虫蛀果时正值果实速长期，内果皮（核桃壳）多未硬化，幼虫可蛀食内果皮，进入子叶内部，入果孔小黑点不明显，幼虫蛀食 30～40 天，引起早期落果，6 月中下旬咬穿果皮，脱果入土结茧化蛹，蛹期 12～14 天。成虫羽化期 7 月中下旬，交尾产卵，幼虫孵化后蛀果时，内果皮已硬化，幼虫只蛀食中果皮，引起果实表皮变黑凹陷，果皮内充满虫粪，虫果出仁率减少 30%，含油量减少 35%左右。幼虫蛀食期 30～45 天，遇到中大雨，受害果充满水，1 小时后老熟幼虫开始脱果，在地面爬行 1～5 分钟，入土结茧，80%的幼虫入土深度 1～3 厘米，个别入土深达 8 厘米。水平分布，树冠垂直下树内土壤里过冬茧，约占 80%以上。树盘北方冬茧占 33%～43%，南方冬茧最少，占 14%～18%，东面和西面相近，大体各占20%～23%，土壤温湿度对核桃举肢蛾过冬幼虫化蛹和成虫羽化影响很大。孙益知等(1993年)进行了土壤温湿度对核桃举肢蛾发育影响的研究(表1)。

表1 不同土壤温度、含水量对核桃举肢蛾过冬幼虫化蛹羽化影响

土壤温度(℃)	土壤含水量(%)	化蛹历期(天)	化蛹率(%)	羽化历期(天)	羽化率(%)
15	3	54.42	38	31.80	20
15	8	52.40	50	30.11	38
15	15	52.10	62	29.79	48
22	3	24.64	28	20.00	6
22	8	23.55	62	17.41	34
22	15	23.40	64	17.88	48
30	3	15.00	16	12.00	2
30	8	12.32	50	10.11	38
30	15	12.05	40	9.8	48
20	3	24.70	40	54.4	23
20	2	31.70	35		0
20	1	41.00	20		0

通过5个梯度温度试验计算，过冬幼虫化蛹起点温度9.4℃，发育积温276.3日度。成虫羽化起点温度10.4℃，发育积温196.3日度。特别是4～6月份气温高低影响过冬幼虫化蛹、成虫羽化的迟早。发生代数，在一个地方各年气温虽有变化，但变化幅度不大，土壤含水量即各年降水量变化大，土壤含水多少影响幼虫化蛹率和成虫羽化率，其实质就是存活率。宋继学(1990)分析了陕西洛南县12年的降水量与核桃举肢蛾为害程度的关系，4～6

节月份降水量 256～334 毫米发生为害严重，降水量在 196～231 毫米发生为害中等，降水量在 98～171 毫米发生为害偏轻，凡是比较湿润的生态条件，核桃举肢蛾为害相对重，阴坡比阳坡重，深山比浅山重，荒地比农耕树重，树冠北边比南边为害重等，都是在同样降水条件下相对保湿好，土壤含水量高，核桃举肢蛾为害较重。

（四）防治技术

1. 农业防治　林粮间作，树盘翻耕，破坏核桃举肢蛾过冬幼虫生态环境，降低表土含水量，或将幼虫埋入较深土层，大大提高过冬幼虫死亡率，经过大面积防治试验，防治效果在 80%以上。凡树盘下耕作后种植低秆作物的，受害果率只有 14.4%～12.8%，而未耕作的核桃树，虫果率高达 68.7%～96.1%。

2. 生物防治　河北灵寿县从 1989～1991 年，在核桃举肢蛾成虫羽化产卵后幼虫孵化蛀果前，树冠喷 20%除虫脲胶悬液 5 000 倍液，每隔 7 天左右连喷 2～3 次，干扰幼虫蜕皮正常发育，防治效果在 95%以上。在举肢蛾羽化产卵，始、盛、末期后 4～5 天幼虫蛀果前，喷苏云金杆菌、杀螟杆菌、青虫菌和 7216 菌等，每毫升含 2 亿～4 亿孢子，防治效果 79%～86%。还可以在举肢蛾蛀果前喷白僵菌液，每毫升含孢子 2 亿～4 亿，在空气相对湿度 80%以上，防治 80%左右。还可在 6 月下旬和 8 月下旬树盘喷洒斯氏线虫，每 1 平方米 11 万头，喷洒 2 次斯氏线虫，防治效果 79%～80%。在举肢蛾成虫产卵期，每 667 平方米释放松毛虫赤眼蜂 30 万头可控制为害，一般根据核桃举肢蛾发生产卵情况，释放赤眼蜂 2～3 次。

3. 药剂防治　在成虫产卵和幼虫初孵期，树冠果实上喷药，可选用 2.5%溴氰菊酯 3 000 倍液，20%氰戊菊酯 3 000 倍液，50%敌敌畏乳油 1 000 倍液，48%毒死蜱乳油 2 000 倍液。1.8%阿维菌素 500 倍液。一般每隔 10 天左右喷 1 次药，成虫羽化期树盘喷

3%辛硫磷颗粒剂 0.1～0.2 千克。

二、核桃长足象

核桃长足象 *Alcidodes juglans* Chao 又名核桃果象，山核桃黑象，属鞘翅目象虫科。

(一)分布为害

分布于陕西省汉中市和安康市南部 10 余县(区)，甘肃陇南地区，河南省南部，湖北省，四川省的绵阳市、万源、汶川、广元市、达县、西昌、乐山、凉山、阿坝，重庆市的万县、涪陵、城口县，云南省宣威等。叶泽茂早在 1959 年报道陕西镇坪县核桃长足象为害核桃果率 40%～100%。1964 年陕南 10 余县核桃长足象大发生，受害株率达 80%，果实受害率为 50%，其中宁强县当年减产 87%。汉中市核桃 30 余年核桃产量徘徊不前还略有下降。1990 年宁强县核桃受害率高达 50%～83%，减产 40%以上。1975～1977 年四川平武、南江、青川、汶川等调查 75 株核桃，核桃果实受害率平均 39.4%，芽受害率平均 36.5%，果农说“春来一树花，立夏结果少，芒种落满地，秋收没几个。”

(二)形态特征

1. 成虫 体长 9～12 毫米(不计喙管长)，雌虫较雄虫略大，体黑色略有光泽。体被覆十分稀薄 2～5 分杈的白色鳞片，喙粗长，密布刻点，雌虫喙长 4.6～4.8 毫米，触角着生喙中部；雄虫喙长 3.4～4.0 毫米，触角着生于喙前端 1/3 处。触角 11 节，膝状，柄节长，端部 4 节纺锤形。复眼黑色。前胸背板宽大于长，近圆锥形，密布较大的小瘤突，小盾片近方形，鞘翅基部宽于前胸，显著向前突出，盖住前胸基部，鞘翅上各有 10 条刻点沟，散布方刻点，行间前端1/3和行间4、7节的基部较宽而隆，基部散布较明显的颗粒。足腿节膨大具1齿，齿的端部又分出2小齿，胫节外缘顶端有一钩状齿，内缘有2根直刺(彩图4～6)。

2. 卵　长椭圆形，长1.2～1.4毫米，宽0.9毫米。初产时乳白色或淡黄色，半透明，后变为黄褐色或褐色。

3. 幼虫　老熟幼虫体长9～14毫米，初乳白色，头黄褐色或褐色，胸、腹部弯曲呈镰刀状，体多皱纹，无足，体侧气门明显。

4. 蛹　体长12～14毫米，黄褐色，胸、腹部背面散生许多小刺，腹末具1对褐色臀刺。

(三)发生规律

根据景河铭等(1980年)在四川平武县研究，孙益知、李鑫等在陕西宁强县研究(1995)，核桃长足象1年发生1代，以成虫过冬。根据宁强罩笼观察和田间定树系统调查，4月初气温达到10℃，核桃树开始萌芽时，长足象开始个别出蛰上树，啃食幼芽和嫩叶补充营养，中午温度高时上树成虫多，遇到低温降临即下树栖隐树盘表土缝隙草丛中。5月中旬出蛰成虫大增，气温达到16℃时开始交尾产卵，5月中旬至6月上旬为产卵盛期，占总产卵量的87%，一直延续到7月下旬还有个别成虫产卵，成虫多次交尾，每天产卵2～4粒，1头雌虫一生产卵112～118粒。每果产1粒卵的占81.3%，每果产2粒卵的占11.2%。产卵前雌虫先在果面蛀圆形产卵孔，直径约2毫米，孔深约3毫米。然后侧转身进产卵孔内，再用喙管将卵推到孔底，然后分泌黄色胶液封闭孔口，随着核桃果实的生长，产卵孔出现裂口，蚂蚁等进入捕食，捕食率约8%，自然损失达20%，卵的有效孵化率只有71.4%。

长足象的卵在果皮内经4～8天孵化，初孵化幼虫在原蛀果皮蛀食果皮3～4天，再蛀入果核内取食种仁，不断从蛀孔向外推出黑褐色虫粪，种仁逐渐变黑糜烂，引起落果，从产卵到落果一般经历20天左右，自6月初至7月底为虫害果脱落期，6月中下旬为虫落果盛期。6月下旬核桃硬核后，幼虫只能在中果皮（青皮）蛀食，果皮变黑下陷，种仁瘦秕，受害重的失去食用价值，过冬成虫产卵后于9～10月份陆续死亡。

1991年6月10日在宁强县徐家坝村调查，受害严重树虫果率达60%～74%，地面落果100～280个/株，占总株数的30%，虫果率较高，为30%～60%，落果50～100个/株的树占40%，受害轻的虫果率2%～29%，落果30个/株以下的树占30%。可见长足象为害严重。幼虫在虫果内化蛹，蛹期6～10天，幼虫被蚂蚁捕食率13.9%，寄生蝇寄生率15.4%，遇到连阴雨白僵菌、绿僵菌寄生率可达21%，虫果落到树盘外围，太阳直射地面温度高达41℃，还可杀死部分幼虫，幼虫总死亡率在50.9%。

幼虫在受害果内老熟，经6～10天的蛹期，从6月14日始见当代成虫羽化，一直延续到8月初，羽化盛期在7月1日至20日，成虫羽化率为32.1%，当代成虫羽化后自7月中旬，蛀食核桃青皮，多在向阳面蛀食，一果可遭多头成虫蛀食，有的果面有67个蛀孔，致使果仁空秕。进入8月后转向取食芽苞，在芽侧蛀1洞，失去发芽能力，未防治树的混合芽平均受害率为56.3%，雄芽受害率为19.5%。对翌年核桃产量影响很大。成虫还啃食嫩梢、叶柄表皮，引起枯梢落叶，成虫善爬行，不善飞，飞行距离7～25米。有一定趋光性。成虫在田间树体呈聚集分布。树冠上部多于下部，阳面多于阴面，果实多于芽、枝、叶。秋季9月中旬调查74株核桃成年树，平均每株有成虫14头，最多1株有成虫51头。当年成虫不交尾不产卵。

根据2年生树上罩笼饲养观察，核桃采收后核桃长足象长期停栖在核桃枝条芽苞处，11月下旬气温降到3℃时，成虫陆续下树落地面，12月下旬气温降到0℃时，树上成虫只有12%。82%成虫落地，藏于土壤缝隙、石块缝、草丛、落叶秸秆堆等处，以向阳温暖湿润处为多。每1平方米约0.08头成虫。经在冰箱测定在－4℃～－15℃低温下，受冻12小时没有死亡，受冻15小时10％死亡，受冻21小时70％死亡，受冻24小时死亡率90％，受冻27小时100％死亡。冬季－15℃以下低温是限止核桃长足象分布的关键因素。

（四）防治技术

1. 人工防治 在6月初至7月上旬核桃长足象虫落果期，坚持1～3天检拾虫害落果集中深埋。试验3年坚持对10株核桃树拾落果，虫果率第一年由61.9％降至48.3％，第二年虫果率降到17.9％，第三年虫果率降到4.7％，核桃产量由21千克上升至103千克。9～11月份捕捉树上成虫1～2次，减少过冬成虫数量，减轻翌年为害核桃，消灭1头成虫可挽回1千克核桃。

2. 生物防治 景河铭等1996～1997年在四川省平武县于5～7月份气温22℃，空气相对湿度80％，树冠喷白僵菌（每毫升含5亿孢子）液，喷药15天后，长足象死亡率达到90％～100％；杨世璋等（1999年），在重庆市城口县，从核桃长足象白僵菌致死虫体上，分离出白僵菌，在6～7月份进行防治试验，按每毫升孢子含量2×10^8个，并加0.05％洗衣粉，在气温22.7℃，相对湿度75.6％，喷菌后2天下雨，30天校正死亡率93.2％。

3. 药剂防治 在长足象大量上树产卵前，5月上中旬，树冠喷50％辛硫磷1000倍液，或80％敌敌畏1500倍液、2.5％溴氰菊酯3000倍液、20％甲氰菊酯3000倍液、48％毒死蜱300～400倍液。一般喷1～3次树盘土壤，阻止成虫上树。

三、桃蛀螟

桃蛀螟 *Dichocrocis punctiferalis* Guenee 又名桃蠹螟，桃蛀

虫，核桃钻心虫等，属鳞翅目，螟蛾科。

（一）分布为害

桃蛀螟分布于辽宁、河北、山西、山东、河南、陕西、江苏、安徽、浙江、江西、湖北、湖南、福建、台湾、广东、广西、四川、云南、贵州、甘肃、北京、上海、天津、重庆等地。除为害核桃外，还为害桃、李、杏、梨、苹果、柿、板栗、山楂、柑橘、芒果、荔枝、龙眼、向日葵、大豆、玉米、棉等，是杂食性害虫。以幼虫蛀食核桃果实，引起早期落果，有的将核桃种仁食空，据四川省 1976 年调查，核桃果实受害率达 10%～20%。

（二）形态特征

1. 成虫 体长 12 毫米左右，翅展 20～26 毫米，体翅均黄色，胸、腹部和翅有黑色斑点。胸背有 5 个黑斑，腹部第一节和 3～6 节背面各有 3 个黑斑，第七节有时只有 1 个黑斑，前翅有 29 个黑斑，后翅有 15 个黑斑。触角丝状。

2. 卵 椭圆形，长 0.6～0.7 毫米，宽约 0.5 毫米。初产时乳白色，孵化前鲜红色。

3. 幼虫 老熟幼虫体长约 22 毫米。头部暗黑色，胸腹部体色多变，有暗红色，淡灰褐，前胸背板深褐色，中后胸及第一节至第八腹节各有大小褐色毛片 8 个，排成 2 列，前列 6 个后列 2 个（彩图 7）。

4. 蛹 长约 13 毫米，宽 4 毫米，褐色。下颚中足及触角长超第五腹节的 1/2，下颚较中足略长，而中足又较触角略长。腹部末端有 6 根卷曲的臀棘。茧白色。

（三）发生规律

桃蛀螟在辽宁南部 1 年发生 2 代，河南开封、浙江龙泉、江苏南京、江西南昌、陕西临潼、重庆市1年发生4代，湖北武昌1年发生5代。以老熟幼虫在树皮裂缝、树洞，向日葵花盘、果堆、玉米秆、高粱穗、蓖麻种子、梯田边和落叶中结薄茧过冬。辽宁南部等各地成虫各代羽化期列表(表2)。

表2 桃蛀螟在各地成虫发生期(月、旬)

地 区	越冬代	第一代	第二代	第三代	第四代
辽宁南部	5下～6中	7下～8上	—	—	—
山东泰安	5上～6上	8上～9下	—	—	—
江苏南京	5上～7上	6中～8上	7下～8下	9上～10下	—
江西南昌	4中～6上	6中～7中	7中～9上	8中～9下	—
陕西临潼	4下～6上	6下～7下	8上～8下	9上～9下	—
重 庆	4中～6中	6中～7下	7下～8下	8下～9上	—
湖北武昌	4下～5上	6上～6中	7下～8下	8中～8下	9中～9下

成虫羽化时间多在19～22时，尤以20～21时最盛。成虫白天及阴雨天多停栖在叶背后和叶丛中，傍晚以后开始活动，取食花蜜或成熟的水果汁液，有趋光性。对黑光灯有强的趋光性，对糖醋液也有趋性。产卵前期3天，产卵时间多在晚上21～22时。越冬代成虫5月上旬至6月上旬晚上，将卵散产在核桃果上，一般多产在两果的接缝处，每果上可产2～3粒，多则20余粒。

卵多于清晨孵化，卵期6～8天，6月上旬孵出第一代幼虫，初孵化幼虫在果面做短距离爬行后，即蛀入果肉为害，从蛀孔排出黑褐色虫粪和黄褐色透明胶汁，与粪便粘在一起，附贴在果面上，十分明显，严重时幼虫可将果仁吃光，仅留核壳，壳内充满虫粪。幼虫期15～20天，幼虫老熟后在受害果内或两果接缝处化蛹。蛹期8～10天，6月下旬至7月上旬成虫羽化，转换其他寄主产卵为害，多就近选择桃、梨、苹果、柿、山楂及向日葵、玉米等作物产卵，幼虫继续为害，直到9月中下旬幼虫过冬。

(四)防治技术

1. 农业防治 根据桃蛀螟转换寄主特点，核桃园不宜和桃、梨、山楂园混栽或近距离栽植。不宜近距离种植向日葵等。

冬季刮刷老翘皮，消灭过冬幼虫。田间定期检查摘除虫果集中深埋。

2. 诱杀成虫 在核桃比较集中处，5～6月份架设60瓦黑光灯，安装防雨罩、挡虫板和毒瓶或水盆等。还可利用糖醋液诱捕成虫，配制比例为红糖、醋、果酒、水按1∶4∶0.5∶10混合，放入碗(盆)内，傍晚挂到核桃园内，逐日记载诱蛾数并深埋。夏季糖醋液易变质，可改用浓糖液，即红糖、果酒、醋按2∶1∶2的比例混合，不对水，用鸡蛋大棉球(或纸球)浸糖醋液，挂水碗(水盆)上面。利用桃蛀螟性外激素，顺反-10-十六碳烯醛的混合物，吸附到橡皮塞或塑胶管内(已有多家生产诱芯)。挂在水碗上方1厘米处，碗内放清水，加少许洗衣粉，还可把性外激素诱芯分别放到糖醋液水碗上面，或将诱芯挂在黑炮灯防雨罩下。以上3种诱杀成虫方法每天统计诱蛾数量，在诱蛾最多时，树上喷防治成虫，杀卵，防幼虫蛀果。

3. 药剂防治 在桃蛀螟成虫羽化高峰期产卵期，幼虫蛀果前可喷药剂防治，50%杀螟松乳剂1 000倍液，或50%敌敌畏乳油1 500倍液，或40%乐果乳剂1 500倍液，或2.5%溴氰菊酯3 000倍液，或20%氰戊菊酯2 500倍液，或20%甲氰菊酯3 000倍液。

由于桃蛀螟食性杂，为害植物种类多，在做好核桃桃蛀螟防治的同时，也要注意附近的向日葵、桃、梨、苹果、石榴、板栗作物的防治工作。

四、栗黑小卷蛾

栗黑小卷蛾 *Cydia glandicolana* （Danil）又名栗实蛾，属鳞翅，卷叶蛾科。

（一）分布为害

栗黑小卷蛾分布我国的东北、西北、华北和华东地区。以幼虫蛀食栗、栎、山毛榉、核桃、榛的果实。在辽宁省丹东地区栗实受害率达 30%～40%，严重时近达 70%。少数幼虫咬断果梗，使总苞在未成熟前脱落，少数蛀入果实内，取食子叶，使果实减产。幼虫蛀食核桃果实，多和核桃举肢蛾混在一起。

（二）形态特征

1. 成虫　体长 7～8 毫米，翅展 15～20 毫米。头、胸部和前翅银灰色，腹部和后翅灰色。触角丝状。复眼黑色。前翅近长方形，顶角下稍凹入，前缘有向外斜伸的黑斜纹 20 余条，外缘约 1/3 部分为金黄色，斑内有数条黑色斜伸的粗短纹和较宽的黑色内边，似 1 大黑斑，其余部分有许多不规则的黑色横短纹。

2. 卵　长约 0.5 毫米，扁平近圆形乳白色。

3. 幼虫　体长 8～13 毫米。头部黄褐色至暗褐色，胸部暗绿色至暗褐色，1～5 节色深暗，前胸背板及臀板色微褐，各节毛瘤色暗，上生细毛，初龄体白色。

4. 蛹　体长 7～8 毫米，略扁平，褐至赤褐色。茧长约 10 毫米，长椭圆形、扁，腹节有瘤起，腹部末节有 6～8 根臀刺。

（三）发生规律

在辽宁陕西 1 年发生 1 代。在辽宁以老熟幼虫在落叶层中结茧过冬。翌年6月化蛹,7月中旬开始羽化,下旬为盛期,7月下旬大量产卵。卵多产于栗总苞及果梗基部。7月下旬8月上旬幼虫孵化,先为害栗总苞。8月下旬蛀入苞内蛀食栗实。10月上中旬幼虫脱果落地,在落叶结茧过冬。

在陕西秦岭山区,1年发生1代,幼虫在落叶中结茧过冬。翌年8月初开始化蛹,8月中旬化蛹盛期,蛹期13~16天。8月中旬至9月上旬羽化,成虫寿命7~14天,产卵叶背、果梗基部,9月上中旬幼虫大量蛀食栗苞,栗苞采收堆期大量蛀栗实为害。

江苏1年发生3代,以蛹过冬,翌年4月上旬成虫羽化。第一代幼虫4月中旬至5月上旬为害。5月中旬开始化蛹,6月上旬末至中旬为第一代成虫羽化盛期。第二代幼虫为害期为6月中旬至7月上旬,7月中旬为化蛹盛期,末期迟至8月上旬,7月中旬第二代成虫发生期。第三代幼虫为害期7月下旬至10月上旬,10月中旬幼虫开始化蛹,下旬为化蛹盛期,11月上旬末为化蛹末期,以蛹在茧中过冬。成虫多于前半夜羽化,寿命8~12天,第五天开始交尾,交尾均在下半夜,历时约1小时。第一代成虫产卵于雄花簇和幼苞上,第二代产卵于栗总苞上,越冬代产卵部位不详。第一代初孵化幼虫蛀入新梢,并缀几个叶片,从中食害嫩梢叶片,以后枝叶枯萎落地,幼虫在其中化蛹。第二代幼虫6月中旬开始为害花序、雌花簇和总苞。幼虫受惊吐丝下垂。幼虫为害总苞时,多在果柄附近吐丝结网,巢上盖绒毛及苞刺,幼虫即蛀入苞内,粪便排于孔外。幼虫将总苞吃空再转食另果,一头幼虫平均为害总苞3.5个。总苞受害后脱落,第三代幼虫可引起早期落果。第二代幼虫在受害总苞上,少数在雄花序和叶片上结茧化蛹,蛹期6~12天,平均8.8天。第三代幼虫7月末出现,此时总苞已增大,一幼虫多害一苞,为害板栗的幼虫大部分随果带入仓库,只有为害早熟品种的幼虫方能在较隐蔽的树皮裂缝中化蛹过冬。靠近板栗核桃树的果实常有受害。

(四)防治技术

1. 农业防治 及时采收,拾净落地栗苞栗实,减少越冬幼虫或蛹数量。冬季清扫落叶,割净杂草消灭过冬幼虫和蛹。

2. 药剂防治 核桃采摘堆集期,及时喷5%敌敌畏乳油1 500倍液,边喷药边用铁锨翻均匀,然后用草席或塑料薄膜覆盖2天多,熏杀幼虫。成虫产卵期喷20%氰戊菊酯3 000倍液。

五、双鬃尖尾蝇

双鬃尖尾蝇 *Silba* sp. 属双翅目,尖尾蝇科。

(一)分布为害

1986年,在陕西省商洛地区的洛南县和商州市,发现该虫幼虫为害核桃。前期幼虫可蛀食核桃仁,6月下旬后蛀食核桃青皮,在青皮纵横穿食,使核桃变黑腐烂,引起落果,果皮下有7～8个头,多时可有30～40头蛆状幼虫。常与核桃举肢蛾混合发生,虫果率高达52.3%。

(二)形态特征

1. 成虫 体长6毫米,翅展12毫米,黑色或较暗色。头比身体略宽,黄褐色,复眼大,触角芒状3节。前胸侧具双鬃,中胸发达,前后胸狭小,前翅膜质,具金属光泽。

2. 卵 长约1毫米,乳白色、

3. 幼虫 老熟幼虫体长6～9毫米,乳白色略带淡黄色,圆锥形,前端尖细,末端截切,口钩黑色,蛆式。

4. 蛹 圆筒形,金黄色,鲜明,羽化前转变为黄褐色,成虫羽化为环裂式。

(三)发生规律

据王安民研究(1994年),此虫在陕西省商洛地区每年发生1代,部分完成2代,以老熟幼虫在核桃树下土壤内、杂草根皮下或残枝落叶等处越冬,翌年5月上旬开始羽化,中下旬为羽化盛期,雌虫产卵期限为6月上旬至7月上旬,7月上旬始见幼虫为害,7月下旬至9月上旬是幼虫为害盛期。8月中下旬被害果大量变黑脱落,脱果早的老熟幼虫此时可再完成一代。迟发的幼虫在果实采收时还继续为害,在处理的青果皮中随处可见大量幼虫。成虫对糖醋液有趋性,幼虫为害期较长,其最大特点是幼虫善于弹跳。弹跳是其转果为害的主要方式,即果实被害完后幼虫逸出,头尾相接成环状而跳起,如果没有落在核桃青果上则继续弹跳,直到找到被害果为止。该虫为害量大可能与其善于弹跳转果为害有关。

(四)防治技术

1. 人工防治　冬春清除树下落叶杂草,深翻树盘土壤。清除核桃堆果场果皮,集中深埋。7～8月份摘除变黑虫果,拾净虫落果,集中深埋,连续3年防治效果可达90%以上。

2. 诱杀成虫　利用糖醋液诱杀成虫,配制比例参考核桃蛀螟糖醋液配方,加少量马拉硫磷农药,将诱到的双鬃尖尾蝇杀死。

3. 药剂防治　在成虫产卵末期结合防治核桃举肢蛾,可喷2.5%溴氰菊酯6000倍液,或50%杀螟松乳剂2000倍液,以触杀初孵化幼虫。以后每隔10天左右,喷2～3次药,保果率可达95%以上。在防治核桃举肢蛾的地方,喷药结束后再喷1次药。

六、高隆象

高隆象 *Ergania doriae* Yunnanus Heller,属鞘翅目象虫科。

(一)分布为害

高隆象分布于陕西、四川、云南、贵州、广西等地。成虫蛀食核桃果实、幼芽、叶柄；幼虫为害大豆种子，局部地方核桃受害较重。

(二)形态特征

1. 成虫　体长6.2～8毫米(不计喙)，体黑色，被覆淡褐色或白色鳞片；喙长约4.5毫米，长于前胸背板，弧形。触角着生喙两侧中部以前，柄节长达复眼，索节6节，第一索节长约等于第二索节，其他各节较短，长宽约相等，棒节长卵形。前胸宽大于长，后缘有2个凹陷，背部散布刻点，有白色纵纹3条。小盾片扁圆形；鞘翅高度拱起，各有10条刻点沟，中部和后部各有1条白色横带。足腿节端部有1钝齿，前足基节外面有白纹1条。

2. 卵　椭圆形，长1毫米，乳白色。

3. 幼虫　老熟幼虫体长7～9.8毫米，乳白色，头部黄褐色，胸、腹部弯曲呈镰刀状。

4. 蛹　体长8～10毫米，宽约5毫米，黄褐色，胸、腹部背面散生许多小刺，腹末具臀刺1对。

(三)发生规律

据景河铭研究，高隆象在四川地区1年发生1代，以幼虫在土中越冬，翌年5月上旬在土室中化蛹，5月中下旬羽化成虫，6月上旬产卵，6月中旬孵化幼虫，8～9月份幼虫老熟入土过冬。成虫羽化盛期在6月上旬，羽化出土后，地面留有直径约3毫米的羽化孔。初羽化成虫在地面静伏一段时间，然后上核桃树取食，将核桃果实蛀出直径为1～2毫米的孔，孔口流出黑褐色汁液，果实变黑，干枯脱落，成虫有时还蛀食芽苞，啃食雄花序，影响核桃开花结实。

成虫飞翔力弱，有假死性，喜光，晴天中午多在树冠阳面取食，补充营养后，经多次交尾，于6月上中旬将卵产核桃树附近的大豆种子内，产卵前先在豆荚上咬一产卵孔，然后将卵产于孔内，1个豆荚上产1粒卵，很少产2粒卵。成虫产完卵于9～10月落地死亡，成虫寿命达120天。卵期5～8天，幼虫孵化后即蛀食大豆种子，将豆粒蛀空致豆荚成一包虫粪，失去食用价值。8～9月份幼虫老熟先后脱离豆荚入土5～15厘米深处，筑土室越冬。翌年5月化蛹，幼虫期长达半年，蛹期10～15天，土室破坏后，幼虫、蛹均不能正常发育，多僵死，或被蚂蚁取食。

(四)防治技术

1. 农业防治 核桃树行间及核桃园附近不宜种植大豆，阻隔虫源，减轻高隆象转主为害。

2. 药剂防治 在成虫羽化出土期地面喷药，核桃树上喷药杀死成虫，可选用90%敌百虫1 000倍液、80%敌敌畏乳油1 000倍液、2.5%溴氰菊酯5 000倍液等。

第二章　钻蛀枝干根茎害虫

一、云斑天牛

云斑天牛 *Botocera horsfieldi* Hope 又名白条天牛，核桃大天牛，属鞘翅目，天牛科。

（一）分布为害

云斑天牛分布于陕西、河北、河南、山东、江苏、浙江、安徽、湖南、江西、福建、台湾、广东、广西、四川、贵州、云南。为害核桃、欧美杨、青杨、响叶杨、大官杨，小叶杨、滇杨、桑、麻栎、栓皮栎、柳、榆、悬铃木、女贞、泡桐、枫杨、油桐、板栗、苹果、梨、枇杷、木麻黄、桉树。成虫啃食新枝嫩皮，幼虫蛀食枝干皮部和木质部，轻则影响林木果树生长，降低结果量，重则使林木枯枝死树。1988 年前后陕西商洛地区七县市，核桃等多种果树林木受害株率达 90%；每年因云斑天牛为害造成的损失达 1 960 万元，成为林业、果树生产的重要害虫，四川仁寿县 1976 年每株核桃树有虫 6 头。

（二）形态特征

1. 成虫　体长 34～61 毫米，宽 9～15 毫米。体黑褐色或灰褐色，密被灰褐色和灰白色绒毛。雄虫触角超过体长 1/3，雌虫触角略比体长，各节下方生有稀疏细刺，第一至第三节黑色具光泽，有刻点和瘤突，前胸背有 1 对白色臀形斑，侧刺突大而尖锐，小盾片近半圆形。每个鞘翅上有白色或浅黄色绒毛组成的云状白色斑纹，2～3 纵行末端白斑长形。鞘翅基部有大小不等颗粒。

2. 卵 长 6～10 毫米，宽 3～4 毫米，长椭圆形，稍弯，初产乳白色，以后逐渐变黄白色。

3. 幼虫 老龄幼虫体长 70～80 毫米，淡黄白色，体肥胖多皱襞，前胸腹板主腹片近梯形，前中部生褐色短刚毛，其余密生黄褐色小刺突。头部除上颚、中缝及额中一部分黑色外，其余皆浅棕色，上唇和下唇着生许多棕色毛（彩图 8）。

4. 蛹 体长 40～70 毫米，淡黄白色。头部及胸部背面生有稀疏的棕色刚毛，腹部第一节至第六节背面中央两侧密生棕色刚毛。末端锥状。

（三）发生规律

云斑天牛在四川、贵州和陕西均为 2 年 1 代，前后经历跨 3 年。在陕西商洛地区研究，以幼虫和成虫在树干蛀道内和蛹室里过冬。过冬成虫在第三年 4 月下旬开始咬一圆形羽化孔外出，5 月下旬至 6 月上旬成虫大量出穴，8 月下旬为出穴末期。晴天气温高时羽化出穴成虫多。成虫喜栖息在枝叶繁茂核桃树上，取食主要在晚上 20～22 时，啃食嫩枝皮层和叶片，有咔嚓咔嚓响声，最大取食量 1 天可达 100 平方厘米。雌雄成虫交尾多在 4～12 时和 18～22 时，可多次交尾，雌虫多次分批产卵，每次产卵约 10 粒，每一雌虫可产卵 40 余粒，卵多在核桃树胸径 10～20 厘米树干上，距地面 2 米高以下处，如果树干胸径超过 20 厘米，产卵部位上移到 20 厘米左右直径的粗枝上，卵多产在枝干阴面。产卵孔半圆形，直径 1～1.5 厘米，雌虫将卵产在产卵孔上部的韧皮下，雌虫随即分泌黏液封闭产卵孔，成虫寿命 9 个月，6 月为产卵盛期。雌雄比 1∶1.7。成虫不善飞翔，行动迟钝，受惊动易落地，有假死性，在树上活动时间只有 40 余天。

卵期 7～15 天，初孵化幼虫蛀韧皮部成三角形蛀痕，受害韧皮变黑，树皮胀裂，流出褐色汁液，排出虫粪便和木屑。20～30 天后幼虫逐渐蛀入木质部，不断向上方蛀食，虫道长达 26 厘米，将排出的木屑虫粪，堆积在蛀孔外地面。第一年幼虫在虫道内过冬，翌年春天继续蛀食，幼虫蛀食活动以 14～16 时最多，10～12 时蛀食最少。幼虫期长达 12～14 个月；第二年 8 月老熟幼虫在虫道顶端作椭圆形蛹室化蛹，蛹期 30 天左右。9 月下旬成虫羽化，留在蛹室过冬；第三年 4 月下旬至 6 月出穴上树取食，幼虫蛀食核桃树皮层 150 平方厘米，蛀食心材虫道长 26 厘米，虫道多呈"U"和"S"型，横断面为椭圆形，长径 2～3 厘米，短径 1.5～2.2 厘米。严重影响核桃枝干水分养分的输导，引起枯枝死树。

20 世纪 50 年代以来，许多地方绿化，大量栽植加拿大杨、大关杨、钻天杨、健杨、小叶杨等，这些杨树最易感染云斑天牛，许多树只栽不管，有虫不及时防治，在一些地方云斑天牛大发生，不断向核桃、梨、苹果等树扩散漫延，形成地区性多种林木果树大害虫。

（四）防治技术

1. 林业防治　四旁植树，荒山绿化，行道树栽植，要选择抗虫树种，不要栽植感虫树种，如钻天杨、大关杨、健杨等，可用毛白杨、新疆杨、刺槐、臭椿、泡桐、松树等替代。

2. 人工防治　利用成虫的假死性，人工振树捕杀成虫。人工砸卵，用刀刺卵，用铁丝钩杀幼虫和蛹，只要坚持做，防治效果显著，防治方法简便实用。

3. 药剂防治　用铁丝钩出虫粪木屑，往蛀孔内注射杀虫剂，可用 80%敌敌畏乳剂 100～300 倍液、50%辛硫磷 200 倍液等。也可用棉球或卫生纸蘸 80%敌敌畏液，或 2.5%溴氰菊酯 20 倍药液等，塞入蛀孔道内，还可将磷化铝片 1/4～1/2 片塞入蛀孔，随即用泥土泥封闭洞口。

4. 生物防治　已发现捕食性天敌有绿啄木鸟、斑啄木鸟及扁阎甲捕食幼虫。卵期有 3 种跳小蜂，年平均寄生率 9.5%，幼虫期还有寄生蝇，寄生菌寄生，须进一步研究利用。

二、桑天牛

桑天牛 *Apriona germari* Hope 又名粒肩天牛，黄褐色天牛等，属鞘翅目，天牛科。

(一)分布为害

国内除黑龙江、内蒙古、宁夏、青海、新疆外，其他各省市区均有分布。是多种林木和果树的重要害虫，对桑、无花果、山核桃、泡核桃、铁核桃、毛白杨为害最重。其次为害苹果、梨、柑橘、柳、刺槐、榆、枫杨、枇杷、沙果、海棠和樱桃等。成虫啃食嫩枝皮层、嫩芽和叶片，幼虫在枝干木质部蛀食，受害树生长不良，树势衰弱，严重引起枯枝死树。

(二)形态特征

1. 成虫 体长 34～46 毫米，雌虫较雄虫大。体和鞘翅黑色，被黄褐色短毛。头顶隆起，中央有 1 条纵沟，上颚黑色，强大锐利。触角比体略长，柄节和梗节黑色，以后各节前半黑褐色后半灰白色。前胸近方形，背面有横的皱纹，两侧中间各有一个刺状突起。鞘翅基部密生黑色颗粒。足黑色，密生灰白色短毛。雌虫腹末两节略向下方弯曲。

2. 卵 长椭圆形，长 5～7 毫米，黄白色，前端较细、略弯曲。

3. 幼虫 圆筒形，老龄幼虫体长 45～60 毫米，乳白色，头小隐入前胸内，上下淡黄色，上颚，黑褐色。前胸特大，前胸背板后半部密生赤褐色颗粒状小点，向前伸展成 3 对尖状纹，后胸至第七节腹背面各有扁圆形突起，其上密生赤褐色粒点，前胸至第七腹节腹面也有突起，中央横沟分为 2 片，前胸和第一至第八腹节侧方各着生椭圆形气孔 1 对。

4. 蛹　纺锤形，长约 50 毫米，黄白色，触角后披，末端卷曲，翅达第三腹节。腹部第一至第六节背面两侧各有 1 对刚毛区，尾端较尖削，轮生刚毛。

(三)发生规律

广东、台湾、海南 1 年发生 1 代；江西、江苏、湖南、湖北、河南(豫南)、陕西(关中以南)2 年 1 代；辽宁、河北 2～3 年 1 代。南北各地的成虫发生期差异很大，海南儋县一般成虫发生期 3 月下旬至 11 月下旬，广州为 4 月下旬至 10 月上旬，南昌 6 月初至 8 月下旬，河北昌黎为 6 月下旬至 8 月下旬，辽宁南部则为 7 月上旬至 8 月中旬。

在南昌地区幼虫经过 2 个冬季后，在第三年 4 月底 5 月初开始化蛹，5 月中旬为化蛹盛期，6 月底化蛹结束。成虫羽化始于 6 月初，6 月中下旬至 7 月中旬大发生，8 月初锐减，个别可活到 8 月下旬。成虫产卵期在 6 月中旬至 8 月上旬。卵期 8～15 天，平均 12.7 天，幼虫历期 22～23 个月，为害期 16～17 个月。蛹期 26～29 天，成虫羽化后常在蛹室静伏 5～7 天。成虫寿命约 40 天，产卵延续 20 天，成虫喜啮食嫩梢树皮，啃成不规则条状伤疤，引起嫩梢凋萎枯死。产卵前昼夜取食，取食 10～15 天后，交尾产卵。成虫有假死性，遇到惊动即落地。产卵前先用上颚咬破皮层和木质部，呈“U”形刻槽，长 12～20 毫米。产卵后用黏液封闭槽口，每一刻槽产卵 1 粒。成虫产卵多在晚上 20 时至翌日 4 时，一个雌虫一个晚上可产卵 3～4 粒。每产完 1～2 粒卵，便静息或迁飞 1 次，每雌虫一生可产卵 100 余粒。卵多产于径粗 5～35 毫米枝干上，以 10～15 毫米粗的枝条上密度最大，约占 80%。产卵刻槽高度以枝干粗细而异，距地面 1～6 米均有。初孵化幼虫先向枝干上部蛀食 10 毫米左右，即调回头沿枝干木质部的一边向下蛀食，逐渐深入心材，如植株矮小，下蛀可达根部。幼虫在蛀道内每隔 5～10 厘米向外咬 1 圆形排泄孔，粪便由排泄孔向外排出，排泄孔径随幼虫增长不断扩大，孔间距离自上而下逐渐加长。排泄孔的位置一般均在同一方位顺序向下排列。幼虫一生蛀道全长 915～2 141 毫米，排泄孔 15～19 个。幼虫在取食期间，多在下部排泄孔处，在越冬期间，幼虫向上移 3 个排泄孔处，幼虫老熟后再向上方转移1～3 排泄孔处，横向处咬 1 羽化孔的雏形，到达近皮层处，外皮层肿起或断裂，常有汁液溢出。蛹室长 10～50 毫米，宽 20～25 毫米，蛹室距羽化孔 70～100 毫米，羽化孔圆形，直径 11～16 毫米，幼虫蛀食枝干，引起树势衰弱，甚至枯枝死树。

（四）防治技术

参考云斑天牛。

三、星天牛

星天牛 *Anoplophora chinensis*（Forster）俗称花牯牛、盘根虫，属鞘翅目，天牛科。

（一）分布为害

星天牛广泛分布于吉林、辽宁、河北、山东、山西、河南、陕西、甘肃、江苏、北京、天津、上海、浙江、福建、江西、湖南、广东、广西、贵州、四川、重庆、云南、台湾等。为害核桃、桑、苹果、梨、柑橘、杨、柳、榆、刺槐、悬铃木、楸、木麻黄等。

（二）形态特征

1. 成虫　体长 27～41 毫米，雌虫大于雄虫，体及鞘翅黑色，具金属光泽。触角第一、第二节黑色。其他各节基部 1/3 为淡蓝色毛环，其余部分为黑色。雌虫触角长于体长 1、2 节，雄虫触角长超出体长 4.5 节。前胸背板中瘤明显，两侧具尖锐粗大的侧刺突。鞘翅基部密布黑色小颗粒，每鞘翅具大小白斑约 20 个，排成 5 行，前两行各 4 个，第二行 5 个斜形排列，第四行 2 个，第五行 3 个，斑点变异较大（彩图 9）。

2. 卵　长椭圆形，长 5～6 毫米，宽约 2.3 毫米，初产白色，后渐变黄白色。

3. 幼虫　老熟幼虫体长 38～60 毫米，乳白色至淡黄色。头部褐色，长方形，上颚较狭长，前胸略扁，背板骨化区呈凸字形，上方有 2 个飞鸟形纹。气孔 9 对，深褐色。

4. 蛹　纺锤形，长 30～38 毫米，由淡黄色逐渐变为黄褐色至黑色。

（三）发生规律

星天牛在长江以南 1 年发生 1 代。北方 2 年发生 1 代，以幼虫在主干基部隧道内过冬。翌年 4～5 月份气温稳定在 15℃以上开始化蛹，蛹期 18～33 天，5 月下旬 6 月上旬成虫开始羽化出穴，6 月中下旬为羽化盛期，可一直延续到 8 月下旬甚至 9 月下旬仍有羽化。成虫羽化后先在蛹室停留 5～8 天，然后咬破蛹室爬出，飞向树冠啃食细枝皮层、叶片，15 天后开始交尾，交尾后 10～15 天开始产卵。一般自 5 月下旬至 8 月下旬均有产卵，5 月下旬至 6 月中旬为产卵盛期。卵多产在主干距地面 30～50 厘米范围内，胸径 6～15 厘米粗树干居多。产卵前先用大颚咬破树皮呈“T”形沟槽，宽约 5 毫米，长约 8 毫米，深约 2 毫米。然后倒转体躯将腹末插入沟槽，向上方将皮层撬起，伸出产卵管产卵，使产卵孔呈“T”形，然后分泌黄色胶质覆盖。产卵历期 30 余天，飞行距离 40 余米，每头雌虫产卵 70 余粒，成虫寿命 30～60 余天。

卵期 9～14 天，幼虫孵化后先在皮层下蛀食，呈狭长沟状向下蛀食到根颈处，在树干基部迂回蛀食，每头幼虫蛀食面积70～100平方厘米，粪便排出树体处，常在根颈堆集成堆十分醒目。新鲜木屑粪便不断推出，证明在隧道里有活的幼虫在蛀食。幼虫于11～12月份开始过冬，幼虫多发育老熟，翌年4月开始化蛹，如过冬幼虫小，翌年春天继续在隧道为害。

(四)防治技术

1. 生物防治

(1)肿腿蜂的保护利用　章强(1984)利用肿腿蜂防治悬铃木上的星天牛可使70%死亡。在8月中旬星天牛卵孵化盛期，每株释放蜂80～166头，星天牛被寄生死亡率29%～77%。

(2)利用斯氏线虫　黄金水等筛选出 *Steinerma feltiae* Beijing 和 *S. carpocapsae*(M. K)2个品系线虫，能寄生星天牛幼虫、蛹和成虫。4～6天幼虫死亡率94.4%，每头星天牛幼虫释放1万头侵染线虫，用海绵块塞星天牛隧道释放线虫。

(3)花绒坚甲的保护利用　树干束草引诱花绒坚甲潜入，将花绒坚甲释放到星天牛为害处，花绒坚甲捕食星天牛率达52.4%。

2. 其他防治技术　参考云斑天牛。

四、橙斑白条天牛

橙斑白条天牛 *Batocera davidis* Deyrolle 属鞘翅目，天牛科。

(一)分布为害

橙斑白条天牛分布于陕西、河南、湖南、湖北、浙江、江西、福建、台湾、广东、四川、贵州、云南等地，为害油桐、核桃、板栗、苦楝、栎、苹果等。幼虫钻蛀树干，削弱树势，严重时死树，成虫啃食1年生树枝皮层，甚至咬断枝条，引起枯枝落果。

(二)形态特征

1. 成虫　体长 51～68 毫米,体宽 17～22 毫米。体棕褐色,被灰白色绒毛,头黑褐色,前面有 1 条纵沟,触角端疤开放,各节生有棕褐色细毛,自第三节起各节内侧有多数纵行细齿,以第三节最大。头胸间有一圈金黄色绒毛,前胸侧刺突发达,背面有 2 个橙红色肾形斑点。鞘翅基部有疣状颗粒,鞘翅有 12 个橙红色斑。身体两侧自眼后至尾端止有白色宽带,腹部腹面可见 5 节,末节后缘凹入。雌虫比雄虫大,触角较体略长,鞭节内则刺突不及雄虫发达。雄虫触角长超过体长 1/3。

2. 卵　长椭圆形,略扁平,长 7～8 毫米。

3. 幼虫　老熟幼虫体长 100 毫米,最长可达 120 毫米,前胸宽 20 毫米。体圆筒形,黄白色,体表密生黄色细毛。前沿棕褐色,上颚强大,黑色。前胸背板横宽棕色,两侧骨化区向前侧方延伸呈角状,前胸背板后方背褶发达,新月形。前胸背板背中线白色。足极小,呈刺状,黑色。中胸气门大,长椭圆形,突入前胸。腹部步泡突具 2 横沟及 4 列念珠状瘤突,瘤突表面密布微刺,腹面步泡突具 1 横沟,2 列念珠状瘤突。腹部气门椭圆形,气门片褐色,肛门 1 横裂。

4. 蛹　初为黄白色,将羽化时为黑褐色,触角卷曲于胸部腹面,中、后胸背面有 1 疣状突起。腹部第一至第六节背面各有一黑色疣状突起,并密生绒毛。

(三)发生规律

在陕西省南部南郑、旬阳、白河县,大约 3～4 年发生 1 代,以幼虫和成虫在树干隧道内越冬。成虫一般秋季羽化,停留蛹室越冬,翌年 5 月成虫开始羽化出穴,6 月中旬至 7 月中旬为成虫出穴盛期。成虫羽化出穴后,上树啃咬核桃 1 年生嫩枝。产卵 10 天左右孵化，初孵化幼虫自产开孔钻蛀韧皮部取食，幼虫自下而上钻蛀，再由上而下在韧皮部和木质部之间蛀食韧皮部。随着幼虫龄增长，逐渐转向木质部为害，有大量虫粪木屑排出，引起枯枝、死树。

在湖南 3 年发生 1 代，第一年以幼虫在树干里过冬，第二年以成虫在蛹室过冬，第三年 4 月下旬越冬成虫开始出穴，上树啃食 1 年生嫩枝皮层。1 天 1 头成虫可取树皮 6.9 平方厘米，致使枝条萎蔫，引起落果。成虫寿命 4～5 个月，雌雄多次交尾，成虫喜产树干离地面 6～7 厘米处树干基部，咬一扁圆形刻槽，深达木质部，一刻槽内产 1 粒，个别有产 4 粒，然后分泌胶状物覆盖，产卵后的刻槽稍隆起。每次交尾后产 3～5 粒，一生 1 头雌虫产卵 50～70 粒。

卵期 7～10 天(5～6 月份)，卵孵化率 70%左右。初孵化幼虫体长 10 毫米，在韧皮部与木质部之间蜿蜒蛀食，经 14～16 天，幼虫体长可达 14 毫米，蛀道长 100 毫米，面积 321～500 平方毫米。稍长大后开始蛀食木质部，蛀道不规则，上下纵横取食，受害面积可达 100 平方厘米。虫粪木屑充塞在受害处树皮下，使树皮膨胀开裂。老熟幼虫于 7～9 月份化蛹，蛹期 60 天左右，9～10 月成虫羽化。成虫在蛹室中越冬，翌年 4 月下旬开始咬一直径 2 厘米的羽化孔飞出。

(四)防治技术

参考云斑天牛。

五、光肩星天牛

光肩星天牛 *Anoplophora glabripennis* (Motschulsky)，属鞘翅目，天牛科。

(一)分布为害

光肩星天牛分布于辽宁、河北、北京、天津、内蒙古、宁夏、陕西、甘肃、河南、山西、山东、江苏、安徽、江西、湖北、湖南、上海、浙江、福建、广东、广西、云南、贵州、四川等。为害杨、柳、糖槭、核桃、五角枫等。受害树的木质部蛀空，枝干风折或整树枯死。

(二)形态特征

1. 成虫 虫体黑色有光泽，鞘翅基部光滑无小突起。雌虫体长22～35毫米，宽8～12毫米，雄虫略小。自后头颈至头顶有1纵沟，触角鞭状，第一节端部膨大，第二节最小，第三节最长，以后各节逐渐短小，自第三节起各节基部呈灰蓝色，雌虫触角长为体长的1.3倍，雄虫触角长为体长的2.5倍，鞘翅各有大小不等的白斑纹20余个。

2. 卵 乳白色，长椭圆形，长5～7毫米，两端略弯曲，近孵化时黄褐色。

3. 幼虫 初孵时幼虫是乳白色，头部褐色，老熟幼虫体带黄色，体长约50毫米，头宽约5毫米，头部1/2缩入前胸内，前端为黑褐色，上颚黑色。前胸大而长，背板后半部呈“凸”字形。中胸背腹面各具步泡突一个，腹部第一节至第七节背面各有步泡突一个，背面步泡突中央具横沟2条，腹面为一条沟。

4. 蛹 裸蛹，体长30～37毫米，初期蛹体及附肢黄白色，羽化前逐渐变黑色。

(三)发生规律

1年发生1代或2年1代，以卵、卵内已发育完全的幼虫、蛹均在树皮下卵槽和隧道内过冬，成虫羽化后先在蛹室停留7～8天，然后在侵入孔上方咬一羽化孔飞出。成虫自5月开始出现，7

月上旬为羽化盛期，至10月上旬仍有个别成虫活动取食。成虫在白天活动，尤以8～12时最活跃，阴天或气温高达33℃以上时多栖息于树冠荫蔽处，取食叶柄、叶片及嫩枝皮层，2～3天后开始交尾，一生可多次交尾和多次产卵。先用上颚啃树皮至木质部成椭圆刻槽，然后将卵产在皮层下，每处产一粒，然后分泌胶质物封闭产卵孔，成为一个1平方厘米的坏死斑，每头雌虫平均产卵32粒。成虫产卵多选择根际至3厘米粗的小枝上都可产卵，主要选择树干枝杈或萌生枝条的部位，成虫飞翔能力不强，易于捕捉，雌虫寿命14～66天，雄虫寿命3～50天。

卵期在6～7月份夏天，一般为11天左右，9～10月份产的卵直到翌年方能孵化，有的幼虫孵化后在卵壳内过冬，幼虫孵化后，开始向旁侧取食腐败的韧皮部，二龄幼虫开始取食健康树皮和木质部，并将褐色粪便木屑从产卵孔排出，三、四龄幼虫在树皮取食3.8平方厘米后，开始进入木质部为害，排出白色木屑粪便，隧道最长13厘米，短的只有3.5厘米。每头幼虫可钻蛀破坏10厘米粗、12厘米长的一个树段。光肩星天牛林木为害严重，是天牛种群连续为害的后果，在树干形成30～70厘米的虫疤，造成树干局部中空，引起树体死亡。

(四)防治技术

1. 生物防治　在15～20公顷林地，投放4～5段巢木，巢木间距100米左右，招引大斑啄木鸟定居，山东泰安试验效果显著。引进花绒坚甲，树干束草帮助其过冬，把成虫放到天牛为害处，让其扩散寻找光肩星天牛幼虫，并在幼虫体上产卵寄生，寄生率可达40%以上。

2. 药剂防治　树干喷90%敌百虫500～800倍液防成虫。对在韧皮下卵和幼虫未蛀入木质部，用50%辛硫磷、90%敌百虫晶体100～200倍液，加少量煤油、食盐或醋，涂抹卵槽和幼虫为害嫩枝虫瘤和隧道。

3. 其他防治 参考云斑天牛。

六、四点象天牛

四点象天牛 *Mesosa myops* (Dalman),又名黄斑眼纹天牛,属鞘翅目,天牛科。

(一)分布为害

四点象天牛分布于黑龙江、吉林、辽宁、河北、山西、河南、安徽、陕西、四川、广东和台湾等地。寄主植物有核桃楸、核桃、苹果、山楂、杨、柳、榆、糖槭、漆、栎等。成虫取食枝条嫩皮,幼虫蛀食皮层和木质部,削弱树势,为害严重时引起枯枝死树。

(二)形态特征

1. 成虫 体长 8～15 毫米,体宽 3～6 毫米,体黑色,体被灰色短绒毛,并杂有许多金黄色毛斑。前胸背板中区有丝绒状黑斑点 4 个,斑点大小相似。鞘翅中部后方有 1 小黑点。触角鞭状 11 节,雄虫触角长超过体长,雌虫触角与体等长。

2. 卵 椭圆形,长 2 毫米左右,初产乳白色渐变淡黄色。

3. 幼虫 老熟幼虫体长约 25 毫米,长圆筒形,稍扁,无足。体乳白色至淡白色,头部黄褐色,大部分缩入前胸内,上颚锈褐色。胴部 13 节,第一节显著膨大,前胸盾略矩形,黄褐色。第二至第十节腹面有椭圆形步泡突。

4. 蛹 裸蛹,体长 10～15 毫米,初乳白色,后色逐渐加深,羽化前黑褐色。头顶在触角间有深沟,并具稀疏乳突和绒毛。额在复眼附近有 4 或 5 根短刚毛,触角伸达鞘翅末端弯向腹面。

(三)发生规律

据诚铭(1991 年)报道,四点象天牛在黑龙江哈尔滨 2 年发生 1 代,以成虫和幼虫越冬。越冬成虫于翌年 5 月初开始活动取食,多在晴天中午取食核桃楸等枝干嫩皮,5 月中下旬成虫产卵盛期。雌虫大多在寄主主干及侧枝的树皮裂缝、枝节、死节,特别是变软的树皮上产卵,产卵前雌虫先用大颚咬刻槽,每处产 1 粒,每雌虫产卵 30 余粒,卵期 15 天左右,5 月末 6 月初,新孵化幼虫在树皮下韧皮部和木质部间蛀食坑道危害,坑道呈不规则,充满虫粪和木屑。10 月以后幼虫在坑道越冬,过冬幼虫于翌年 7 月下旬至 8 月上旬化蛹,8 月上旬开始羽化。由于补充营养,新成虫多在落叶及寄主枝干裂缝处过冬,过冬成虫寿命达 8～9 个月。

据庞震观察(1991)在山西 1～2 年发生 1 代,以幼虫过冬的幼虫一部分于翌年 5～6 月陆续化蛹,蛹期 10 天左右,成虫羽化;经过一段取食嫩枝干皮层补充营养,便雌雄交配产卵。幼虫孵化后蛀食皮层为害,秋末以幼虫过冬,翌年幼虫取食为害,5～6 月化蛹。1 年 1 代,2 年 1 代者和黑龙江发生情况相似。

该种天牛成虫发生历期长,生长季几乎都有成虫发生产卵,幼虫为害处无排粪孔,难以识别,给防治工作造成困难,树势弱及树体残破树受害重。

(四)防治技术

1. 农业防治 加强综合管理,增强树势,提高抗虫力。冬季清扫落叶集中烧毁,生长季经常检查病虫枯枝及时清除烧毁,人工查产卵刻槽,砸卵刻槽灭卵。5～6 月份捕捉成虫。

2. 药剂防治 成虫活动产卵期,喷 50%马拉硫磷或 50%辛硫磷乳剂 1 000 倍液防成虫杀卵,喷药重点在枝干,压力要大,喷到缝隙、裂皮刻槽内。

七、皱绿橘天牛

皱绿橘天牛 *Chelidonium gibbicolle*（White）属鞘翅目，天牛科。

（一）分布为害

皱绿橘天牛分布河北、山东、江苏、浙江、安徽、陕西、广东、台湾等地，以幼虫钻蛀 6、7 年生以上的山核桃和柑橘类枝干，引起树势变弱，重者引起死树。

（二）形态特征

1. 成虫　体长 27～29 毫米，宽 7 毫米，体蓝绿色，有光泽。鞘翅深绿色，光泽较暗，体腹面绿色，被有银灰色绒毛。触角和足篮黑色，触角第一节蓝绿色，头部具皱纹和刻点。前胸背面密布横皱纹，两侧刺突尖，鞘翅密布刻点，鞘翅中央有 1 暗色纵带，雌虫触角长与体长相等，雄虫触角较体略长（彩图 10）。

2. 卵　黄白色，长椭圆形。

3. 幼虫　老熟幼虫体长 30～50 毫米，体橘黄色，前胸背板前缘深褐色，后缘淡紫色，中央有一个黑褐圆斑，一条黄色纵线将圆斑分两半，有 3 对较退化的胸足。

4. 蛹　长 15～20 毫米，橘黄色。

（三）发生规律

在浙江 1 年发生 1 代，以幼虫在枝干蛀道内过冬。翌年 3 月份幼虫开始活动取食，5 月至 6 月上旬老熟幼虫在蛀道中筑蛹室化蛹，成虫在 6 月中旬至 7 月中旬羽化出穴活动，取食嫩枝皮层。交尾后，多选择壮年树上部枝条产卵，做卵槽产卵于皮层内，每处产1卵。卵期7天，小幼虫先在韧皮部环状蛀，逐渐深入木质部，在枝干上每隔一段距离向外开一排粪通气孔，排出虫粪木屑，并伴流黄水，11月下旬幼虫在蛀道内过冬，受害树春天发芽抽叶迟，叶小而黄，受害严重的引起枯枝死树。

(四)防治技术

1、用百部 Stemona japonica (BI)根塞紧排粪孔，先将排出新鲜虫粪的3～4蛀孔的虫粪除掉，剪几块干燥的百部根塞进蛀孔，先塞上面蛀孔。

2、蛀孔塞棉团蘸50倍敌敌畏液，杀死幼虫。

八、核桃小黑吉丁虫

核桃小黑吉丁虫 *Agrilus lewisiellus* Kere 又称核桃小吉丁虫，属鞘翅目，吉丁虫科。

(一)分布为害

核桃小黑吉丁虫最早于1971年在陕西省商洛地区丹凤、洛南、及宝鸡和淳化等11个县发现为害核桃，严重地区被害株率在90%以上，后来在山西、山东、河北、甘肃、河南核桃产区也发现该虫为害。1978年四川永川部分地区也发现该虫，受害株率达93%。以幼虫蛀入枝干皮层，破坏输导组织，造成枝梢干枯，幼树枯死率过10%，大树减产75%，是核桃重要害虫。

(二)形态特征

1. 成虫 雌虫体长6～7毫米，雄虫体长4～5毫米，体宽1.8毫米，体黑色，有金属光泽，体狭长。头中部凹陷，触角锯齿状，复眼黑色，前胸背板稍隆起，鞘翅中部两侧略内陷。头、前胸、鞘翅密布刻点。

2. 卵　扁椭圆形，长约 1.1 毫米，初产白色，后变为黑色。

3. 幼虫　体长约 15 毫米(越冬幼虫体长约 7 毫米)，白色，体稍扁，头棕褐色，缩于前胸内，前胸特别膨大，中部有“人”字形纹，尾部有 1 对褐色尾铗。

4. 蛹　裸蛹，初白色，羽化前变黑色，体长 6 毫米。

(三)发生规律

每年发生 1 代，以幼虫在枝干木质部虫道里过冬，据陕西省商洛地区观察，翌年春 4 月中旬开始化蛹，6 月底为化蛹末期，蛹期 16～39 天，平均 28 天。成虫自 5 月上旬开始羽化，6 月上中旬为羽化盛期。6 月上旬 7 月下旬为产卵期，6 月下旬至 7 月初为卵孵化盛期。当年幼虫从 6 月中旬至 7 月底为为害期，8 月下旬幼虫开始蛀入木质部过冬，10 月底大部分幼虫进入木质部过冬。

成虫羽化后在蛹室停留 15 天左右，然后咬破皮层外出。经过 10～15 天取食叶片，方能交尾产卵，卵散产，多产在叶痕和叶痕边沿处，幼树树干和成龄树的光滑树皮上也可产卵。成虫喜光，多选择生长衰弱的 2～3 天枝条上产卵，枝叶少透光好外围枝上产卵多，当年生绿枝无卵，枝叶繁茂的树上枝产卵少。成虫寿命 12～83 天，平均 35 天。

卵期 8～10 天，幼虫孵化先蛀入皮层为害，随着虫龄的增长，逐渐深入到皮层和木质部间为害，蛀道多由下部围绕枝条螺旋向上为害，蛀道宽 1～2 毫米，蛀道每隔一段距离开 1 半月形透气孔，从孔口溢出树液，干后呈白色，破坏树皮输导组织，如果树势强，蛀道常能愈合。如果树势弱，蛀道多不能愈合，引起叶黄枯枝。幼虫严重为害期 7 月下旬至 8 月下旬，受害轻的在受害处形成节瘤，幼虫 8 月下旬开始蛀入木质部过冬，这些受害枝梢生长衰弱又为黄须球小蠹虫提供的良好的生存条件。

在成龄树上幼虫多在 2～3 年生枝为害，约占 72%，4、5、6 生枝上受害率分别为 14%、8%、2%。受害活枝中很少有幼虫过冬，几乎全在干枯枝中过冬。调查约有 55%的幼虫未入木质部死亡，只有 45%幼虫进入木质部，其中只有 20%幼虫安全过冬，约有 10%的死亡，有 16%被寄生蜂（有 2 种）寄生。该虫发生为害，一般阳坡重于阴坡，山脊重于山脚、平川；黏质土重于黄褐土和深厚沉积黄褐土，在海拔 800 米以上山地，海拔越高，虫害减轻。

（四）防治技术

1. 农业防治 核桃树的栽植应选择土层较深厚，1 米以上比较肥沃的土壤，浅山沟旁。选用良种壮苗，加强秋末或早春施肥，春旱时要及时浇水，增强树势，提高抗虫力是防治最基本措施。

结合秋季采核桃时，及时剪除叶变黄干枯虫枝，或春季发芽后成虫羽化前（5 月上旬前），剪除虫梢集中烧毁。

2. 药剂防治 对幼树和粗枝为害的幼虫，在秋末或春季幼虫活动为害期，敌敌畏煤油（1∶2）涂抹幼虫为害隧道上，杀死幼虫。在成虫羽化盛期树冠叶片枝干喷 80%敌敌畏 800 倍液，或 48%毒死蜱乳油 1 000 倍液，或 2.5%溴氰菊酯 4 000 倍液，毒杀成虫和初孵化幼虫。

3. 饵木诱杀 在成虫羽化产卵期，可放置一些核桃枝条饵木，诱集成虫产卵，集中杀死。

九、核桃黄斑吉丁虫

核桃黄斑吉丁虫 *Toxoscelus* sp. 属鞘翅目，吉丁虫科。

（一）分布为害

1971 年最早在陕西省丹凤县武关发现为害核桃枝干造成枯

枝，引起减产。后在洛南县、陇县、韩城市也发现为害核桃。

(二)形态特征

1. 成虫　体长约7毫米，体黑色，触角锯齿状。前胸背板凹凸不平，前缘中部隆起，两侧向外延伸，中部有1凸字形灰色斑纹，鞘翅肩部隆起，前半部较窄，后半部稍宽。鞘翅近中部有一椭圆形环状纹，上方至肩角有一曲形纹，后半部有4条曲形纹，前一条较直，有时不甚明显。

2. 卵　扁圆形，黑色。

3. 幼虫　体长约21毫米，白色，稍扁平，头黑褐色，大部分缩入前胸节，前胸较大，背面中部有1大椭圆形黄斑，腹面有一黄圈，中、后胸较小，从腹部第一节至第九节每节背面有2个椭圆形黄斑，腹部末节有1对深褐色尾刺。

4. 蛹　长约7毫米，裸蛹，初化蛹时乳白色，渐变为黑色。

(三)发生规律

据郑瑞亭研究(1981年)，在陕西省丹凤县，该虫1年发生1代，以幼虫在受害枝条隧道中过冬。翌年核桃发芽后开始活动，继续蛀食为害，至4月中旬有些幼虫老熟即钻入木质部做蛹室准备化蛹，蜕皮后呈乳白色，体背黄斑消失。至6月中旬已全部入木质部化蛹，7月底化蛹结束，化蛹盛期为6月底至7月初。蛹期最短11天，最长16天，平均14天。成虫羽化后在枝条中停留4～12天，而后咬一半圆形羽化孔，钻出枝外，6月中旬至8月中旬为成虫发生期，盛期为7月中下旬，成虫取食核桃叶片，产卵在1～2年生枝梢上，每处产卵1粒，幼虫孵化后直接钻入皮层中为害，前期幼虫隧道略呈同心梭形，幼虫老熟后化蛹前的隧道呈螺旋形，少数受害枝春季不发叶而干枯，有受害枝春季先发叶，到5、6月份后陆续死亡干枯。受害处的表皮上有一块鱼鳞状小裂口，10月份当年幼虫相继越冬。

(四)防治技术

防治核桃黄斑吉丁虫的方法与核桃小黑吉丁虫的方法基本相同,剪枯枝的时间应在6月上中旬,过早有的虫枝尚未干枯,过晚成虫已出枝失去了剪虫枝防治作用。由于黄斑吉丁虫多在小枝上为害,剪下的虫枝一定要拾净,集中处理。

十、黄须球小蠹

黄须球小蠹 *Sphaerotrypes coimbatorensis* Stebbing 又名核桃小蠹虫,属鞘翅目,小蠹科。

(一)分布为害

黄须球小蠹目前已知分布于东北地区,河北、山西、陕西、河南、安徽、四川等核桃产区,以成虫和幼虫蛀食核桃梢和芽,受害枝条和株芽被蛀食,造成回梢,树冠逐年缩小,有时2～3年核桃无收成。

(二)形态特征

1. 成虫 黑褐色,椭圆形,体长2.5～2.8毫米,体宽1.2～1.8毫米。触角膝状,端部膨大呈球状。上颚发达。上唇密生黄色绒毛,在头、胸交界处生有2丛三角形黄色绒毛斑,前胸背板生有倒伏状的三叉毛。鞘翅上有排列均匀的纵纹,生有尖形小鳞片,各沟间横排列10枚尖形小鳞片,稠密地将翅完全覆盖起来。

2. 卵 短椭圆形,长1毫米,宽0.9毫米,初产时透明白色,中后期变乳白色,后期可看到幼虫口器上的2个黄褐颚点。

3. 幼虫 乳白色,老熟时体长3毫米,体弯曲,头小褐色,腹面有 3 对退化足痕，尾部有 3 个突起，成品字形。

4. 蛹　裸蛹，初乳白色，后变为褐色，体长 2.5～4 毫米，宽 2 毫米。

（三）发生规律

在各地均 1 年发生 1 代，据在河北涉县观察，以成虫在顶芽或叶芽芽基部蛀孔内过冬，翌年 4 月中旬越冬成虫开始产卵，产卵盛期在 5 月上旬，可延续到 5 月中旬，卵由 5 月初开始孵化，盛期在 5 月中旬，老熟幼虫开始化蛹自 6 月上旬起，盛期在 7 月中旬，成虫羽化由 6 月中旬开始，盛期在 7 月中旬，末期 8 月上旬，陕西省洛南县发生期较河北省提前 7～10 天。

成虫越冬部位，以顶芽为多，占 48%，第二侧芽占 29%，其他芽较少，每年春夏之交，越冬成虫多到健芽基部和多年生枝上蛀食为害，是第一次严重为害期；然后雌雄虫交配，选择 2～3 年半枯枝条，特别是上年受害干死枝下部半枯死枝条，筑坑道产卵繁殖。这是因为核桃正常发育枝树皮含水量达 82.8%，不利于幼虫生长发育，只有含水量为 23%左右的半枯枝才有利幼虫生长发育。

交尾的成虫，先在选定的枝条，蛀食倾斜的侵入孔，然后在韧皮部与木质部间蛀纵向的母坑道，长 18～44 毫米，雌虫蛀坑道，雄虫搬运木屑。雌虫边蛀坑道边产卵于母坑道两侧，每雌虫产卵 25～30 粒，个别产 60 多粒。产卵结束后，雄虫外出，多在当年新梢与上年枝交界处蛀孔为害，即死亡。雌虫仍留在母坑道内，头里尾外堵塞侵入孔，到幼虫化蛹时 6～7 月份陆续死亡。寿命 360 余天。

卵期 15 天左右，幼虫孵化后分别在母坑道两侧蛀子坑道取食生长，待两侧子坑道相通，枝条被环剥出现枯梢，幼虫期 40～45 天，老熟幼虫在子坑道末端筑蛹室化蛹。蛹期 15～20 天，新羽化的成虫在蛹室停留 4～5 天，然后咬破皮层，再停 1～2 天羽化出穴。成虫多蛀食新芽基部是第二次严重为害期，受害顶芽占63%，第二侧芽占20%，第三侧芽占10%。越冬前1头成虫平均蛀害3～5个芽即在最后芽基部过冬。核桃吉丁虫与黄须球小蠹混合发生是造成核桃枯梢的重要原因。

(四)防治技术

1. 农业防治 核桃栽植要选择土层深厚，保肥保水好的土地建园。要选择良种苗木。加强地面肥水管理，及时防治病虫害，增强树势，是提高抗虫力的基础。

在当年新成虫羽化前(核桃硬核前10天)，彻底剪除虫枯梢集中烧毁，减少虫源。

2. 药剂防治 在成虫羽产卵期每隔10～15天，树冠喷药，可喷80%敌敌畏乳油800倍液，2.5%溴氰菊酯4000倍液，2.5%三氟氯氰菊酯5000倍液。

3. 诱杀成虫产卵 在越冬成虫产卵期，树上挂一些上年秋季剪下的2～3年生枝条，引诱成虫产卵，集中烧毁。

十一、核桃球小蠹

核桃球小蠹 *Sphaerotrypes juglansi* Tsai et Yin 又名胡桃球小蠹，核桃小蠹虫，属鞘翅目，小蠹科。

(一)分布为害

核桃球小蠹分布于河北、河南、山西、陕西及东北等地。寄主植物有核桃、枫杨，以成虫为害核桃新梢的芽，受害严重时整个枝条芽大部被蛀食，直接影响核桃的生长发育和产量。

(二)形态特征

1. 成虫　体长1.6～3.3毫米,体宽1.7～2.0毫米,全体黑褐色,椭圆形,初羽化时黄白色,逐渐变为黑褐色,触角膝状,额较平,上颚发达下唇须密生黄色绒毛,在头胸交界处有两丛黄色绒毛,呈三角形。鞘翅前半部沟间部有2列颗粒,后半部只有一列颗粒,在头、胸、腹各节的腹面生有黄色绒毛,体型较小。

2. 卵　长约1毫米,宽约0.9毫米,乳黄色。

3. 幼虫　体长约3.3毫米,宽约2毫米,乳白色,头部棕褐色,腹部末端排泄孔附近有3个突起,排列成品字形。

4. 蛹　裸蛹,乳白色,体长3～3.7毫米,宽约2毫米。

(三)发生规律

1960年蔡帮华、殷惠芬定为新种。据黄可训等(1979年)研究,核桃球小蠹在河北地区1年发生1代,以成虫在顶芽或叶芽基部蛀孔内越冬,越冬成虫于4月末开始产卵,盛期在5月中旬,末期5月末6月初,老熟幼虫从6月上旬开始化蛹,盛期在7月上旬,末期在7月下旬。成虫6月中旬开始羽化后,多从复叶基部背面处蛀入,向上蛀食,钻入芽内为害1个时期即行越冬,过冬深度一般在枝条内5毫米左右。

翌年早春成虫转移到被害死枝下部的活枝上钻孔为害,雌虫在枝条蛀16～46毫米长的隧道,雄成虫进入隧道内交尾,雌虫在隧道两侧咬小坑产卵,1头雌虫可产卵24粒,最多50余粒。5月下旬雌雄虫陆续死亡。幼虫孵化后由卵室向外蛀食木质部,子隧道与母隧道形成“非”字形。初期各幼虫隧道各不相扰,随着幼虫龄期增大,幼虫隧道逐渐交叉,幼虫老熟后在隧道末端化蛹,蛹期8天,先后羽化出穴,飞向当年新梢顶芽或叶芽基部蛀入为害,一般一个成虫在越冬前要转移几次,为害多个芽,到秋后成虫即在最后为害的蛀孔内越冬，成虫寿命很长，约生活达一年左右。

(四)防治技术

在核桃采收后落叶前，结合修剪，剪除虫害枝，集中烧毁。6月份被害枝干死，成虫尚未羽化时，组织人力剪除干枝烧毁，防治效果显著。

十二、瘤胸材小蠹

瘤胸材小蠹 *Xyleborus rubricollis* Eichoff，山西俗称山楂蠹虫，属鞘翅目，小蠹科。

(一)分布为害

瘤胸材小蠹分布于河北、山西、山东、陕西、安徽、浙江、福建、湖南、四川、西藏等地，寄主植物为山楂、核桃、山桃、柿、女贞、荆条、楠、樟、水冬瓜、杨、侧柏、冷杉等，成虫、幼虫在枝干木质部内钻蛀隧道取食，影响树势，多在核桃树中上部蛀食，为害严重者引起枯枝死树。

(二)形态特征

1. 成虫 体长2～2.5毫米，体宽0.8～0.9毫米，雄较雌略小，体呈棕褐色，密被淡黄茸毛。前胸背板红褐色，鞘翅暗褐色至黑褐色，头三角形，被前胸背板遮盖，前胸为鞘翅的2/3，前胸背板表面满布颗瘤，前2/5部颗瘤近片状较大，后半部颗瘤较小光滑，鞘翅长形，端部微斜截，尾端钝弧形，鞘翅上各有纵刻点沟8列。额面略隆起，中部有一条横向凹陷。复眼肾形黑色，触角7节，末端成球形。上颚黑色光滑发达，下颚须短柱状端圆，3节。各足腿节，胫节扁阔，胫节端部膨大，胫节背侧生一列锥状齿突。

2. 卵 近球形，直径 18～20 微米，乳白色半透明。

3. 幼虫 老熟幼虫体长约 2.2 毫米，体肥胖略向腹面弯曲，疏生白色短刚毛，无足。头部淡黄色，口器淡褐色，胴部 12 节，乳白色。胸部 3 节粗大，腹部各节依次渐细，除尾节处各节背面均有横皱，体侧具侧缘褶 2 个，初孵化幼虫体较直。

4. 蛹 裸蛹，体长约 2 毫米，略呈长筒形。初乳白色，渐变淡黄色，羽化前为褐色。头部末端微向腹面弯。

(三)发生规律

据庞震等研究(1991 年)，生活史不详。成虫行动迟缓，蛀入树体多在老翘皮下，数头各自蛀孔入树，有少数在坏死的木质部单独蛀入，蛀孔圆形，直径 0.8 毫米，蛀道不规律，以水平横向蛀道为多，常交叉分布，蛀道长短不一，最长的达 20 厘米，多数达木质部内 10 厘米，有的只蛀到木质部，虫道内光滑有胶质物。24 小时蛀道长 1～2 厘米。蛀道端部为卵室，较蛀道稍大，每室有卵 10 余粒，初孵化幼虫在卵室活动。随生长在蛀道内到处爬行活动，老熟后在蛀道一侧蛀有蛹室，头向蛀道内化蛹，蛹室与蛀道多成 45°角，蛹室与蛀道周边，旧蛀道周围木质部常染成浅褐色，长达 1.5 厘米左右。新羽化的成虫出树期和侵入新树或新部位时，常在树干上爬行和在蛀孔处频繁出进，此时是防治关键时期。

(四)防治技术

1. 农业防治 加强地下施肥、灌水，松土保墒，结合其他病虫害防治，保持树势健壮，提高抗虫力。

2. 药剂防治 掌握成虫羽化出穴活动期，树冠重点中上部枝干喷药，20%氰戊菊酯，或 20%甲氰菊酯，或 2.5%高效氯氟氰菊酯，或 50%马拉硫磷乳油等，均用 2 000 倍液，任选一种药均匀喷药都有很好防治效果。

十三、六棘材小蠹

六棘材小蠹 *Xylebrus* sp.,是近年发现的核桃新害虫,属鞘翅目,小蠹科。

(一)分布为害

六棘材小蠹分布贵州黔南地区,为害核桃,以成虫和幼虫蛀害核桃树老枝干,隧道呈树状分布,虫口密度大时隧道纵横交错,蛀屑排出孔处,核桃树受害后,树势衰退,枝条渐失结果能力,最后濒死或枯死。

(二)形态特征

1. 成虫 雌成虫圆柱形,体长 2.5～2.7 毫米,体宽 1～1.1 毫米,初羽化时茶褐色,后变为黑色。足和触角茶褐,头隐在前胸背板下。复眼肾形,黑色,横生,下缘中部凹陷,环抱触角窝。鞘翅斜面弧形,起始于后端 3/5 处,斜面翅合缝,第一刻点沟和沟间部强纵凹,呈光滑平展的槽面。在槽面两侧的第二沟间部上、中、下部位,各具 1 枚短的强棘突,由上而下小。雄虫翅尾余斜面上无槽,整个坡面散生细小棘粒,额面和前胸背板端沿瘤齿区着生长而后侧的黄毛。

2. 卵 乳白色,光滑椭圆形,大小为 0.4～0.5 毫米。

3. 幼虫 乳白色,稍扁平,体长 2.8～3 毫米,宽 0.8～0.9 毫米,无足,体略弯曲,上颚茶褐色,额面疏生黄色刚毛,中央具 1 条纵沟。各体节疏生黄色短刚毛,背面多皱,被 2 条横沟分成 3 个步泡突。

4. 蛹 乳白色,临羽化时淡黄褐色,体长 2.8～2.5 毫米,体宽 1.1～1.2 毫米,前胸背板后缘两侧各生 4 根褐色刚毛。腹面两触角呈“八”字形贴于前足腿节上，前足和中足外露，向胸抱曲，后翅在腹末第二节基部相邻，前翅贴于其上，翅伸达第三腹节末处，后足跗节从翅芽下露出。

（三）发生规律

据邱强观察研究（2004 年），该虫 1 年发生 4 代，以成虫、幼虫和蛹在隧道内过冬，世代重叠。越冬代成虫 3 月中旬从内层坑道向外层转移，4 月上中旬选择植株新部位、新枝干或另寻新寄主筑坑产卵。母坑道 1～2 厘米，卵十数粒至二十余粒聚产在隧道端部。幼虫孵化后斜向或侧向蛀食。成虫产卵期较长，新一代成虫出现后，老成虫仍不断产卵孵化，故虫道网中经常剖见 4 个虫态。自然中各代成虫出现的高峰期分别为 5 月上中旬、7 月中下旬、8 月下旬至 9 月上旬，10 月中下旬、11 月下旬进入越冬期，潜息于深层坑道中。成虫飞翔力弱，近距离扩散为害。晴暖日喜爬出孔口处或尾露出孔口，将坑道内的粪屑排出，孔口处树皮上常散挂一层屑粉，随时间的延长，外层坑道壁上被真菌侵染，使坑道壁呈黑色，并不断向内层蔓延，此时成虫便不再产卵，弃坑外迁。

（四）防治技术

1. 农业防治　结合采收，清除虫蛀枝集中烧毁，消灭虫源。增施肥料、浇水，增强树势。

2. 药剂防治　在成虫羽化出穴活动期，枝干喷药杀死成虫。使用药剂参考瘤胸材小蠹。

十四、多斑豹蠹蛾

多斑豹蠹蛾 *Zeuzera multistrigata* Moore 又名多纹豹蠹蛾，六星黑点蠹蛾，豹纹蠹蛾。属鳞翅目，木蠹蛾科。

(一)分布为害

目前,已知分布于陕西、河北、山西、河南、江苏、江西、浙江、湖北、贵州、四川、广西、云南等地。寄主植物有核桃、苹果、枣、柿、杏、山楂、石榴、酸枣、杨树、梨、刺槐、栎树等。以幼虫蛀食1～5年枝干皮层和木质部,破坏输导组织,造成枝条枯死,枝冠逐年缩小核桃树产量大减,景河铭(1987年)报道四川平武有的地区核桃受害株率达60%(1978年)。孙永康(1998年)报道在陕西省丹凤、商县等地调查,核桃受害严重,受害株率高达92.9%,受害枝条枯死高达74.7%。孙益知等(1995年)调查,在丹凤县商镇万亩核桃林,受害株率95%以上,树枯梢平均在30%左右,受害严重的虫梢率在90%以上,成为核桃生产中突出问题,核桃平均株产量0.71～0.85千克。

(二)形态特征

1. 成虫 雄虫体长24～33毫米,翅展44～68毫米。触角黑色,基半部双栉状,长栉齿的腹面有白毛;端半部锯齿状。雌虫触角丝状白色,头顶和胸部白色,胸背部有6个黑斑,每侧各3个,腹部白色,自第二节起每节均有黑色横带,第一腹节的背板左右各有1个黑斑,互不相连。前翅底色白,有许多闪蓝光的黑斑点、条纹,中室内、前缘、后缘、外缘的斑点稍圆,脉间的条纹稍长,且很密,前翅基部的黑斑很大。后翅白色,斑纹较前翅稍稀,臀角至2A(臀脉)无斑纹(彩图11～13)。

2. 卵 椭圆形,长约0.8毫米,粉红色或黄白色,近孵化时棕褐色或黑褐色,卵成堆每堆100～300粒。

3. 幼虫 老熟幼虫体长35～45毫米,头部黑褐色,前胸背板及腹末臀板硬化深褐色。体红褐色。体节上有黄褐瘤,瘤上生有灰白色刚毛,胸足黄褐色,腹足赤褐色。

4. 蛹　体长 27～38 毫米，初化蛹时淡褐色。腹部各节有 2 列刺突，尾部刺突 10 个。羽化前体赤褐色。

(三)发生规律

根据孙永康(1988 年)和孙益知(1995 年)研究，该虫在陕西商洛地区丹凤县，1 年发生 1 代，以老熟幼虫在受害核桃枝干隧道里过冬。翌年 4 月中旬至 5 月下旬化蛹，蛹期约 30 天，最长可达 45 天。成虫羽化期为 5 月中旬至 6 月上旬，羽化盛期为 5 月下旬。成虫有趋光性，飞翔力弱。成虫寿命 3～13 天，平均 8.6 天。羽化当天即可交尾产卵。将卵产在芽腋或皮缝处。成堆每处 100～300 多粒，每雌生产卵量平均 853 粒，最多产卵量 1 660 粒。卵期 17～20 天。受精孵化率 96.9%，初孵化幼虫先在丝网下取食卵壳，2～3 天后分散爬行，多向枝梢顶部爬行，多从顶叶主脉蛀入，蛀入率达 96.9%，其他部位芽蛀入率低。幼虫由主脉入叶柄，再由叶柄蛀入枝条髓部，逐渐向下蛀食为害，每隔 10～20 厘米，由隧道向外咬 1 排粪通气孔。6 月为幼虫为害初期，受害叶梢青枯，易发现。7～8 月幼虫夜里爬出隧道转害其他枝条，1 头幼虫可转害 2～3 个枝条，1 年生枝受害高于 2、3 年生枝。8 月树上枯枝大增。越冬前幼虫将隧道木质咬穿，留下表皮，做一个羽化孔开口，然后在髓部用木屑封闭两端过冬。翌年成虫羽化前，幼虫移到洞口化蛹，羽化时顶破羽化洞孔，将蛹壳留在洞口飞出，查蛹壳是查成虫羽化率的标志。

多斑豹囊蛾种群变动的有利因素是产卵量大，幼虫孵化率高，寄主范围广；不利因素，初孵化幼虫蛀入率只有 30%左右，越冬虫梢率只有 11.9%，成虫羽化率只有 43.1%，过冬死亡率高。豹蠹蛾蛀枝干又为核桃吉丁虫和黄须球小蠹虫发生创造了条件。

(四)防治技术

1. 掰虫梢 春季自核桃萌芽到5月中旬成虫羽化前,把枯枝虫梢掰除干净,集中烧毁防治当年幼虫发生为害,自6月下旬一直到收核桃,发现新的虫枯梢及时掰除,收打核桃时集中掰虫枯梢,均集中烧毁。根据1987～1988年在丹凤商镇核桃林3 500株试验,第一年防治区防治效果76.7%,第二年防治效果96.3%,对照未防治区株产核桃0.75千克,防治区第一年平均株产核桃3.1千克,第二年株产7.9千克。实践证明,人工掰虫枯梢方法简便,防治效果好,经济效益高,核桃休眠期不能掰虫梢,防止引起伤流。

2. 诱杀成虫 在核桃集中株区,晚上在核桃林挂黑光灯,诱杀成虫。

3. 药剂防治 在幼虫初孵化期,树冠可喷50%杀螟松乳油1 000倍液或2.5%溴氰菊酯、20%甲氰菊酯3 000～5 000倍液,或用50%杀螟乳剂和柴油(1∶9)涂虫孔,或50%敌敌畏乳油20倍液注入虫孔内,都有很好防治效果。

十五、咖啡豹蠹蛾

咖啡豹蠹蛾 *Zeuzera coffeae* Nietner,属鳞翅目,木蠹蛾科。

(一)分布为害

分布于广东、江西、福建、台湾、浙江、江苏、湖南、四川、广西、云南、贵州、河南、陕西、湖北等。为害植物有核桃、山核桃、枫杨、梨、桃、沙果、苹果、柿、柑橘、荔枝、龙眼、番石榴、刺槐、咖啡、水杉、悬铃木、薄壳山核桃等34种植物,在河南以石榴和核桃受害最烈,以幼虫蛀食枝条,造成枝条枯死。

(二)形态特征

1. 成虫　雌虫体长12～26毫米，翅展13～18毫米，雄虫体长11～20毫米，翅展10～14毫米，体灰白色，具青蓝色斑点。雌虫触角丝状，雄虫触角基半部双栉齿状，端部丝状，触角黑色，上生白色短绒毛。复眼黑色，口器退化。胸部具白色长绒毛，中胸背板两侧有3个青蓝色圆斑。翅灰白色，翅脉间密布大小不等的青蓝色短斜斑。足被黄褐色或灰白绒毛，胫节及跗节为青蓝色鳞片所覆盖。腹部被白色细毛，第三节至第七节的背面侧面有5个青蓝色毛斑组成的横列，第八节背面几乎为青蓝色鳞片覆盖。

2. 卵　椭圆形，长0.9毫米，杏黄色或淡黄白色，孵化前为紫黑色，卵壳薄，表面光滑无纹。

3. 幼虫　初孵化幼虫1.5～2毫米，紫黑色，随着幼虫生长色泽渐变为暗紫红色。老熟幼虫体长约30毫米，头橘红色，头顶、上颚、单眼区为黑色，体淡赤黄色，前胸背板黑色较硬，后缘有锯齿状小刺1排，中胸至腹各节有横列的黑褐色小颗粒状隆起。

4. 蛹　长圆筒形，雌蛹体长16～27毫米，雄蛹体长14～19毫米，褐色，头顶有一个尖的突起，色泽较深，腹部第三至第九节的背面两侧有小刺列，腹部末端有6对臀棘。

(三)发生规律

据王云尊研究，江西地区1年发生2代，第一代成虫发生期在5月上中旬至6月下旬。第二代在8月初至9月底。在河南郑州、江苏东海县1年发生1代，以幼虫在受害枝条虫道里越冬，翌年3月中旬开始取食，4月中下旬至6月中下旬化蛹，5月中旬成虫开始羽化，7月上旬结束。预蛹期3～5天，蛹期13～37天。成虫羽化以10时、15时及20～22时羽化最多，5月下旬是羽化盛期，雌雄比为1∶1.6，成虫白天多静伏不动。黄昏时开始活动，有弱趋光性，雄蛾飞翔力较强。交尾多在 20～23 时至翌晨 6～10 时。交尾后 1～6 小时开始产卵，每雌虫产卵 244～1 132 粒，一般产卵 600 余粒。卵多产于树皮缝、旧虫道口、嫩梢上及芽腋处等，卵呈块状。成虫寿命 1～6 天，卵期 9～15 天。

幼虫孵化后吐丝结网，群集丝网下取食卵壳，2～3 天后幼虫，多 9～15 时扩散，幼虫最远可扩散到 25.8 米，在林间呈核心分布，阴天幼虫停止扩散。幼虫多自复叶总叶柄中部叶腋处蛀入，有的自嫩梢端部腋处蛀入，虫道向叶柄端部扩展，蛀入 1～2 天后，蛀孔以上叶柄凋萎干枯，有的自蛀孔处蛀入为害，为害状明显。6～8 月间幼虫向 2 年枝条转移为害，气温高，受害枝条枯死快。10 月下旬至 11 月幼虫停止取食，在虫道内吐丝缀合虫粪、木屑封闭虫道两端过冬，幼虫过冬后在受害枝内继续取食为害，有的转枝危害，转枝率过 48.2%，正在发芽长叶的枝条受害后，新叶嫩梢很快枯萎，这是幼虫为害的又一个高峰。

咖啡豹囊蛾幼虫天敌小茧蜂寄生于幼虫，寄生率 9.1%～16.8%；蚂蚁可捕食幼虫；串珠镰刀菌寄生幼虫，寄生率可达 16.6%～29.5%。

(四)防治技术

参考多斑豹蠹蛾。

十六、芳香木蠹蛾

芳香木蠹蛾 *Cossus cossus* L. 又名杨木蠹蛾，红虫子，属鳞翅目，木蠹蛾科。

(一)分布为害

分布于黑龙江、吉林、辽宁、内蒙古、河北、北京、天津、山东、山西、河南、陕西、宁夏、甘肃、青海、四川等地。寄主多种杨树、柳树、槐树、核桃、苹果、梨、李、桃、山楂等，以幼虫群集树干及根部皮层为害，破坏树干及根系输导组织，削弱树势，引起死树，是核桃重要害虫。对10～30年生核桃为害严重。

(二)形态特征

1. 成虫　体灰褐色，粗壮，雌虫体长28～41毫米，翅展61～82毫米，雄虫体长22～37毫米，翅展50～72毫米。雌雄虫触角均为单栉齿状，头顶毛丛和领片鲜黄色，中前半部为深褐色，后半部为白、黑、黄相间。后胸有1黑横带。翅上散布许多黑褐色波状横纹，足胫节有距。

2. 卵　椭圆形，长1.2～1.6毫米。初产时白色，孵化前暗褐色，卵壳表面有数条纵行隆脊。

3. 幼虫　体扁圆筒形，老熟幼虫体长58～90毫米。头部黑色，胸、腹部背面紫红色，略有光泽，腹面桃红色，前胸背板有一凸形黑斑，中间有一条白色纵纹。中胸背板有一长方形深褐色斑，后胸背板有2个褐色圆斑(彩图14)。

4. 蛹　红棕色或黑棕色，体长30～45毫米，蛹体略向腹面弯曲，腹部背面具2行刺列，雌蛹在第二至第六节，雄蛹在第二节至第七节。腹末肛孔处有3对齿突，茧呈肾形，长32～58毫米。

(三)发生规律

据陈树良等研究，芳香木蠹蛾在山东、辽宁沈阳均为2年发生1代，跨3个年度，越冬2次，全发育期385天。青海西宁3年1代。当平均日气温达到17.1℃以上，5厘米土壤温度达到16.5℃以上时，成虫开始羽化，4月下旬至6月中旬为成虫羽化期。5月上中旬为羽化盛期。成虫羽化多在白天进行，占66.7%，少部在晚上羽化约占33.3%。雌虫寿命2～13.5天，雄虫2.5～9.5天。

成虫羽化后多在树干、灌木及杂草上静伏不动，晚上 19 时飞翔交尾，历时 67～112 分钟。交尾后当即产卵，可多次产卵，每次产卵 50～60 粒，多选择树干基部树皮裂缝、旧蛀孔处，卵多成堆产在一起。每雌虫产卵 245～1 076 粒，成虫多在晚上 19～22 时活动，雌虫羽化后即释放性激素引诱雄虫，羽化后 3～5 天是大量释放性外激素时期，成虫趋光性一般。

卵期 13～21 天，初孵化幼虫体长 2.7～3.6 毫米，喜群居蛀食树干皮层，随后逐步向木质部蛀食，排出均匀细碎木屑虫粪，赤褐色或白色。当年幼虫 9 月中下旬发育 8～10 龄，开始越冬。幼虫在木质部虫道内，虫体呈 C 形弯曲，在木屑和虫粪作的越冬室中过冬。翌年 3 月下旬开始出蛰活动，4 月上旬至 9 月下旬，中龄幼虫常数头幼虫群集一起蛀食，是严重为害期，到秋末幼虫发育到 15～18 龄老熟后，陆续由排粪孔爬出落地，寻觅向阳、松软、干燥场所，钻入土壤 33～60 毫米处作薄茧过冬。第三年 3 月上中旬离开越冬场所，重作茧化蛹，蛹头向上，距表土 2～27 毫米，雌蛹期 27～33 天，雄蛹期 30～32 天。4 月上中旬野外可初见成虫，成虫羽化时把蛹壳留在地面，明显易见。

(四)防治技术

1. 人工防治　及时挖除枯死虫害树，挖出根颈幼虫。经常检查树干根颈，发现害状，深挖幼虫踏死，冬季根颈浇 1～2 担人粪尿覆土灭虫。

2. 生物防治　利用人工合成的性诱剂 B 种化合物(顺 5-十二碳烯醇乙酸酯)。每个诱捕器剂量为 0.5 毫克，诱芯为橡皮塞芯，将诱芯挂 1.5 米树枝上。下放一水盆，水中放少许洗衣粉，水面距诱芯 5～10 毫米，每天早晨检查收集诱来芳香木蠹蛾雄蛾，集中杀死。诱捕器间距 20～150 米。利用斯氏线虫芜菁夜蛾北京品系 *Steinernema feltine* Beijing，每毫升 1 000 条线虫，注入木蠹蛾幼虫虫道内，死亡率达 100%。

3. 药剂防治　6～7 月份成虫产卵，幼虫孵化期，根颈处喷 2.5%溴氰菊酯、20%甲氰菊酯、2.5%氯氟氰菊酯各 2 000 倍液，任选 1 种。

树干根颈涂白涂剂，可预防芳香木蠹蛾雌虫产卵。

十七、柳干木蠹蛾

柳干木蠹蛾 *Holcocexus vicarius* Walker，又名榆木蠹蛾，大褐木蠹蛾，属鳞翅目，木蠹蛾科。

（一）分布为害

分布于黑龙江、吉林、辽宁、内蒙古、河北、北京、天津、山东、山西、宁夏、河南、安徽、江苏、上海、陕西、甘肃、四川、云南、广西、台湾等地。该虫为害柳树、白榆、核桃、丁香、银杏、刺槐、麻栎、花椒、苹果、金银花等。以幼虫钻蛀树干皮层木质部，削弱树势，严重为害引起树体死亡。

（二）形态特征

1. 成虫　体粗壮，灰褐色。雌蛾体长 28～30 毫米，翅展 40～45 毫米。雄蛾体长 22～28 毫米，翅展 40～42 毫米。雌雄触角丝状，雄虫触角鞭节 71 节，先端 3 节短细；雌虫触角鞭节 73～76 节，先端 2 节短细。灰顶毛丛，领片和肩片暗褐灰色。中胸背板前缘及后半部毛丛均为白色，小盾片毛丛灰褐色，前翅密布黑色多条波纹，外横线以内中室至前缘处呈黑色大斑。后翅浅灰色，翅面无明显条纹。中足胫节 1 对距，后足胫节 2 对距（彩图 15～16）。

2. 卵　卵圆形，长 1.5～1.7 毫米，初产灰白色，渐变为深褐色。表面密布黑色纵纹，行间有横隔。

3. 幼虫 扁筒形，体鲜红色，初孵化幼虫 3 毫米，老龄幼虫体长 60～93 毫米，胸、腹部背面鲜红色，腹面色稍淡，头黑色，前胸背板骨化褐色，有一浅色“8”字形斑痕。后胸背板有 2 个圆形斑纹，腹足深橘红色。腹足趾钩 3 序环状，趾钩 82～95 个。

4. 蛹 棕黑色，略向腹面弯曲，蛹体长 29～48 毫米。雌蛹腹部背面第一至第六节，雄蛹第一节至第七节，每节有 2 行刺列，前行刺粗大，雌蛹第七至第九节，雄蛹第八至第九节，只有一行刺，臀部有 3 对齿突，茧长椭圆形，略弯曲，灰白色，质地坚韧。

(三)发生规律

据方德齐、刘光生在山东和山西研究，柳干木蠹蛾多数 2 年 1 代，幼虫经过 2 次过冬，少数 1 年 1 代，3 年 1 代，4 年 1 代，世代历期 376～1 465 天。世代不同幼虫龄期也有不同，1 年 1 代的 10 龄，2 年 1 代者 18 龄，3 年 1 代者在 20～23 龄。田间 4 月下旬幼虫开始化蛹，前蛹期 9～15 天，蛹期 26～40 天。成虫羽化自 5 月中旬至 8 月中旬。5 月中旬至 6 月上旬为羽化产卵盛期。

成虫昼夜均可羽化，以 19～21 时居多，占羽化总数的 90%以上。成虫白天静伏不动，隐蔽于根际或枝干上，夜间 22～24 时活动最盛，羽化后当夜即交尾，多在 23 时至凌晨 1 时交尾，交尾 4～16 分钟，个别交尾 61 分钟。交尾后即寻觅产卵所，卵多产于枝干树皮裂缝、伤疤处。卵成堆产，每堆卵 27～162 粒，每雌虫产卵 134～940 粒，雌虫寿命 3～9 天，雄虫 2.5～9 天。成虫有趋光性。

6 月中下旬为卵孵化盛期，卵期 13～15 天。初孵化幼虫群集取食卵壳及树皮，二至三龄幼虫分散寻觅树皮裂缝、伤口侵入，在韧皮部和过材处蛀食。发育至五龄时，沿树干向下爬到根颈入蛀食为害。常数十头幼虫聚集同一虫道蛀食为害，把根颈蛀成蜂窝状，10 月份在虫道内过冬。翌年继续蛀食为害，于 10 月中下旬由虫道爬出，寻觅松软土壤，在土壤里 3～11 厘米处，做土色薄茧卷曲过冬。第三年4月上旬气温达到10℃以上时，幼虫由越冬茧爬出，在土中做茧化蛹。当年孵化的幼虫，过冬前多为7～9龄，最多可达11龄，末龄幼虫在第二次越冬前多为14～16龄，最大可达18龄，五龄以上的幼虫体肥胖，脂肪含量高，耐饥能力强，可耐113～447天。

（四）防治技术

在根颈为害处，塞入1/20片磷化铝片于蛀孔内，然后粘泥封闭根颈，可熏杀幼虫。其他参考芳香木蠹蛾防治法。

十八、日本木蠹蛾

日本木蠹蛾 *Holcocerus japonicus* Gaede 属鳞翅目，木蠹蛾科。

（一）分布为害

分布于辽宁、天津、山东、江苏、江西、浙江、安徽、河南、湖南、四川、贵州、上海等地。该虫主要危害柳树，其次为害麻栎、核桃、槐树、白榆、白蜡、大官杨、沙兰杨、滇杨、桃、桉树、青冈、鹅掌楸等。以幼虫蛀食枝干树皮、木质部，引起枯树死树。

（二）形态特征

1. 成虫　体长20～33毫米，翅展36～75毫米。雌雄触角均为线状，雌虫触角鞭节40节，雄虫触角鞭节53节。前翅灰褐色，顶角钝圆，翅长为臀角处宽度的2.2倍，前缘2/3处有一条与前缘垂直的粗黑线，伸向臀角。线之两侧及外缘等处，有一些鱼鳞状小灰斑及黑褐色线纹，为该种之显著特征，线内侧至中室端处为1条宽的褐带，在中室下角处折向翅后缘，与翅基的褐色相连，形成翅中部的一块灰色大斑，后翅灰褐色，无条纹。

2. 卵 初产时灰乳白色，渐变成暗褐色，卵呈半球形，略长，卵壳表面有纵行隆脊，脊间有横隔。

3. 幼虫 扁圆形，体粗壮，老熟幼虫体长 65 毫米以上，胸腹部背面为茄紫色，无光泽，腹面黄白色，头黑色，前胸背板黑色，有 4 条白纹自前缘楔入，后缘中部也有一白纹伸至背板黑斑中部，中、后胸背板半骨化斑纹均黑色。

4. 蛹 暗褐色，雌蛹体长 20～28 毫米，雄蛹略小，腹节背面具 2 行刺列，雌蛹第一至第六节，雄蛹第一节至第七节，前行刺粗壮，后行刺细小，腹末肛孔外围有齿突，其中一对较大，先端弯曲如钩。

(三)发生规律

据方德齐等(1982、1984)研究，日本木蠹蛾在山东济南野外为 2 年 1 代，幼虫经过 2 次过冬跨 3 个年度，世代发育历期 650～748 天，部分为 1 年 1 代，幼虫过冬 1 次，跨过 2 个年度，世代发育历期 343～447 天。成虫于 5 月中旬出现，末期为 9 月上旬。成虫出现有 2 个高峰期，第一个高峰在 6 月上旬末至中旬，第二个高峰在 7 月下旬至 8 月上旬。卵的初现期 5 月下旬，末期 9 月上旬，初孵化幼虫 6 月上旬，末期为 9 月上旬。化蛹期自 5 月上旬至 8 月下旬。

成虫羽化多在 19 时以后，白天多在树洞、根际草丛、石砾下及枝梢等隐蔽处静伏。成虫活动多在 20:30 至凌晨 1:30 时，交尾多在 21:30 至凌晨 1:30 时进行，每次交尾 3～12 分钟，雌虫可多次交尾，夜间产卵，每雌虫产卵 86～1 273 粒，少数单粒散产，多为成堆产，少的 4 粒，多的 162 粒，卵多产在树皮裂缝、伤口处或天牛坑道口边缘，以 11～40 厘米粗的枝干着卵多，产卵部位高低不一，每次产卵历时 2～8 分钟，一生产卵 2～16 次，连续产卵 1～7 天。成虫寿命 1 年 1 代的 2～9 天，2 年 1 代的 4～12 天。成虫有强趋光性，雌虫强于雄虫。

卵期 10～18 天，初孵化幼虫有群居性，就地先取食卵壳，进而蛀食树木韧皮部，三龄以后分散蛀食，逐渐钻蛀食树木韧皮部。1 年 1 代型幼虫有 10～12 龄，2 年 1 代型幼虫有 18～20 龄，幼虫性活泼凶悍，耐饥性较强，初龄幼虫可达 3～7 天，中龄幼虫 90 天，老熟幼虫 126 天。初龄幼虫正常取食者较受饥体躯增长快 2.3 倍，正常发育老龄化蛹者较受饥饿化蛹者，蛹重高 29.6%～46.2%。幼虫昼夜均可取食，夜间为害更重，受害树木干内往往形成 1 个较大的空心。11 月份幼虫开始越冬，多数在木质部虫道内，少数在边材和韧皮之间的虫道内，越冬时幼虫裹木丝做薄茧包被虫体。老熟幼虫化蛹前，在坑道顶端接近排粪孔处，黏结木屑做丝质茧化蛹，少数老熟幼虫在木质隧道深处裸体化蛹，不做蛹茧。预蛹期 3～17 天，蛹期 1 年 1 代型 13～35 天，2 年 1 代型 17～34 天，蛹重 0.54～1.53 克。

（四）防治技术

参考芳香木蠹蛾防治法。

十九、赤腰透翅蛾

赤腰透翅蛾 *Sesia molybdoceps* Hampson 属鳞翅目，透翅蛾科。

（一）分布为害

分布于山东省中南部、胶东半岛，江苏省南京市，江西、浙江、河北、河南等地。在山东、河北为害板栗，在南京主要为害美国山核桃、欧洲栓皮栎，其次为害麻栎、栓皮栎和板栗。幼虫钻蛀主干和树枝分杈处、伤口和病斑部分。幼虫蛀食面积 35～170 平方厘米。南京市区美国山核桃，1987 年调查受害株率 97%，有 77 株死亡。受害树平均有虫 15 头，最多有虫 265 头。

(二)形态特征

1. 成虫 体长 14～21 毫米，翅展 24～38 毫米。翅透明，翅脉及缘毛为茶褐色或黑褐色，触角棍棒状，基半部橘黄色，端半部赤褐色，稍向外弯曲。顶端具一束由长短黑褐色细毛组成的笔形毛束。复眼半球形，黑褐色。单眼 2 个黑色。喙污黄色，长 2.5～3 毫米，下唇须黄色，近基部有棕红黑色杂毛。头顶由着生于颈部的一排刷状黄色鳞毛向前覆盖。前胸背部亦由着生于颈部的黑色羽状鳞毛向后覆盖，在肩部形成一个肾形斑。中胸背面有橘黄色鳞毛。后胸、翅基及腹部第二至第七节的后缘鳞毛均为黑色。腹部第一节前缘具有向后覆盖的黑色鳞毛，后缘为一条细而鲜亮，鳞毛向前覆盖的橘黄色横带；第二、第三节具着生于前缘向后覆盖的赤褐色鳞毛；第四至末节前缘均有向后覆盖的橘黄色鳞毛横带。3 对足胫节均着生黑色杂有赤褐色的长鳞毛，尤以后足胫节鳞毛最发达。雄虫略小，鳞毛较艳，尾部具红褐色毛(彩图 17～18)。

2. 卵 椭圆形，长 0.8 毫米，初产时浅褐色，后暗褐色，无光泽，一端平。

3. 幼虫 初孵化幼虫和越冬幼虫乳白色，半透明，取食后色变暗。老熟幼虫体长 26～42 毫米，污白色，头部淡栗褐色，前胸背板淡黄色，后缘中部有一个倒“八”字褐色斑纹，气门褐色椭圆形，第八个气门是第七个气门的 2 倍，胸足 3 对粗壮，跗节褐色尖锐。腹足趾钩单序 2 横带，臀板淡黄色骨化，后缘有一个角状突起。

4. 蛹 体长 14～20 毫米，初为黄褐色，后变为深褐色，羽化前棕黑色，腹部背面第二节至第六节有 2 横列短刺，前排刺粗长，后排细小。雄蛹第七节具 2 排短刺，雌蛹为 1 排短刺，腹末有 10 余臀棘。

5. 茧 椭圆形，长 20～28 毫米，褐色，茧厚实，表面粘有木屑和虫粪。

(三)发生规律

据沈百炎研究(1988 年)，在南京地区 1 年发生 1 代，少数 2 年 1 代，以三龄左右幼虫在蛀害处的树皮下过冬。翌年 3 月中旬开始活动，4～6 月份是向外排粪最多的时期，6～7 月份皮下蛀食范围较大，排泄物多填塞于旧的取食区内，很少排出树皮外，但可在树皮上见到出气孔(直径 1～2 毫米)流出的红褐色液体及不成形排泄物。一头幼虫蛀食的树皮上，有出气孔 4～5 个。7 月中旬至 9 月下旬，老熟幼虫先后在蛀道上方接近树皮表面处做一蛹室，在蛹室下吐丝缀粪屑作茧，蛹室上方有直径 6 毫米未穿透的羽化孔，幼虫体收缩进入预蛹期，3 天左右蜕皮化蛹，蛹期 20～25 天。

8～9 月份，晴天 7～16 时成虫羽化，从蛹体伸长到成虫蜕壳历时 3～5 分钟，刚蜕壳的成虫在蛹壳静止 2 分钟，开始爬行，再经过 15～20 分钟，振翅飞翔，一般只做短距离飞行。成虫有向光性，以晴天的 9～16 时活动最盛，交尾多在 13～15 时进行，交尾后即飞向树干寻找产卵场所，卵散产于树皮裂缝、伤口、旧的羽化孔粗糙部分，以根颈到 1 米高处主干产卵最多，占产卵数的 80%以上，最高处可达 3 米以上主干分枝处。树势旺、郁闭度大的树林产卵少，每雌虫产卵 52～283 粒，雌蛾寿命 3～7 天，雄蛾 2～4 天，雌雄比为 1∶0.9。

卵期 13～16 天，幼虫孵化多在 20 时至翌日 6 时，1～3 时为孵化高峰，占总孵化量的 70%，初孵化幼虫爬至粗皮缝隙内吐丝结网，然后蛀孔穿过木栓层至皮部的表面蛀食，2～3 天后由蛀孔排出细小松散褐色虫粪，黏结在丝网，幼虫纵向蛀食，为害约 30 天转为二龄幼虫，多数退到蛀道中部一侧，主要在韧皮部和形成层处蛀食为害。单株有幼虫 10 头以下左右时，树冠无明显害状，在 30

头左右时，新梢提早停止生长，叶片枯黄早落，部分大枝枯死，如达到 50 头以上幼虫为害，则当年秋季即有整株死亡现象，2～3 年内都会死亡。7 月份幼虫进入为害最猖獗时期，在板栗树蛀食道长 10～15 厘米，宽 1～2.5 厘米，每头幼虫平均蛀食面积 30 平方厘米。在美国山核桃、欧洲栓皮栎等树上，每头幼虫蛀食面积 35～175 平方厘米。树皮组织遭到严重破坏，养分输导严重受阻，引起枯枝死树。6～8 月份受害树干周和地面虫粪成堆。受害树皮处自 1～2 毫米通气孔溢出红褐色汁液和排泄物，十分醒目。

(四)防治技术

1. 人工防治 在成虫羽化期人工捕蛾杀死，人工刮除幼虫为害虫疤，消灭幼虫和蛹。

2. 药剂防治 成虫羽化盛期，喷 80%敌敌畏乳油 2 000 倍液或 2.5%溴氰菊酯 4 000 倍液。还可用 80%敌敌畏乳油同废柴油 1∶20 倍液涂刷虫疤。每年 4、5、10 月份进行。

二十、核桃横沟象

核桃横沟象 *Dyscerus juglans* Chao，又名核桃根颈象，属鞘翅目，象虫科。

(一)分布为害

分布于陕西商洛市，河南西部的栾川、卢氏、洛宁、汝阳、嵩县、西峡，四川的绵阳、达县、西昌、阿坝，重庆的万州区，云南的漾鼻等核桃产区。以幼虫为害核桃根皮，阻碍养分水分的吸收输导，削弱树势，重者引起死树。成虫还为害核桃果实、嫩枝、幼芽及叶片，常与核桃长足象混合发生为害，在四川平武和青川有虫株率一般达 61%，受害率最高可达 100%。

(二)形态特征

1. 成虫 体长12～17毫米,体宽5～7毫米,雌虫略大,体黑色,被白色或黄色毛状鳞片。喙粗而长,雌虫喙长4.4～5毫米,触角着生于喙前端1/4处;雄虫触角着生于喙前端1/6处。触角11节,呈膝状,柄节长,常藏于触角沟内,复眼黑色,前胸背板宽大于长,中间有纵脊,密布有较大而不规则的刻点。鞘翅上各有10条刻点沟,构成11条沟点纵隆线,在端部闭合,第七、第八、第九沟间基部较宽而特别隆起,第六、第七、第八、第十沟间基部2/5处,第四、第八沟间端部1/5处,各有暗红褐色绒毛斑。腹面中足基节之间有1簇特别明显的橙褐色绒毛。中、后足基节窝后缘各有1条弧形横沟。腿节端部膨大,内缘各有1个齿,胫节顶端有1个钩状齿(彩图19)。

2. 卵 椭圆形,长1.6～2毫米,宽1～1.3毫米。初产时乳白色或黄白色,逐渐变为米黄褐色。

3. 幼虫 老熟幼虫体长14～18毫米,头宽3.5～4毫米,体黄白或灰白色,弯曲、肥壮。头部棕褐色,口器黑褐色,前足退化处有数根绒毛。

4. 蛹 长14～17毫米,黄白色,腹部末端有2根褐色臀刺。

(三)发生规律

据景河铭、韩佩琦研究,在四川、陕西、河南等省均2年发生1代,跨3个年度,以成虫和幼虫在根颈受害皮层内越冬。越冬成虫翌年3月下旬开始活动,4月上旬日平均气温达到10℃左右时,开始出蛰上树取食叶片。5月为活动盛期,6月上中旬为末期,受害叶吃成长8～17毫米、宽2～11毫米椭圆形孔,每一个成虫1天可吃鲜叶2 178平方毫米,核桃果实吃出9毫米椭圆形孔,深达内果皮,还为害芽及嫩枝皮。

成虫多次交尾，6月上中旬将卵产在核桃根颈3～10毫米深的皮缝内。产卵前先咬1～1.5毫米圆孔，产卵于孔内，用喙将卵顶到孔底，再啃食树皮碎屑封闭孔口。每头雌虫产卵最多111粒，平均59.5粒，9月份产卵完毕。成虫陆续死亡，成虫寿命430～464天。

6月上旬卵开始孵化，卵期7～11天，平均8天。卵在裸露干燥条件下，不能孵化，2～3天后死亡。幼虫孵出1天，开始在产卵孔附近蛀食皮层，逐渐蛀入到韧皮部与木质部间蛀食，90%的幼虫在根颈地下蛀食，一般在表土下5～20厘米深处的根皮为害，最深可达地表下45厘米。树干基部外140厘米远的侧根也普遍受害。少数幼虫沿根颈向上蛀食，最高可达29厘米高处皮层，此类幼虫多被寄生蝇寄生致死。虫道弯曲，纵横交叉，虫道内充满黑褐色虫粪和木屑。虫道宽9～30毫米，严重时1株树有幼虫60～70头，甚至百余头，将根颈下30厘米左右长的根皮蛀成虫斑，虫斑相连，造成根颈环剥，整树枯死。幼虫每年3月至11月份蛀食为害根颈皮层，12月份至翌年2月份幼虫在虫道内过冬，当年以幼龄幼虫过冬，翌年以老熟幼虫在虫道末端过冬，幼虫期长达610～670天。经越冬的老熟幼虫，4月下旬地温17℃时，在虫道末端蛀成长20毫米，宽9毫米蛹室蜕皮化蛹，5月下旬为化蛹盛期，7月下旬为末期，蛹期17～29天，平均25天。

成虫于5月（四川）或6月中旬（陕西）日平均气温达到15.4℃时开始羽化，6月上旬或7月上旬为成虫羽化盛期，8月中下旬羽化结束。刚羽化的成虫在蛹室停留10～15天，然后咬开羽化孔出穴，取食根颈树皮层，也食害叶片，多在夜间交尾，8～9月份产卵，直至10月份，成虫陆续越冬。成虫爬行快，飞翔力差，有假死性和弱趋光性。一般在土壤瘠薄、干旱环境的衰弱核桃树受害轻；土壤肥沃生长健壮的树受害严重；幼树、老树受害轻，中龄受害重；随着海拔升高，为害轻，成虫发生期推迟。

（四）防治技术

1. 挖土晾根　冬春季结合树盘垦复，挖开树盘根颈土壤，晾1～2天，降低土壤湿度，虫口可降低75%～85%。

2. 阻止产卵　在成虫产卵前，挖开根颈土壤，用石灰泥浆封住根颈部，防止成虫产卵。

3. 灌尿杀虫　冬季上冻前，挖开树根颈浅土层，根颈灌人尿杀虫效果100%，灌人粪尿杀虫效果50%，每株树加250克石灰，防治效果可达67%。

4. 药剂防治　4～6月份挖开根颈土壤，每株灌注90%晶体敌百虫200倍液，或80%敌敌畏乳油100倍液，或50%辛硫磷剂200倍液防治幼虫。6～7月份成虫发生期，树根颈和树冠喷50%辛硫磷乳剂1 000倍液，或50%杀螟松乳剂1 000倍液，也可喷白僵液（每毫升含孢子2亿个），有很好防治效果。

二十一、黑翅土白蚁

黑翅土白蚁 *Odontotermes formosanus* Sniraki 又名黑翅大白蚁，属等翅目，白蚁科。

（一）分布为害

分布于河南、河北、陕西、四川、云南、贵州、广东、广西、福建、台湾、浙江、江苏、湖南等地。为害范围广，主要为害核桃、杉木、栎、栗、泡桐、油茶、樟树、桉树、甘蔗、黄麻等。营巢于土中，取食植物的根、根茎、树皮，也能从伤口侵入木质部。四川平武县有的核桃受害株率达到5%～10%。核桃树受害常枯死，成年树受害后影响树势和产量。

(二)形态特征

1. 有翅成虫 体长12～14毫米,翅长24～25毫米,头、胸、腹背面黑褐色,前胸背板中有十字形纹,体有浓密的细毛。前后翅黑褐色,膜质长形,前后翅大小脉纹同。

2. 工蚁 体长5～6毫米,头黄色,近圆形,腹部灰白色,头后侧缘圆弧形,触角17节。

3. 兵蚁 体长5～6毫米,头橙黄色,卵圆形长大于宽,上颚发达,黑褐色,胸腹部淡黄色,触角15～17节。

4. 蚁后 体长50～80毫米。头胸部棕褐色,腹部淡黄色,腹部特别膨大。

5. 蚁王 无翅,头淡红色,体为黄棕色,胸部残留翅鳞。

6. 卵 乳白色,椭圆形,长径0.6毫米,短径0.5毫米,一边较平直。

(三)发生规律

黑翅土白蚁为社会性多形态昆虫,每个蚁群内有蚁后、蚁王、工蚁、兵蚁、有翅生殖蚁、无翅生殖蚁。黑翅土白蚁筑巢于地下,翌年3月下旬至4月上旬,气候转暖开始出土为害,在气温20℃以上,相对湿度83%以上闷热天气,或雷雨前后19～20时,有翅成虫爬出分飞。有翅成虫分飞后,脱落翅,雌雄追逐配对,迂回爬行,寻找适当处所,钻入地下营巢,一般10～25分钟即可筑成小腔室,稍高出地面,高约0.5厘米,长约1厘米。雌雄配对后6～8天开始产卵,每天产卵4～6粒,第一批卵30～40粒,卵期26～40天,幼蚁经几次蜕皮最后成工蚁,开始进行衔泥修路工作。群体逐步扩大,巢位逐步往深处扩。4个月后开设菌圃,群蚁几十个到一百多个。内小室逐步扩大,内有新鲜饱满的菌圃,群体数达到300～500个,进一步扩展多个菌圃,群体达到5 000～10 000个,经过

8～10 年扩大，群体达到几十万至上百万头。以后逐渐衰老，菌圃减少，空腔增多，蚁后产卵少。

工蚁采食时在核桃树干上做成泥路，泥被可由地面向上伸到 1～3 米以上树干，有时环绕整个树干，形成泥套，啮食树皮和木质，影响树势，甚至造成幼树死亡。在蚁巢附近地面上，出现圆锥形羽化孔突，有翅成虫从地下爬出孔道，严重影响树体生长。

黑翅土白蚁活动取食有季节性，在福建、江西、湖南等地 11 月下旬开始转入地下活动，翌年 3 月初开始出现为害，5～6 月份是第一为害高峰，9～10 月份是第二个为害高峰，对生长衰弱树为害重。

（四）防治技术

1. 黑光灯诱杀　4～6 月份有翅成虫飞翔交尾时，在核桃林挂黑光灯诱捕有翅白蚁。

2. 挖坑诱杀　在蚁群集中处，挖 50 厘米深坑，放入新鲜松枝，洒上红糖水或米汤，放灭蚁灵毒杀，或用火烧毁。

3. 农药灌注　寻找到蚁蛀道，可灌 80%敌敌畏乳油 500 倍液，或白僵菌、苏云金杆菌液（每毫升含 1 亿～2 亿孢子）使白蚁染病死亡。

第三章 食芽叶害虫

一、核桃瘤蛾

核桃瘤蛾 *Nola distribute* Walker 又名核桃毛虫，属鳞翅目，瘤蛾科。

(一)分布为害

该虫主要分布于山西、河北、北京、河南、陕西等省市。以幼虫食害核桃叶片。曾在河北邯郸、邢台、石家庄大发生。1971～1975年曾在陕西省商洛地区核桃产区大发生。是核桃专食性害虫，是一种暴食性害虫，发生严重时，1个复叶上有10余头幼虫，7、8月份，几天把核桃树叶吃光，引起秋天核桃二次发芽，导致大批枝条枯死。

(二)形态特征

1. 成虫 雌蛾体长9～11毫米，翅展21～24毫米；雄蛾体长8～9毫米，翅展19～23毫米。全体灰褐色，微有光泽。雌蛾触角丝状，雄蛾触角羽毛状，前翅中部自前缘到后缘有3条黑色波状纹，后缘中部有1褐色斑纹(彩图20～21)。

2. 卵 扁圆形，直径0.4～0.5毫米。中央顶部略呈凹陷，四周有细刻纹。初产乳白色，后变为浅黄褐色。

3. 幼虫 多为7龄，少数6龄。四龄前幼虫黄褐色，体毛长12～15毫米，背面棕黑色，腹面黄褐色，体短而扁。气门黑色。胸部各节有背毛瘤，亚背毛瘤及侧毛瘤各2个。腹部10节，1～9

节，每节有背毛瘤、亚背毛瘤、侧毛瘤。亚腹毛瘤及腹毛瘤各2个。背毛瘤最大，亚背毛瘤次之，腹毛瘤最小。背和亚背毛瘤为棕黑色，其余为黄褐色。腹足4对。趾钩单序中带。

4. 蛹　体长8～10毫米，长椭圆形，黄褐色，腹部末端半球形光滑。越冬茧长圆形，丝质细密，浅黄白色。

(三)发生规律

据黄可训等(1965年)研究，该虫1年发生2代，以蛹在石堰缝中、树皮裂缝中及树盘杂草落叶中越冬，其中以石堰缝中最多，占总蛹数的97.3%。一般在阳坡干燥的石堰缝中越冬蛹存活率高，阴坡潮湿的石堰缝中越冬蛹少，存活率低，多被菌寄生死亡。

成虫羽化多在18～20时。成虫对黑光灯有强的趋性，蓝色光次之。成虫白天静伏隐蔽处不动。18～22时最活跃。成虫羽化后2天开始交尾，大多在清晨4～6时活动交尾，历时1～3小时。交尾后第二天开始产卵。卵多散产在叶背面的主、侧脉交叉处，每处产1粒卵，间或2～4粒，卵有胶质粘在叶背后，卵表面光滑。

越冬代成虫在北京市田间成虫羽化时期为5月下旬至7月中旬，历时50余天，羽化盛期在6月上旬末。当年第一代成虫羽化时期自7月中旬至9月上旬，历期50余天，羽化盛期在7月底。河北涉县和陕西丹凤县，成虫羽化期比较集中，越冬代羽化盛期6月上中旬，第一代为7月下旬至8月上旬。产卵期多为4～5天。第一代每雌蛾平均产卵264粒，越冬代20粒。未受精卵不能孵化。

第一代卵发生于5月下旬至7月中旬，盛期为6月中旬。第二代卵发生于7月下旬至9月初，盛期为8月上旬末。两代产卵期几乎相连，历时100天左右。第一代卵期6～7天，第二代卵期5～6天。

幼虫多为7龄，幼虫历期18～27天，多数22天。三龄前幼虫在孵化的叶背取食叶肉留下叶脉。三龄后幼虫活动能力增强，能转移为害，把网状叶脉吃掉，仅留主、侧脉，发生严重的后期幼虫啃食核桃青皮。夜间取食最烈，有暴食性。树冠外围叶受害比内膛叶重，树冠上部比下部受害重。幼虫老龄时顺树干下树，多集中在清晨1～6时下树，寻找石缝、土缝等处做茧化蛹。第一代老龄幼虫下树始期7月初，盛期7月下旬，末期8月中旬。第一代蛹期6～14天，多数蛹9～10天。第二代老熟幼虫下树时间，始期8月下旬，盛期9月上中旬，末期为9月底，个别延迟到10月中旬。在为害严重的树上，第一代老熟幼虫有少数不下树，在为害的卷叶中结茧化蛹。第二代幼虫老熟后全部下树结茧化蛹过冬，蛹期9个月左右。

(四)防治技术

1. 灯光诱捕 利用该虫成虫趋光性，在核桃集中连片，虫害为害严重时，在核桃林挂黑光灯诱集成虫，根据诱虫多少指导喷药防治。灯光诱杀需在灯下放水盆，水中加少许洗衣粉和敌百虫杀虫剂。或用YH-IA型太阳能自动关开杀虫灯。

2. 药剂防治 在幼虫发生初期，树冠喷药，可选择以下杀虫剂：2.5％溴氰菊酯6 000倍液，50％杀螟松乳剂1 000倍液，90％敌百虫800倍液等。

3. 潜所诱杀 利用老熟幼虫顺树下树化蛹的习性，树干绑麦草把诱集；或在树盘开挖宽39厘米，深15～20厘米环状沟，沟的外壁垂直，沟内放一些石块，将诱来幼虫集中杀死。

二、核桃缀叶螟

核桃缀叶螟 *Locastra muscosalis* Walker 又名缀叶丛螟，属鳞翅目，螟蛾科。

(一)分布为害

分布于辽宁、河北、北京、天津、山东、山西、河南、江苏、安徽、浙江、江西、湖北、湖南、福建、台湾、广东、广西、云南、贵州、四川、陕西等地。以幼虫为害核桃、漆树、黄连木、桤木、枫香、盐肤木、阴香等。幼虫常吐丝结网，缀叶为巢，取食为害。发生严重时可把核桃树叶吃光，轻者削弱树势，严重时影响产量。

(二)形态特征

1. 成虫　雌蛾体长 17～19 毫米，翅展 35～39 毫米，雄蛾体长 14～16 毫米，翅展 34～37 毫米。体红褐色。触角丝状，复眼绿褐色。前翅外横线中部向外弯曲，翅基深褐色，内横线锯齿状深褐色。中室有一丛深黑褐色鳞片。后翅灰褐色，外缘色深。

2. 卵　球形，密集排列成鱼鳞状，每块卵有 200 粒左右。

3. 幼虫　老熟幼虫体长 20～34 毫米，头黑色有光泽，散布细颗粒。前胸背板黑色，前缘有 6 个白斑，中间 2 斑较大。体背线褐红色，亚背线、气门上线及气门线黑色，有纵列白斑。气门黑色，臀板黑色，两侧具白斑，全体有刚毛(彩图 22～23)。

4. 蛹　体长 14～16 毫米，茧褐色，蛹体暗褐色。扁椭圆形，长 23～25 毫米，茧质地似牛皮纸。

(三)发生规律

据陈森等研究，该虫 1 年发生 1 代，个别地区发生 2 代。在贵州 1 年发生 1 代，以老熟幼虫在根际周围土壤中结茧过冬。翌年 4 月下旬至 5 月上旬开始化蛹，5 月中旬至 6 月中旬为化蛹盛期，蛹期 18～25 天。5 月下旬至 6 月上旬开始羽化，6 月下旬至 7 月上旬为羽化盛期。6 月中旬卵开始孵化，卵期 10～15 天，7 月中旬至 8 月中旬为卵孵化盛期。幼虫为害期自 6 月中旬至 10 月。9

月中下旬，老熟幼虫陆续结茧过冬。

成虫多在夜间羽化，寿命2～5天，有趋光性。羽化后静止片刻，即飞往核桃树上，多栖于树冠外围向阳处，交尾24小时后开始产卵，卵多产于树冠外围向阳处叶片主脉两侧。1头雌虫一生最多能产卵1 000～1 200粒，通常产70～200粒，以胶汁分泌物黏着卵粒，呈鱼鳞排列卵块。

幼虫孵化多在10时左右，初孵化幼虫群集卵壳周围爬行，行动活泼，吐丝结成网幕，取食叶片表皮和叶肉呈网状。3～5天后，吐丝拉网，缀连小枝叶为一大巢，取食其中，蜕皮及虫粪也堆积在巢内。随着虫龄增长，食量增加，由一巢分为几巢，咬断叶柄、嫩枝，食完叶片、叶脉后，又重新缀巢为害，迁移其他枝叶上。老熟幼虫1头结1网幕，将叶片卷成筒状，白天静伏叶筒内，夜间取食转移。触动丝巢，幼虫快速爬行。待整株叶片食光后，又转株为害，仅留下丝网。幼虫耐饥力强，7～10天不食，也饿不死。9月中旬以后，老熟幼虫迁移到地面，在树根际周围杂草、灌木丛、落叶下、松软表土层结茧过冬，入土深度5～10厘米。

(四)防治技术

1. 人工防治 秋季和春季(封冻前或解冻后)，组织人力，在受害重的树根颈附近挖虫茧，集中杀死。7～8月份是幼虫在树冠外围卷叶的为害期，组织人力钩杀幼虫。

2. 药剂防治 7月中下旬幼虫孵化期，树冠喷药防治，可选用下列药剂：50％杀螟松乳剂1 000～1 500倍液，50％辛硫磷乳油1 000～2 000倍液，25％灭幼脲胶悬剂2 000倍液，苏云金杆菌(50亿芽孢/毫升)可湿粉500倍液。

三、黄连木尺蛾

黄连木尺蛾 *Culcula panterinaria* (Bremer et Grey)又名木橑尺蠖,俗称小大头虫,吊死鬼等,属鳞翅目,尺蛾科。

(一)分布为害

分布于山东、河北、山西、河南、内蒙古、陕西、四川、云南、广西、台湾等地。寄主植物30余科170多种。幼虫食害核桃、黄连木十分严重。20世纪50～60年代,在太行山区20余个县,经常大发生,幼虫爬满了核桃树,几天把叶子吃光。还为害农作物。20世纪50年代山西晋城每年因该虫为害,损失达114万元。

(二)形态特征

1. 成虫 体长18～22毫米,翅展72毫米。复眼深褐色,触角雌蛾丝状,雄蛾羽状。胸背面后缘、颈板、肩板边缘、腹部末端均被有棕黄色鳞片,在颈板中央还有1个淡灰色的斑纹。足灰白色,胫节和跗节具有浅灰色斑纹,翅底白色,上有灰色和橙色斑点,前翅和后翅的外横线上各有一串橙色和深褐色圆斑,但圆斑颜色的隐显往往变异很大,前翅基部有1个大圆橙斑,前后翅中部有1个灰色圆斑(彩图24)。

2. 卵 扁圆形,长0.9毫米,绿色,卵块上覆有一层黄棕色绒毛。孵化前黑色。

3. 幼虫 老熟幼虫体长达70毫米。通常幼虫的体色与寄主植物颜色相近似,并散生有灰白斑点。头部正面略呈四边形,头顶凹陷,头、胸及腹部表面布满颗粒。单眼6个。前胸盾片上具7毛。腹足2对,臀板前缘中央凹陷,后端尖削。

4. 蛹 长约30毫米,雌蛹较大。初化蛹翠绿色,渐变黑褐色。体表光滑，布满小刻点。

(三)发生规律

据王源岷、冯大庆等研究(1988 年)，该虫在河北、河南、山西 3 省太行山区，1 年发生 1 代。以蛹在土中越冬。翌年最早 5 月上旬开始羽化，7 月中下旬为羽化盛期，8 月上旬为羽化末期。成虫于 6 月下旬开始产卵，7 月中下旬为产卵盛期，8 月中下旬为产卵末期。幼虫于 7 月上旬孵化，盛期为 7 月下旬至 8 月上旬。末期为 8 月下旬。老熟幼虫于 8 月中旬开始入土化蛹，盛期为 9 月，末期为 10 月下旬。

卵孵化适宜的温度 26.7℃，相对湿度 50%～70%，孵化率在 90%以上，卵期 9～10 天。幼虫孵化后迅速分散，爬行快，稍受惊动，即吐丝下垂，可借风力转移为害。初孵化幼虫一般在叶尖取食叶肉，留下叶脉，将叶片食成网状。二龄幼虫逐渐在叶缘为害，静止时多在叶尖或叶缘处，用臀足攀住叶的边缘，身体向外直立伸出，如小枯枝，不易发现。三龄以后的幼虫行动迟缓，通常将 1 片叶吃完后，才转移为害。静止时，用臀足和胸足攀附在两叶或两小枝之间，和寄主构成一个三角形，不易察视到。幼虫共 6 龄，幼虫期 40 天左右。每次脱蜕前 1～2 天，即停止取食。幼虫老熟后即坠地入土化蛹，先在地面爬行，选择土壤松软，阴暗潮湿的地方化蛹，如梯田壁内、石堰缝里、乱石堆中、树干周围和荒草坡下，入土深一般 3 厘米左右。大发生年份常发现几十头到几百头幼虫聚在一起化蛹。蛹期 230～250 天。

越冬蛹受土壤湿度影响大，以土壤含水量 10%～12%为宜，低于 3%和高于 30%的含水量，蛹不能羽化，所以在冬季少雪、春季少雨的年份，蛹的死亡率高；阳坡比阴坡自然死亡率高；植被稀少的地方比灌木丛中、乱石堆中死亡率高。5 月降雨较多的年份，成虫羽化率高，幼虫发生量大，为害严重。

成虫羽化适宜温度为21.5℃～25℃，土壤含水量10%。成虫出土多在20～24时，羽化后即交尾，交尾后1～2天内产卵，每雌蛾一般产卵在1 000～1 500粒，最多可产3 000粒卵。成虫白天静伏，晚上活动产卵。卵多产在寄主植物的皮缝内或石块上，卵成不规则块状，卵块上覆盖雌蛾尾部棕黄色茸毛，成虫有强趋光性。

（四）防治技术

1. 人工防治　在发生严重地区，可在秋季结冻前或早春解冻后，在根颈树盘土壤挖蛹，集中处死，在成虫羽化盛期，早晨露水未干时，在树盘地面树上捕杀成虫。

2. 灯光诱杀　在核桃集中林地，挂黑光灯若干个。灯管下放水盆，加水距灯管下部2厘米处，水中加少许洗衣粉，每天早晨统计诱蛾数，掌握成虫羽化高峰，为药剂防治作好防治测报，把诱到的蛾子处死。

3. 药剂防治　在成虫羽化高峰后20天左右的幼虫孵化期，树冠喷药。可选用下列药剂：90%敌百虫晶体800倍液、50%辛硫磷乳液1 500倍液，2.5%溴氰菊酯乳油4 000～6 000倍液，2.5%高效氯氟氰菊酯5 000倍液。

四、春尺蛾

春尺蛾 *Apocheima cinerarius* Erschoff 又名春尺蠖、沙枣尺蠖、桑尺蠖、榆尺蠖、胡杨尺蠖、梨尺蠖、杨尺蠖等。属鳞翅目，尺蛾科。

（一）分布为害

分布于新疆、青海、甘肃、宁夏、陕西、内蒙古、河北、天津、河南、山东等地。为害沙枣、榆、桑、核桃、苹果、梨、沙果、梨、沙果、杨、柳、槐、沙柳、胡杨、槭、葡萄等。该虫发生期早，为害期短，幼虫发育快，食量大，常暴发成灾，是新疆核桃最重要害虫。1976年新疆玛纳斯平原林场春尺蛾猖獗成灾，5月上旬万亩榆树林叶片被蚕食一空，树全部光秃，幼虫吐丝结网，悬挂林间，行人无法通过。还能为害附近的小麦、玉米、苜蓿等。

（二）形态特征

1. 成虫　雌雄二型，区别很大。雌蛾无翅，体长7～19毫米。触角丝状，胸部极小而不发达。腹部第一节背面有一列横行、尖端圆钝的黑刺10～12根；第二、第三节各有不整齐刺二列，小的一列14～17根，大的一列5～7根；第四节一列11～14根；末节有小型刺约20余根，末端有小刺1束。腹背中央，有纵向的黑褐色线2条。雄虫体长10～15毫米，翅展28～37毫米。触羽毛状。前翅正面灰褐至灰黑色，中部颜色较深，由黑色鳞片组成3条曲线。后翅黄白色，仅有1明显的曲纹，腹背前端各节上所着生的刺与雌蛾相同，末端束集小刺20根以上。

2. 卵　长椭圆形，长0.8～1.0毫米，宽0.6毫米。卵壳上有整齐刻纹，有珍珠色光泽。初产时灰白色或赭色，孵化前为深紫色。

3. 幼虫　老熟幼虫体长37～40毫米。头大黄色。体背有5条纵的黑色条纹，两侧各有一宽而明显的白色条纹，胸足3对，腹部第六节和末端有腹足2对。

4. 蛹　长12～20毫米，棕色，末端有1根尾刺末端2分叉，雌蛹有翅芽痕迹，比较小。

（三）发生规律

根据新疆、宁夏、内蒙古和山东等地多方研究，春尺蛾1年发生1代，以蛹在树冠下土壤中越夏过冬。翌年2月底3月初当日平均气温达到 10℃，地表 5～10 厘米深处温度在 0℃左右，土壤解冻时，成虫开始羽化出土。3 月上旬见卵，4 月上中旬幼虫孵化，5 月上中旬幼虫老熟入土化蛹，预蛹期 4～7 天，蛹期长达 9 个多月。山东各虫态比宁夏地区早 10 天左右，比新疆早 20 天左右。

成虫一般多在 19 时左右羽化，雄蛾有趋光性，多在夜间活动，白天静伏在枯枝落叶、杂草丛中，已上树的成虫则藏在开裂树皮下、树干断枝处、裂缝和枝叶交错的隐蔽处。成虫羽化早的，气温低寿命长，羽化晚的气温高寿命短。雌蛾寿命最长 28 天。羽化率室内观察为 89.1%。雌蛾为雄蛾 1.14 倍。成虫多在 19～23 时交尾，交尾历时 4～31 分钟。交尾后即开始寻找产卵场所，分 2～5 次产卵。雌蛾可产卵 300～500 粒，卵多产于树干 1.5 米以下的树皮裂缝和断枝皮下等处。每处产 10 余粒，多的一处产几十粒，夜间产卵量占 94.8%，产卵历期 10 天左右，前 3 天产卵量占 44%～88%。

卵期 13～30 天，卵发育起点温度 1.74℃，卵的发育有效积温 235.4 日度。卵的孵化率近 80%，卵孵化物候期，杏花盛开，柳树开花，卵开始孵化。桑芽脱苞桑花初露，卵孵化率 10%～20%。桑芽展叶 2～4 片，卵孵率 50%，幼虫 1～2 龄，少数 3 龄。桑芽展叶 5～6 片，孵化率 90%，幼虫多 1～3 龄，少数 4 龄，个别 5 龄。

幼虫 5 龄，幼虫期 18～32 天。初孵化幼虫在未找到适当食物时，可耐饥 3～5 天。初孵化幼虫取食幼芽及花蕾，较大幼虫取食叶片成缺刻，重者把整叶片食光。一天一头幼虫可取食 88.34 平方厘米。幼虫吐丝借风力转移附近植株上为害。幼虫有一定耐饥力，四至五龄幼虫耐饥力最强。幼虫静止时，常以 1 对腹足和臀足固定在树枝上，将头胸昂起，遇到惊动，立即吐丝下垂，悬于树冠下，慢慢又以胸足绕丝上升。5 月中旬前后，老熟幼虫陆续下树入土，入土后分泌液体，黏结四周土壤硬化形成蛹室，然后化蛹。蛹以树冠下树盘土壤里较多，占总蛹数的 74%，其中尤以树盘低洼处的蛹数最多;入土深度 1~60 厘米,其中 16~30 厘米深处最多,占 65%。蛹的自然死亡率为 6%~9%,幼虫有小茧蜂寄生率为 27%,还有核型多角体病毒病。

李兴龙(1988 年)研究出榆树春尺蛾允许受害水平为 40%。防治指标 50 厘米长标准枝有幼虫 5 条,平均每百叶有幼虫 1.5 条。要控制春尺蛾大发生为害,必须加强成虫羽化期限和卵的孵化期测报,根据防治指标及时防治。

(四)防治技术

1. 农业防治 核桃园及其林木(有虫害的)中耕除草灭虫,冬季树盘深翻,破坏春尺蛾过冬蛹生态环境,抑制虫害。

2. 人工防治 在成虫羽化前,根颈培土 30~40 厘米成圆锥形,在土堆上撒一层细沙,每天早晨在树下捕捉蛾子杀死。还可在树主干扎塑料裙阻止雌蛾上树。树干涂虫胶,粘住雌蛾,(虫胶配制法为松香 10 份、蓖麻油 10 份、黄油 1 份、白蜡 1 份熬制)涂胶 1 次可维持黏性 20 天。黑光灯诱杀雄蛾。太阳能灭虫灯诱杀。

3. 药剂防治 在幼虫孵化盛期,树冠喷 80%敌敌畏乳剂 800~1 000 倍液或 2.5%溴氰菊酯 2 000~3 000 倍液、90%敌百虫晶体 800~1 000 倍液、50%辛硫磷乳油 2 000 倍液。

4. 生物防治 飞机喷药防治,苏云金杆菌乳剂(含活芽孢 100 亿个/毫升)每 667 平方米喷原药 300 毫升,超低量喷药,防治效果 81.2%。还可将苏云金杆菌和除虫菊酯类及有机磷杀虫剂混合防治。

五、刺槐眉尺蛾

刺槐眉尺蛾 *Meichihuo cihuai* Yang 属鳞翅目,尺蛾科。

(一)分布为害

目前,仅知刺槐眉尺蛾分布于陕西、山西、河南、河北、新疆。主要为害刺槐、核桃、香椿、黄栌、漆树、杜仲、银杏、苦楝、皂荚、白蜡树、栎、楸、杨,其次为害苹果、梨、桃、杏、梅、枣、栗、玉米、小麦、高粱、油菜等,是一种杂食性害虫。初孵化幼虫有吐丝下垂习性,随风飘逸扩散习性,靠近刺槐林的核桃受害重。

(二)形态特征

1. 成虫 雄蛾体长13～15毫米,翅展33～42毫米。触角羽毛状,灰白色,羽毛褐色。前翅暗红褐色,外横线内横线黑色弯曲,两横线外侧有白色镶边,两线之间近前缘有1条黑纹。后翅灰褐色,有2条褐色横线。雌蛾无翅,黄褐色,体长12～14毫米,触角丝状。

2. 卵 圆筒形,暗褐色,近孵化时黑褐色,长0.8～0.9毫米,卵壳质地坚硬,表面光滑,排列成行。

3. 幼虫 初孵化幼虫3毫米左右,头壳橙黄色,胸、腹暗绿色。老熟幼虫体长约45毫米,头颅侧区有黑斑,胸、腹部淡黄色,有5条灰褐色或紫褐色线,各条线边缘为淡黑色,腹足2对,腹部第八节背面有1对深黄色突起。

4. 蛹 暗红褐色,纺锤形,各体节上布满圆形刻点,下半部平滑,末节棕黑色,向背面突出。臀棘末端并列2刺,向腹面斜伸。雄蛹体长12～16毫米,翅芽明显鼓起,黑棕色。雌蛹长13～18毫米,翅芽平滑。茧椭圆形,长径15～22毫米,短径10～15毫米。

(三)发生规律

据谌有光等研究(1976年),该虫1年发生1代,以蛹在土壤茧里越夏过冬,翌年2月下旬成虫开始羽化,羽化盛期在3月下旬至4月上旬,4月下旬羽化结束。成虫羽化受温度影响较大。成虫发生期长达50多天。雌蛾羽化后沿树干爬上树梢,与雄蛾交尾后数小时即产卵,卵产在1年生枝梢的阴面。4月上旬卵开始孵化,中旬进入盛期,下旬孵化结束,历时20多天。4月上旬至6月下旬为幼虫期,其中4月中旬至5月中旬是幼虫主要为害期。5月中旬幼虫开始下树,5月下旬为下树盛期,6月上中旬幼虫为害期结束。老熟幼虫下树寻找土缝和土壤疏松处钻入土内做茧,一般入土3～6厘米深处最多,水平分布距树根颈30厘米左右范围内为多,经过40天的前蛹期,于7月下旬至8月中旬化蛹过冬,蛹期约8个月。

成虫耐寒力强,地表解冻后即出土。雄蛾白天静伏树干或草丛间,19～22时最活跃,有趋光性,多次交尾,平均交尾5～6次,最多达11次。雌蛾羽化当即可交尾,一生只交尾1次,当夜即可把卵产完,平均每雌卵462粒,最多920粒。雌雄2∶1。雌蛾寿命4～5天,最长9天;雄蛾寿命3～4天,最长6天。

卵期一般10～12天,卵期长短受气温高低影响很大,如3月10日产的卵,处于10℃以下卵期31天。3月31日产的卵,在平均气温16℃时15天即可孵化。卵的孵化率平均89.7%。

幼虫共6龄,一至三龄幼虫食量较小,四龄以后食量猛增。初孵化幼虫有吐丝下垂随风扩散的习性。沿山地区常随山风把幼虫吹向平地果树和林木。初孵化幼虫有48小时耐饥力,取食叶片呈不规则穿孔,沿叶缘吃成小缺刻。大幼虫暴食叶片,仅留主脉,有的将叶全部吃光。幼虫日夜取食,受惊动即坠落地面,过后又沿树干爬上继续取食。

卵的寄生蜂有3种,寄生率17.7%。幼虫和蛹的寄生率10%。捕食天敌有杜鹃。

(四)防治技术

1. 人工防治　树干基部扎塑料裙，或扎塑料薄膜阻隔带，阻止雌蛾上树产卵，每天早晨检查树盘把雌蛾杀死。树盘喷4%敌马粉剂(敌百虫和马拉硫磷)，杀死成虫。用普通粉笔作载体，每支吸附溴氰菊酯2毫升，制成毒笔，在树干上画双环，可阻止成虫上树产卵。

2. 药剂防治　在幼虫三龄前，树冠上喷50%辛硫磷乳油2000倍液，或50%杀螟松乳油1000倍液。

3. 生物防治　白僵菌粉剂(100亿个孢子/克)，每667平方米1千克。

六、桑褶翅尺蛾

桑褶翅尺蛾 *Zamacra excavate* Dyar 属鳞翅目，尺蛾科。

(一)分布为害

分布于北京、河北，河南、山西、陕西、宁夏等地。为害刺槐、槐树、毛白杨、核桃、榆树、栾树、桑、五角枫、白蜡、梨、苹果、桃、海棠等。1972年河北老磁河地区4000公顷刺槐林，几乎全部受害。同年，陕西眉县秦岭北麓刺槐和多种果树受害，受害面积900多公顷。从发芽开始为害，严重时可将树叶吃光。

(二)形态特征

1. 成虫　雌蛾体长14～15毫米，翅展40～50毫米。体灰褐色，头部及胸部多毛，触角丝状。静止时四翅折叠竖起。后足胫节有距2对，腹部粗壮，尾部有2簇毛。雄蛾体长12～14毫米，翅展38毫米，体灰褐色，触角羽毛状。腹部较瘦。

2. 卵 椭圆形，1～0.8毫米，初产深灰色，光滑。4～5天后变深褐色，带金属光泽。卵体中央凹陷，孵化前几天，由深红色变为灰黑色。

3. 幼虫 老熟幼虫体长30～35毫米，头褐色、体黄绿色，腹部第一至第八节背部有赭黄色刺突，第二节至第四节上的明显地比较长，腹部第四至第八节的亚背线粉绿色。胸足淡绿色，端部深褐色。腹足绿色，端部褐色(彩图25)。

(三)发生规律

根据陕西眉县园林站(1973年)和河北正定县老磁河林业站(1974)研究，该虫1年发生1代，以蛹在树干基部土中紧贴树皮的茧内过冬，翌年3月中旬开始羽化，下旬为羽化盛期。成虫出土后当夜即可交尾，雌蛾夜晚在枝条光滑处产卵。卵沿枝条排列成长条块。每头雌蛾产卵700～1100粒，经2昼夜，分8～12次产完。每次产卵80～100粒。成虫有假死性，惊动后即坠落地上，雄蛾尤为明显。飞翔能力不强。寿命一般7天左右。卵经过20天左右孵化，孵化率平均89.4%。

幼虫4龄，孵化后幼虫10多小时后即取食嫩芽幼叶。一至二龄幼虫一般晚上活动取食，白天静伏叶缘不动。三至四龄幼虫昼夜取食为害，取食整个叶片，只残留叶柄，也食花。幼虫取食量随幼虫龄期增长而增大。老熟幼虫1个中午食量相当自身体重。各龄幼虫都有吐丝下垂习性，随风飘逸到附近植株上为害。

幼虫5月上旬老熟后，吐丝落地，爬行入土，入土前一天停止取食，多在雾天，阴天和夜间下树。20～24时入土。河北正定县5月上旬入土盛期。在陕西眉县入土盛期5月下旬。北京5月中旬为下树入土盛期。幼虫多集中在根颈附近土壤里，入土深3～15厘米，入土后4～8小时内吐丝做一黄白色至灰褐色椭圆形茧，茧多贴在根皮上，幼虫在茧内经过20～40天预蛹期，蜕皮化蛹，一些孵化晚发育不良的二、三龄幼虫，虽入土而不化蛹，先后死亡。河北6月上旬，陕西7月上旬全部化蛹休眠。

(四)防治技术

1. 人工防治　冬季地表结冻前，根颈挖蛹集中处死。发生数量少时，人工摘除幼虫，振树幼虫吐丝下垂集中杀死。

2. 药剂防治　在幼虫一至三龄时，树上喷50%辛硫磷乳油1 500倍液，或2.5%嗅氰菊酯3 000倍液等。

七、柿星尺蛾

柿星尺蛾 *Percnia giraffata* Guenee 又名柿大头虫。属鳞翅目，尺蛾科。

(一)分布为害

该虫分布于河北、河南、山西、安徽、四川、台湾等地。以幼虫取食柿、君迁子(黑枣)、核桃、榆、杨、柳、桑、槐、苹果、梨等多种林木和果树。受害严重时幼虫将树叶吃光，严重影响树的生长发育和产量。

(二)形态特征

1. 成虫　体长25毫米，翅展75毫米，雌蛾大雄蛾略小。头部黄色，复眼及触角黑褐色，触角短栉齿状，胸背黄色，有一个近方形褐色斑纹。足基节黄色。其余各节灰白色。中足胫节有距1对。腹部金黄色，各节背面有1对褐斑，腹面有不规则的黑色横纹，翅底为白色，上有许多大小不同的深灰色斑点(彩图26)。

2. 卵　椭圆形，长约1毫米，初产时翠绿色，孵化前变为黑褐色。

3. 幼虫 老熟幼虫体长约55毫米,头部黄褐色,胴部第三、第四节特别膨大,在膨大部两侧有椭圆形眼斑1对。体背线宽带状暗褐色。背线两侧各有一黄色宽带,上有不规则的黑色弯曲纹,胸足3对,腹足及臀足各1对。

4. 蛹 体长约25毫米,暗赤褐色,胸背前方两侧有耳状突1对,其间为一横线连接,与胸背中央纵线,交接成十字,尾端有刺状突。

(三)发生规律

1年发生2代,以蛹在土壤中越冬,越冬代蛹由5月下旬开始羽化,6月下旬至7月上旬为羽化盛期,7月下旬为末期。6月上旬开始产卵,7月上中旬为产卵盛期,6月中旬卵孵化,7月中下旬幼虫孵化盛期。7月中旬幼虫开始老熟化蛹,8月上旬化蛹盛期。第二代成虫羽化自7月下旬开始,羽化盛期8月上中旬,末期8月下旬。第二代幼虫8月上旬孵化,8月中下旬是幼虫为害盛期,9月上旬幼虫老熟,开始陆续化蛹过冬。

成虫白天静止在树上、岩石上等处,双翅平放。21～23时成虫羽化,交尾、产卵。成虫羽化后即交尾,每雌蛾产卵220～600粒,卵产在叶背面,呈块状,每块卵约50粒,卵块无覆盖物。成虫有趋光性,和微弱的趋水性。成虫寿命7～10天。

卵期8天左右,初孵化幼虫黑色,以后逐渐为黑黄色。胴部第三、第四节逐渐膨大。初孵化幼虫啃食叶背面的叶肉,并不能把叶片咬透,随着龄期增大,分散取食为害。幼虫老熟食量在增,不分昼夜的取食。严重为害期7月中下旬和8月中下旬。幼虫惊动有下垂习性。幼虫期28天左右。幼虫老熟吐丝下垂,胴部膨大部分缩小入土化蛹,过冬场所为堰根、根颈等阴暗潮湿的地方,阳坡和土壤干燥处,土地坚硬的地方化蛹少。

(四)防治技术

1. 人工防治　晚秋或早春在根颈附近和堰根等处挖蛹集中杀死。幼虫发生期猛力振动树干和树枝,将震落幼虫捕杀。

2. 药剂防治　在幼虫初孵化至三龄前小幼虫期,树冠喷药,可喷90%敌百虫1 000倍液、50%杀螟硫磷1 000倍液等、2.5%溴氰菊酯3 000倍液、高效氯氟氰菊酯2.5%乳油3 000～4 000倍液。

八、苹烟尺蛾

苹烟尺蛾 *Phthonosema tendinosaria* Bremer 又名苹烟尺蠖、苹果枝尺蠖等。属鳞翅目,尺蛾科。

(一)分布为害

分布于东北、华北、河南、四川等地。以幼虫取食为害苹果、梨、桃、梅、核桃、栗、林檎、香椿、青冈、桑、杜鹃等叶片。为害严重时常把树叶吃光。

(二)形态特征

1. 成虫　体长25～30毫米,翅展65～75毫米。体翅灰黄至淡黄灰褐色,翅上密布小褐点。雄蛾触角羽状,雌蛾触角丝状。复眼球形黑褐色。前翅内外线较明显,为棕黑色双条曲线,内线外条和外线内条较细色深,另一条较宽淡。中线与亚端线隐约可见,均为暗褐色单线,中室隐约有1肾纹,与中线相连。后翅有两条黑色横线,中线为单线,外线为双条曲线。中线上有肾形纹。

2. 卵　椭圆形,长0.6～0.7毫米,苹果绿色。

3. 幼虫　老熟幼虫体长55～60毫米。体淡灰褐色。头顶两侧略突破。多数个体颅中沟两侧有一"n"形黑纹。口器黑色。多数个体背线,亚背线较明显,淡色宽。腹线淡黄白色。两胸足间为桃红色,前中足间和中后足间各有一黑斑。各节毛突顶端黑色,上生1黑色短刚毛。

4. 蛹 黑褐色,体长26～30毫米。疏生黑色粗刚毛。头、胸部及附肢和第十腹节密布皱褶。前胸和中胸前部的背中央各有1纵脊。腹部1～9节有粗刻点。臀棘光滑尖伸,端部2分杈。

(三)发生规律

据庞震等研究(1983年),苹烟尺蛾在山西太谷1年发生1代,以蛹多在树盘6～9厘米土层内过冬。翌年6月底至7月下旬陆续羽化。成虫夜晚活动,有趋光性。羽化后1～2天开始交尾产卵,卵多产于枝干皮缝、树杈、伤疤等缝隙中,常数十粒至百余粒产在一起,偶有几粒产在一起。成虫寿命7天左右。每雌蛾可产卵400～600粒。产卵期为7月上旬至8月上旬。卵期有7～10天。幼虫孵化后分散为害,不甚活动,受惊动吐丝下垂。栖息时多以腹足和臀足握持树干,身体挺直短枝,口中常有1丝连于枝叶上,或身体伸伏于枝干上。幼虫期40余天,蚕食叶片成缺刻,有些枝条叶片被吃光,幼虫五龄蜕4次皮。8月下旬开始入土化蛹过冬。蛹期历时10个月余。

(四)防治技术

1. 农业防治 成虫羽化前深翻树盘可消灭大部分蛹。在幼虫孵化初期振树将落地幼虫杀死。

2. 灯光诱杀灭虫 利用黑光灯,各种自动控制灭虫灯诱杀成虫。

3. 药剂防治 在幼虫三龄前,树冠喷药,可用90%敌百虫1 000倍液,或50%辛硫磷2 000倍液。

4. 生物防治 苏云金杆菌乳剂(含活芽孢 100 亿/毫升),防三龄左右幼虫用 200～500 倍液。

九、核桃星尺蛾

核桃星尺蛾 *Ophthalmodes albosignaria*(Bremer et Grey)又名拟柿星尺蛾,俗名大头虫,属鳞翅目,尺蛾科。

(一)分布为害

分布于北京、河北、河南、山西、山东、陕西、云南等地。幼虫食性很杂,主要为害核桃多种果树、林木和油料植物等。曾在太行山区大发生,给核桃生产造成很大损失。

(二)形态特征

1. 成虫 体长约 18 毫米,翅展约 70 毫米,灰白色,翅面有较碎的不太明显黑斑。前后翅上共有 4 个较大而明显的黑斑,中有箭头纹,前翅外缘有宽棕褐色带,后缘中部有黑色 N 形斑,前翅前缘有 4 个黑斑。翅反面较白。胸、腹部黄褐色,生有灰色鳞毛(彩图 27)。

2. 卵 圆形绿色,直径约 1 毫米。

3. 幼虫 老熟幼虫体长 55～65 毫米,头部扁平赭褐色,体绿褐色,后胸节特别膨大,约为前中胸粗的 1.5 倍。腹部第二节末端背面有一对齿状突。身体常自胸部第二、第三节向上拱起。胸赭黑色,腹足灰褐色 2 对,气门黑色圆形。幼龄幼虫体色灰绿,气门线色较深。腹部第二节背面的齿状突起黑色。

4. 蛹 暗红褐色,胸部背面具横皱纹,前部有耳状突起 1 对。

(三)发生规律

核桃星尺蛾 1 年发生 2 代,以蛹在核桃树盘下土缝枯叶草丛中、石块下过冬。翌年 6 月中下旬成虫羽化,成虫飞翔力强,有趋光性,多选择小树上产卵,产卵在叶背面或枝条上,卵成块状,每块卵约有 100 余粒。7 月份幼虫孵化为害,分散取食叶片,先为害嫩叶,随着幼虫龄期增长转食老叶成缺刻只留叶脉。三龄幼虫受惊动吐丝下垂。幼虫静止时身体贴在枝条上,老熟幼虫坠地入土化蛹。8 月份成虫羽化,9 月份第二代幼虫为害,10 月份后幼虫老熟下树入土结茧化蛹过冬。

(四)防治技术

1. 人工防治 冬春人工结合翻树盘挖茧蛹集中杀死。幼虫三龄前,振树将落地幼虫杀死。

2. 化学药剂防治 在幼虫三龄前,树冠喷 90%敌百虫 1 000 倍液,或 2.5%溴氰菊酯乳油 2 000 倍液。

十、棉褐带卷叶蛾

棉褐带卷叶蛾 *Adoxophyes orana* Fischer von Roslerstamm 又名苹果小卷叶蛾,属鳞翅目,卷叶蛾科。

(一)分布为害

分布于东北、华北、西北、华东、华中地区和四川等地。幼虫为害苹果、梨、桃、杏、柿、核桃、石榴、柑橘、刺槐等 30 多种植物。幼虫取食嫩芽、花蕾、叶片,并啃食贴叶果实表皮。

(二)形态特征

1. 成虫　体长6～9毫米，翅展15～22毫米，体翅黄褐色，休止时体呈钟形。雄蛾前翅有缘褶，翅面有3条褐色斜带，近翅基带上窄下宽，中带由前缘中部斜向后缘分杈伸向臀角呈"h"形，端带自前缘近1/4处斜向外缘中部上宽下窄。后翅淡褐色。

2. 卵　扁平椭圆形，长约0.75毫米。淡黄色，卵面六角形或菱形刻纹，常数10粒鱼鳞状块。

3. 幼虫　一龄幼虫头部黑色，体淡褐色。老熟幼虫体长13～15毫米，体黄绿色。头后缘有棕褐色斑，腹足趾钩二序金环式。幼虫蜕皮4次五龄。

4. 蛹　黄褐色，体长9～10毫米，腹部第二节至第七节背面各有二列刺突，后面一列刺小而密，臀棘8根。

(三)发生规律

该虫在宁夏、甘肃地区1年发生2代，辽宁和华北1年发生3～4代，河南、陕西关中1年发生4代，长江以南发生5代。均以二至三龄幼虫结白色薄茧过冬，越冬场所有枝干皮缝、卷叶、贴在树干上的枯叶缝中，翌年春季气温达到7℃～10℃开始出蛰。核桃发芽时，出蛰幼虫取食幼芽雄花序，以后取食嫩叶，将数叶缀连在一起为害叶片。由5～9月份发生3～4代，世代重叠。蛹期一般11.5天，成虫寿命7天，卵期11天左右，幼虫为害期28～35天。适宜温度18℃～26℃，相对湿度80%以上。

成虫多在9～11时羽化，白天多在树冠内部遮阴处，傍晚和黎明活动交尾、产卵。成虫对灯光、糖醋液有强的趋性。多在叶下面光滑处产卵，每头雌蛾产卵块1～3块，最少产卵21粒，最多207粒卵，干旱年份产卵少。

幼虫孵化后吐丝下垂分散为害。先在叶背主脉两侧结网，啃食叶肉呈筛孔状，幼虫二龄后吐丝连缀数嫩叶取食为害，幼虫受到惊动常吐丝下垂逃逸。幼虫老熟在卷叶中化蛹。

棉褐带卷叶蛾自然天敌很多，共计有50余种。成虫期有斜纹猫蛛、跳蛛、麻雀等。卵期有拟澳赤眼蜂、松毛虫赤眼蜂等，9月份卵寄生率高达80%。幼虫期寄生蜂、寄生蝇有40余种，自然寄生率50%～75%。

(四)防治技术

1. 人工防治　冬春季人工刮刷老树皮灭幼虫。

2. 诱杀成虫　利用灯光、糖醋液、性激素诱杀成虫。

3. 药剂防治　幼虫三龄前，树冠喷50%马拉硫磷乳剂1 000倍液，或2.5%溴氰菊酯乳剂3 000倍液等。

4. 生物防治　每667平方米喷0.5千克白僵菌粉，或喷2.4～4.4克颗粒体病毒罹病尸体粗提制品。

十一、银杏大蚕蛾

银杏大蚕蛾 *Dictyoploca japonica* moore，又名白果蚕、漆毛虫、白毛虫、核桃楸大蚕蛾。属鳞翅目，大蚕蛾科。

(一)分布为害

分布于黑龙江、吉林、辽宁、河北、山西、北京、河南、江苏、浙江、福建、台湾、江西、湖北、湖南、贵州、陕西、广东、广西、云南、四川、内蒙古等25个省(市、自治区)。1957、1995年广西桂林银杏受害。1984年至1985年云南泸水县核桃受害。1977年辽宁宽甸板栗受害。1991～1993年四川南充香樟、喜树受害。1977～1992年湖北西北部10余县核桃、漆树受害。1988～1998年陕西南部10余县2.6万公顷核桃、板栗、漆树受害，每年损失1 000余万元。

1997年银杏大蚕蛾幼虫大量爬进陕西佛坪县城。1998年陕西林业厅把银杏大蚕蛾发生规律及综合防治研究列为攻关课题。孙益知等1998年在佛坪县开展综合防治研究，指导陕南10余县大面积防治工作。

(二)形态特征

1. 成虫 雌蛾体长16～60毫米，翅展95～150毫米；雄蛾体长25～40毫米，翅展90～125毫米。体色灰褐、黄褐或紫褐色。前翅的横线赤褐色，外横线暗褐色，两线后缘处相接近，中间形成宽阔的银灰色区，中室端部有新月形透明斑，成眼珠状。后翅从基部到外横线间有宽广的紫红色区，亚外缘线区橙黄色，外横线灰黄色，中室端部有1大的圆形眼斑，中间黑色如眼珠、外围有1条橙灰色圆圈，2条银白色横线。

2. 卵 椭圆形，表面有一层黑褐色胶质，卵长2～2.5毫米，宽1.2～1.5毫米，卵成块状数10粒在一起(彩图28～29)。

3. 幼虫 老熟幼虫体长65～110毫米，头宽6～7毫米。体色有黑色型和绿色型2种。黑色型从气门上线至腹中线两侧均为黑色，其间夹有不规则的褐黄色小点；亚背线至气门上线各节毛瘤上有长短不一的刺毛；黑色长刺毛3～5根；短刺毛褐色。绿色型气门上线至腹中线两侧淡绿色，亚背线至气门上线毛瘤上只有1～2根黑色长刺毛，其余均为较短的而稀疏的白色刺毛。趾钩双序中带。一至三龄幼虫体黑色。

4. 蛹 黄褐色。雌蛹体长45～60毫米，雄蛹长30～45毫米。第四至六节腹节后缘呈暗褐色，形成3条相间的环带；蛹末两侧各有1束臀棘；每束7根。受惊扰时，蛹体在茧内摆能发出音响。

5. 茧 长40～70毫米，黄褐色，长椭圆形，网状质地坚硬，网眼粗大，常附着在核桃等寄主的叶片和小枝。丝质较疏松，一端为羽化口。

(三)发生规律

该虫1年发生1代,以卵在枝干树皮上过冬。在辽宁越冬卵5月上旬孵化,幼虫5~6月份为害。6月中旬至7月上旬结茧化蛹,8月中下旬成虫羽化、产卵。在陕西佛坪县,4月中下旬卵孵化,5~6月份幼虫取食为害。6月中旬至9月中旬为蛹期,8月中旬至9月中旬成虫羽化,交尾产卵过冬。在广西桂林,过冬卵于3月下旬至4月中旬孵化,4月中旬至6月上旬幼虫取食为害,6月中旬至9月中旬化蛹,9月下旬成虫开始羽化至11月中旬羽化结束。成虫寿命5~21天,卵期5~6个月,幼虫期36~72天,预蛹期5~13天,蛹期115~147天。

成虫羽化多在17~23时,羽化后45分钟、最迟3天后交尾。交尾后平均26小时产卵。雌雄蛾比为1∶0.98。成虫有一定趋光性,灯光诱蛾,雄蛾占88.7%,雌蛾只占11.3%,且50%雌蛾已产卵。平均产卵290粒,未产抱腹卵有48粒,雌蛾产卵分5~8次。雌蛾产卵有很强选择性,据调查,核桃树有卵株率84.9%,平均株卵块10.1块,漆树有卵株33.3%,平均株卵块2.3块,板栗有卵株率88.9%,平均株卵块1.7块,杨树有卵株率66.7%,平均株卵块1.5块。其他梨、柿、山茱萸等均未产卵。树龄小、树皮光滑的树很少产卵,15年生以上核桃树树皮裂缝多产卵多。50%卵块产在树干1~2米处,2~3米处产卵28%,地面至1米高产卵占15%,3米以上高处产卵只占7%。卵多产在茧内、蛹壳里、树皮裂缝和树干苔藓上,尤以茧壳为多。卵块多为疏松的堆成块,每块数十粒,百余粒不等。

幼虫有5~6龄,一龄幼虫12~17天,二龄4~9天,三龄6~12天,四龄5~16天,五龄5~17天,六龄6~18天。初孵幼虫先在茧内外或其他产卵场所栖息或缓慢爬行,待白天温度升高时才爬上枝条取食叶缘。银杏大蚕蛾幼虫取食 40 余种植物，但一至三龄幼虫只有取食核桃、杨树和银杏等少数植物才能存活，和成虫产卵选择树种相一致，见表 3。

表 3　不同寄主植物对银杏大蚕蛾三龄前幼虫发育影响

寄主植物	一龄幼虫存活率（%）	二龄幼虫存活率（%）	三龄幼虫存活率（%）
核　桃	70～75	57～74	50～100
加拿大杨	0～40	60～100	63～83
银　杏	20～30	30	100
苹　果	0	50	80
柿	0	0	0
小　麦	0	0	0

一至三龄多 10 余条幼虫群集叶背头向叶缘方排列取食，使叶片出现缺刻。一至二龄取食叶量占取食叶量的 1%～2%，三至四龄幼虫占 12%～18%，四至六龄取食量占 80%。幼虫将树叶吃光后，幼虫群体转移。取食核桃叶六龄时为黑色型。在加杨树等上取食的幼虫为绿色型。幼虫老熟多下树爬到水边灌木丛上结茧化蛹，蛹期气候干燥降雨少、空气相对湿度 30%～40%，成虫羽化率只有 70%，其中能正常繁殖的只有 20%～30%。孙琼华（1991）分析湖北竹溪 4 年气象资料，8～9 月份降雨量在 150 毫米，银杏大蚕蛾成虫羽化高产卵多，翌年银杏大蚕蛾将大发生。

银杏大蚕蛾各类天敌 68 种，幼虫、蛹捕食鸟 33 种捕食率高达 74.7%。贪食亚麻蝇在吉林寄生率达 70%。核型多角体病毒，白僵菌等寄生率达 77.3%～86.3%。

(四)防治技术

银杏大蚕蛾在不少地方暴发成灾的原因，在于对银杏大蚕蛾发生规律不了解，前期没有虫情测报，5～6 月份幼虫突然大发生为害所致。

1. 人工防治 人工灭卵，银杏大蚕蛾卵块大黑褐色，主要产在 1～2 米高核桃、杨树、漆树、银杏、板栗等树主干上。冬春发动群众灭卵。

秋天 8 月份发动群众在河边、渠旁灌木丛中摘虫茧集中烧毁或喂鸡、喂猪。

人工捕杀幼虫，三龄前幼虫体黑色，多群集在树下部叶片为害，人工振树将落地幼虫杀死。

2. 灯光诱杀 利用成虫趋光性，9～10 月份在虫害严重时，选核桃集中连片地，挂黑光灯诱杀成虫，每天早晨检查杀死诱来的成虫。

3. 生物防治 在幼虫期特别三龄前幼虫期，树冠喷苏云金杆菌悬浮液(含 1 亿～2 亿孢子/毫升)1 000 倍液，死亡率 94%。25%灭幼脲悬浮液 1 000 倍液，3 天死亡率 52%，10 天死亡率 89%。

4. 药剂防治 在三龄前幼虫期，喷 10%氯氰菊酯 2 000 倍液或 50%敌敌畏乳油 2 000 倍液、90%敌百虫 1 000～1 500 倍液、50%马拉硫磷 1 000～1 500 倍液、2.5%溴氰菊酯 2 000 倍液、20%氰戊菊酯 2 000 倍液。

十二、绿尾大蚕蛾

绿尾大蚕蛾 *Actias selene ningpoana* Felder 又名燕尾水青蛾，大水青蛾。属鳞翅目，大蚕蛾科。

(一)分布为害

分布于北京、河北、河南、山西、山东、江苏、安徽、浙江、湖北、江西、福建、台湾、陕西、广东、广西、四川等地。寄主植物有核桃、板栗、枣、苹果、梨、沙果、杏、樟、桤木、喜树、枫杨、乌桕、木槿等。以幼虫蚕食叶片,严重时可将全树叶片吃光,影响树势和产量。

(二)形态特征

1. 成虫　体长35～40毫米,翅展122毫米左右。体表具浓厚白色绒毛,头部、胸部、肩板基部前缘有暗紫色横切带。翅粉绿色。基部有白色绒毛,前翅前缘暗紫色,混有白色鳞毛,翅外缘黄绿色,中室末端有眼斑1个。后翅也1眼斑,后翅后角突出长约40毫米(彩图30)。

2. 卵　球形稍扁,直径约2毫米,米黄色。卵上有胶状物,形成卵块,每堆少者几粒,多者有20～30粒。

3. 幼虫　一至二龄幼虫黑色,第二至第三胸节及第五至第六节腹节橘黄色。三龄幼虫体橘黄色。四龄幼虫体渐变绿色。老熟幼虫体长73～80毫米,头部绿褐色,头较小,体黄绿色。气门线以下浓绿色,腹面黑色。中后胸及第八腹节背上的毛瘤顶端黄色,基部黑色;其他部位毛瘤端部蓝色,基部棕黑色,上面的刚毛棕黄色;其他刚毛白色。第一至第八腹节的气门线上边赤褐色,下边黄色,气门筛淡黄色。胸足棕褐色,尖端黑色,腹足端棕褐色,上部有黑色横带。

4. 蛹　体长45～50毫米,赤褐色,额区有1个浅黄色三角斑。

5. 茧　灰褐色,长卵圆形,长径50～55毫米,短径25～30毫米,茧外常有寄主枯叶包着。

(三)发生规律

1 年发生 2 代,少数地区 1 年 3 代,以蛹在树上茧里过冬,翌年 4 月中旬至 5 月上旬成虫陆续羽化产卵。卵期 10～15 天。第一代幼虫,5 月上中旬孵化。幼虫共 5 龄,历期 36～44 天。老熟幼虫 6 月上旬开始化蛹,6 月中旬达盛期,蛹期 15～20 天。第一代成虫 6 月下旬至 7 月初羽化产卵,卵经过 8～9 天孵化,第二代幼虫 7 月上旬孵化,至 9 月底老熟幼虫结茧化蛹过冬。过冬蛹期 6 个月。

成虫有趋光性,一般在中午至傍晚羽化,羽化前分泌棕色液体溶解茧丝,然后从茧蛹上端钻出,当晚 20～21 时至 23 时交尾,历时 2～3 小时交尾。第二天夜晚开始产卵,每雌蛾产卵 250～300 粒,多产于寄主叶背面,卵成堆。雄蛾寿命 6～7 天,雌蛾寿命 10～12 天。卵孵化率高,但不整齐,同一天产的卵,孵化期相差 2～3 天。一、二龄幼虫群集为害,较活跃,三龄以后幼虫分散为害,食量大增,行动迟钝。过冬茧多在树干下部分叉处,茧外有寄主叶包住。第一代茧多在枝条上,少数在树干下部。天敌有赤眼蜂,寄生率高达 84%～88%。

(四)防治技术

1. 人工防治 6 月和 10 月采摘茧蛹集中杀死或喂鸡。在幼虫发生为害期,捕杀幼虫。

2. 灯光诱杀 在成虫发生期,在核桃集中林地,晚上挂黑光诱杀成虫。同时根据成虫诱集情况,指导田间喷药时机。

3. 药剂防治 在幼虫期,特别是三龄前幼龄树上喷药防治,可选用 90%敌百虫 800～1 000 倍液,或 80%敌敌畏乳油 1 000 倍液,或 48%毒死蜱乳油 1 500 倍液、10%氯氰菊酯 8 000 倍液,防治效果较好。

十三、樗　蚕

樗蚕 *Philosamia Cynthia* Walker et Felder，又名乌桕樗蚕蛾，属鳞翅目，大蚕蛾科。

(一)分布为害

分布于东北、北京、山东、江西、浙江、江苏、广东、广西、四川、陕西等地。寄主植物乌桕、臭椿、冬青、核桃、悬铃木，盐肤木、柑橘，香樟、梧桐、枫杨、刺槐、花椒和泡桐等。幼虫取食叶片。

(二)形态特征

1. 成虫　雌蛾体长 25～30 毫米，雄蛾 20～25 毫米，翅展 115～125 毫米。体青褐色，头部四周、颈板前端、前胸后缘、腹部背线、侧线及末端都为白色。前翅褐色，顶角圆而突出，粉紫色，具 1 个黑色眼状斑，斑的上边白色弧形；前后翅中央各有 1 个新月形斑，斑的上缘深褐色，中间半透明，下缘土黄色，外侧具 1 条纵贯全翅的宽带，宽带中间粉红色，外侧白色，内侧深褐色，基角褐色，其边缘有 1 条白色曲纹。

2. 卵　灰白色上有褐色斑，扁椭圆形，长约 1.5 毫米。

3. 幼虫　老熟幼虫体长 55～60 毫米，青绿色被白粉。各体节的亚背线，气门上线，气门下线部位各有一排显著的枝刺，亚背线上的比其他 2 排的更大，在亚背线与气门上线间，气门后方，气门下线、胸足及腹足的基部有黑色斑点；气门筛浅黄色，围气门片黑色。胸足黄色；腹足青绿色，端部黄色。

4. 蛹　暗红褐色，长 26～30 毫米，宽 14 毫米。茧灰白色，橄榄形，长约 50 毫米，上端开孔。

5. 茧　柄长 40～130 毫米，茧半边常为叶包着。

(三)发生规律

1年发生2～3代,以蛹越冬。1年发生2代的,越冬代成虫5月上中旬羽化产卵,卵期12天,第一代幼虫5月中下旬孵化。幼虫取食叶片为害30天左右,6月下旬幼虫结茧化蛹。8月至9月上中旬当年第一代成虫羽化、产卵。成虫寿命5～12天。第二代幼虫为害叶片至9～11月份,自10月幼虫陆续结茧化蛹,过冬代蛹期5～6个月。

成虫有趋光性,飞翔能力强。每雌蛾产卵300粒左右,雌蛾分泌性外激素引诱雄蛾交尾。卵产在寄主植物叶片背面。常数10粒成不规则卵块。初孵化幼虫群集为害叶片,三至四龄后幼虫分散取食为害,幼虫期24～30天。蛹期40～50天。化蛹结茧多在枝条上缀叶结茧,如树上无叶时幼虫下爬树下灌木上缀叶结茧化蛹。

(四)防治技术

1. 人工防治 冬季人工摘虫茧集中烧毁。

2. 灯光诱杀 成虫羽化期利用自动杀虫灯,太阳能杀虫灯诱杀。

3. 药剂防治 参考银杏大蚕蛾防治法。

十四、合目大蚕蛾

合目大蚕蛾 *Caligula boisduvalii fallax* Jordan,属鳞翅目,大蚕蛾科。

(一)分布为害

分布于黑龙江、吉林、辽宁、内蒙古等地。以幼虫食害栎、榛、核桃树和胡枝子等。

(二)形态特征

1. 成虫　雌蛾翅展 80～90 毫米,体长约 30 毫米;雄蛾翅展 70～80 毫米,体长约 25 毫米。体被暗红褐色鳞毛,颈板灰色,胸部后端色较淡。雌蛾触角双栉齿状,雄蛾触角羽毛状。前翅前缘褐色杂有白色鳞片,内横线中横线淡褐色,外横线黄褐色。亚外缘线外侧各脉间暗褐色,形成波状的外缘线。眼状纹圆形,外围黑色,其内侧有 1 半月形白区,中间鳞片棕色。后翅与前翅基本相同。雄蛾比雌蛾颜色深。

2. 卵　长约 2 毫米,宽约 1.4 毫米,圆筒形,灰白色,卵壳表面有条状黑点带。

3. 幼虫　老熟幼虫体长 55～63 毫米,宽约 9 毫米,体青绿色,气门线蓝黄色,气门白色。毛瘤上的长毛黑色,体表生长密集的白色短刚毛。

4. 蛹　黑褐色,长 30～35 毫米,宽约 10 毫米。

5. 茧　长约 40 毫米,宽约 15 毫米。

(三)发生规律

在长白山 1 年发生 1 代,以卵过冬。翌年 5 月中旬,越冬卵开始孵化,下旬终了。幼虫为害叶片至 6 月下旬开始停食,变为预蛹,7 月上旬开始化蛹,7 月下旬化蛹结束。8 月下旬开始羽化,9 月中旬为成虫羽化高峰期,9 月下旬羽化终期。个别年份延迟到 10 月上旬羽化。卵期从 9 月下旬到翌年 5 月中下旬孵化,历期 250 天左右。幼虫取食叶片为害期 47～66 天,幼虫 6 个龄期,在 18℃～21℃条件下,一龄幼虫 9～10 天,二龄幼虫 6～13 天,三龄幼虫 6～9 天,四龄幼虫 10～15 天,五龄幼虫 10～15 天,六龄幼虫 7～17 天。预蛹期 5～6 天,蛹期 62～75 天。

成虫白天静伏枝干背阴处不动，夜晚21～24时活动交尾，交尾有的持续一天多，对灯光有较强趋性，每头雌蛾产卵114粒，当年产的卵不孵化，过冬后到翌年5月中下旬开始孵化。初孵化幼虫只取食叶肉，随着虫龄增大，食量大增，老熟幼虫可把整个叶片吃光，只留较粗叶脉。

合目大蚕蛾是长白山区昆虫优势种之一，每年秋季气温降到12℃时，成虫开始出现。雄虫占74.7%，雌虫占25.3%。

（四）防治技术

参考银杏大蚕蛾防治技术。

十五、樟　蚕

樟蚕 *Erioyma pyretorum* Westwood 又名枫蚕，属鳞翅目，大蚕蛾科，我国有3个亚种。

（一）分布为害

分布于东北、华北一带的为 E. pyretorum Westwood 亚种，以蛹过冬。分布于四川等地为 E. pyretorum lucifera Jordan，以卵过冬。分布华东一带的为 E. pyretorum cognata Jordan，以蛹或卵过冬。寄主植物枫香、枫杨、樟、麻栎、核桃、板栗，喜树、沙梨、番石榴、枇杷、冬青、乌桕、漆树和银杏等。以幼虫取食寄主植物叶片为害。

（二）形态特点

1. 成虫　体长32毫米左右，翅展约100毫米，体翅灰褐色。前翅基部暗褐色，三角形。前后翅中部各有1眼斑，外层为蓝黑色，内层外侧有淡蓝色半圆纹，最内层为土黄色圈，其内侧暗红褐色，中间为新月透明斑。前翅顶角外侧有紫红色纹 2 条，内侧有黑短纹 2 条；内横线棕黑色，外横线棕色双锯齿形。后翅与前翅略相同，色稍淡，胸部背面和末端密被黑褐绒毛，腹部间有白色绒毛环。

2. 卵 乳白色，筒形，长 2 毫米，宽 1 毫米，卵块常数粒至数十粒。卵面上覆盖一层褐色雌蛾尾毛。

3. 幼虫 老熟幼虫体长 85～100 毫米。头绿色。体黄绿色，背线、亚背线、气门线色淡。每体节有枝刺 6 个，枝刺有 5～6 根褐色小刺。各体节间色较深，胸足橘黄色，腹足略黄，气门筛黄褐色。幼虫 8 龄，各龄幼虫体长分别为 5～7、10～13、16～24、31～35、36～39、43～46、52～58、62～100 毫米。

4. 蛹 体长 27～34 毫米，深暗红褐色，稍带黑色，纺锤形，全体坚硬，额区有 1 个不明显近方形色斑，臀棘 16 根。

5. 茧 灰褐色，长椭圆形。

(三)发生规律

1 年 1 代，以蛹在茧内越冬，翌年 2 月底开始羽化，3 月中旬为羽化盛期，3 月底为末期。3 月上旬开始产卵，卵期 10 天，最长 30 天。3 月中旬到 7 月为幼虫为害期，在广西各龄幼虫期(天)分别为 6～11、3～9、5～10、8～13、9～15、10～14、11～14、10～18 天。幼虫期 52～78 天。在浙江约 80 天，6 月份开始结茧化蛹。

成虫羽化多在傍晚和清晨，羽化历期持续 25～35 天。成虫通常栖息隐蔽的枝叶或灌木草丛中。趋光性强，一般 21 时上灯数最多，雌雄蛾比例 1∶1，雌蛾略多。一次飞行不到 10 米，必须休息后再飞。成虫多夜间交尾，交尾历时 5～6 小时，常持续到天明，交尾后 1～2 天产卵，一般在清晨产卵。大多成堆产于树干或树枝上，每堆有卵 50 余粒，每 1 雌蛾可产卵 250～420 粒。卵块上密被雌蛾尾部黑绒毛。

幼虫一般以 8～16 时孵化最多，咬破卵壳稍事休息后，爬到叶片上，栖息于叶背面主脉两侧，经4～5小时开始取食，一至三龄幼虫群集取食，四龄后分散取食，腹足固着叶柄上取食，五龄幼虫固着小枝上，胸足抓住小枝取食叶片，吃光叶片，还吃叶柄和嫩梢，幼虫多在脱皮前常停食几小时，固着吐丝再脱皮，幼虫多中午前后在枝干爬行活动，转移取食，老熟幼虫先在枝干或分杈处先吐丝结茧，历时1～2天，最长4～5天，经过8～12天的预蛹期，然后化蛹。

卵期有赤眼蜂寄生，幼虫期有2种姬蜂和追寄蝇及白僵菌寄生。

(四)防治技术

1. 人工防治 人工摘茧蛹、卵块集中处死，

2. 药剂防治 三龄前幼虫期喷90%敌百虫1 000倍液或50%敌敌畏乳油2 000倍液、2.5%溴氰菊酯2 000倍液。

十六、栎黄枯叶蛾

栎黄枯叶蛾 *Trabala vishnou gigantina* Yang，属鳞翅目，枯叶蛾科。

(一)分布为害

分布于甘肃、陕西、河南、山西、河北等地。为害栓皮栎、锐齿栎、槲栎、核桃、海棠、胡颓子、沙棘、榛子、苹果、榆、槭、月季、旱柳和山杨等。幼虫蚕食叶片，为害严重时把叶吃光。

(二)形态特征

1. 成虫 雌虫体长25～38毫米，翅展70～95毫米。头黄褐色，触角双栉齿状，复眼球形黑褐色。胸部背面黄色，翅黄褐色，外

横线黄色波状，前翅内横线黑褐色小斑，下方有近四方形黑褐色大斑，腹部背面褐色，腹末端有黑色长毛束。雄蛾体长22～27毫米，翅展54～62毫米。头部绿色触角长双栉齿状，翅绿色，前翅内、处横线深绿色。

2. 卵　卵圆形，长0.3～0.35毫米，灰白色，卵壳上有线状刻点，构成网状花纹，卵上常粘有长毛。卵成块状。

3. 幼虫　老熟幼虫体长65～84毫米。雌性密生深黄色长毛，雄性密生灰白色长毛。头部黄褐色，前胸背板中央有黑褐色斑纹，其前沿两侧各有1个较大的黑色疣状突起，上生有黑色长毛1束，常伸到头的前方，其他各节在亚背线、气门上线、气门下线及基线处，各有1个较小的黑色疣状突起，其上生有刚毛一簇，上两者的毛为黑色，下两者的毛为黄白色。在胸部的第三节至第九节背面的前缘上，各有1条中间断裂的黑褐色横纹，其两侧各有一斜行的黑纹，背观如“八”字形，腹部均黄褐色，腹中线为褐色，趾钩双序横带。

4. 蛹　纺锤形，赤褐色或黑褐色，体长28～32毫米。翅痕伸到第四腹节中部以下，背面有9节，两侧气门7对，末端钝圆，中部有一纵行沟，其上方密生钩状刺毛，钩挂茧上。

5. 茧　黄色或灰黄色，表面有稀疏的黑色短毛，茧长40～70毫米。

(三)发生规律

据任作佛(1957)和同长寿(1966)研究，栎黄枯叶蛾1年发生1代，以卵过冬，翌年4月下旬开始孵化，5月中旬为孵化盛期，5月下旬孵化结束。孵化前卵呈浅灰白色，晚上孵化，孵化率达98.1%。初孵化幼虫群集卵壳周围，取食卵壳，再经过一昼夜，取食叶肉，一至三龄幼虫有群集性，食量较小，受惊动即吐丝下垂。四龄幼虫开始分散取食。五至七龄食量大增，受惊动即迅速昂头左右摆动。每天5～8时及20时以后爬向树冠取食，中午高温时离开树冠，爬到荫凉处静止。幼虫期80～90天，7月下旬幼虫老熟，开始爬到核桃树上小枝，灌木上吐丝结茧化蛹，蛹期20天左右，8月中旬陆续羽化成虫，9月上旬羽化盛期，成虫多于夜晚羽化、交尾，有趋光性，当晚或交尾次日开始产卵，卵多产在核桃枝条、树干和茧上，排成两行，卵上覆有灰白色的细毛似毛虫，每雌蛾产卵290～380粒，成虫寿命3～7天。卵期250多天。

(四)防治技术

1. 人工防治 冬季人工剪除有卵枝条集中烧毁。幼虫初孵化期，多群集一起，剪除枝条将幼虫杀死。

2. 灯光诱捕 8～9月份成虫羽化期，挂黑光灯诱捕成虫。

3. 药剂防治 在幼虫孵化期和三龄幼虫期，树冠喷药。可喷90%敌百虫800～1 000倍液、50%辛硫磷乳油800～1 000倍液、80%敌敌畏乳油1 000倍液等。

十七、黄褐天幕毛虫

黄褐天幕毛虫 *Malacosoma Neustria testacea* Motschulsky，又称带枯叶蛾，俗称顶针虫。属鳞翅目，枯叶蛾科。

(一)分布为害

分布于黑龙江、吉林、辽宁、北京、河北、山东、山西、河南、陕西、江苏、安徽、江西、湖南、甘肃、四川和内蒙古等地。以幼虫取食为害苹果、梨、杏、李、桃、山楂、核桃、海棠、沙果、樱桃、杨、榆、栎类、黄菠萝和落叶松等。能将大面积的山杏、核桃、杨树的叶片吃光，影响核桃的产量和林木生长。甚至引起树木死亡。

(二)形态特征

1. 成虫　雌蛾体长约20毫米，翅展29～40毫米。体翅黄褐色，前翅中央有1条镶有米黄色，细边的赤褐色宽横带。后翅基半部赤褐色，端半部色淡。雄蛾体长15毫米，翅展约30毫米，体翅淡黄色。触角双栉齿状。前翅有2条，后有1条深褐色细横线。

2. 卵　圆筒形，高1.3毫米，灰白色，越冬后卵深灰色，顶部中间陷下，越冬后卵深灰色，常数十粒卵围绕枝条排成整齐的一圈，似“顶针”状。

3. 幼虫　老熟幼虫体长50～55毫米，头蓝黑色，上有黑点和2个黑斑，体蓝灰色，背线和气门上、下线黄白色，亚背线有2条橙黄色线，气门线较宽浅灰色，各节背面有数个黑色毛瘤，其中第八腹节背面的一对最大，各毛瘤上生有黄白色和黑色长毛。

4. 蛹　体长17～20毫米，黄褐色，有金黄色毛。

5. 茧　灰白色，丝质双层。

(三)发生规律

1年发生1代，以完成发育的小幼虫在卵壳内于枝条上过冬。翌年树木发芽幼虫孵化钻出卵壳。北京4月上旬孵化，5月中旬幼虫老熟，下旬结茧化蛹，6月上旬成虫羽化产卵。黑龙江带岭和山西太岳山区(海拔1 500米)，7月下旬成虫羽化产卵。在江西南昌和浙江杭州地区，5月已大量羽化产卵。成虫羽化后即交尾产卵，卵多产于被害寄主当年小枝上。每一雌蛾一般只产1个卵块，少数雌蛾产2个卵块，每一雌蛾产卵200～400粒。

翌年春季卵孵化后，幼虫群集在附近小枝上食害嫩叶，以后逐步向树杈移动，吐丝结成网，白天群集网内静伏，夜晚取食，将网内叶吃完后，转移另枝结网取食，幼虫五龄后分散取食为害，取食量大，常引起树叶局部吃光，造成灾害。幼虫老熟后爬到树皮裂缝、树叶间、树盘杂草上结茧化蛹，6～7 月份间蛹期 11～14 天成虫羽化，交尾后陆续产卵。

黄褐天幕毛虫天敌很多种，比较重要的有黑卵蜂，在山东卵的寄生率可达 90%。天幕毛虫抱寄蝇，在辽宁、宁夏地区寄生率可达 93.6%。黄褐天幕毛虫核型多角体病在河北、辽宁常引起幼虫发病死亡。

(四)防治技术

1. 人工防治 冬季结合修剪，剪除卵块集中放到小罐中，保护寄生蜂，寄生蜂安全过冬，春天放出寄生天敌，杀死天幕毛虫幼虫。春季幼虫结网幕为害期，人工剪除网幕，烧毁幼虫。

2. 药剂防治 幼虫三龄前，树冠喷药。可选喷 90%敌百虫 1 000 倍液、50%辛硫乳剂 2 000 倍液、2.5%溴菊酯 2 000 倍液等。

十八、黄刺蛾

黄刺蛾 *Cnidocampa flavescens* Walker，俗名洋辣子、八角丁等。属鳞翅目，刺蛾科。

(一)分布为害

黄刺蛾在国内除了宁夏、新疆、贵州无记录外，几乎遍布其他各省市区。为害枫杨、核桃、柿、枣、板栗、苹果、梨、杏、桃、山楂、枇杷、柑橘、石榴及重阳木、刺槐、五角枫等多种果树和林木。幼虫取食叶片影响树势和结果是果树林木的重要害虫。幼虫体毛有毒。

(二)形态特征

1. 成虫 雌蛾体长 15～17 毫米，翅展 35～39 毫米；雄蛾体长 13～15 毫米，翅展 30～32 毫米。体橙黄色，前翅黄褐色，自顶角有1条细斜线伸向中室，斜线内为黄色，斜线为褐色；在褐色部分有1条深褐色细线自顶角伸向后缘中部，中室有一黄褐色圆点，后翅灰黄色（彩图31～32）。

2. 卵　扁椭圆形，长约1.5毫米，淡黄色，卵膜上有龟状刻纹。

3. 幼虫　老熟幼虫体长19～25毫米，体粗大。头部黄褐色，隐藏于前胸下，胸部黄绿，体自第二节起，各节背线两侧有1对枝刺，以第三、第四、第十节的为大，枝刺上长有黑色刺毛，体背有紫褐色哑铃状斑纹，末节背面有4个褐色小斑，体两侧各有9个枝刺，体侧中部有2条蓝色纵纹，气门上线淡青色，气门下线淡黄色。

4. 蛹　椭圆形，粗大，体长13～15毫米，淡黄褐色。头、胸部背面黄色，腹部各节背面有褐色背板。

5. 茧　椭圆形，质坚硬石灰质，黑褐色，有灰白色不规则纵条纹，似雀蛋。

（三）发生规律

黄刺蛾在东北地区及华北地区北部1年发生1代，在山东、河南、陕西等以南地区1年发生2代，各地均以老熟幼虫结石灰质茧在枝条分杈处过冬。

1年1代区，越冬幼虫于5月下旬至6月上旬化蛹，适宜温度20℃～30℃，相对湿度80%～90%，化蛹率达82%～90%，6月中旬至7月中旬成虫羽化，交尾产卵于叶背面，常数粒排成卵块，卵期7～10天，幼虫于7月上旬至8月下旬取食为害，8月上旬至9月上旬在枝杈结茧越冬。

1年2代区，越冬幼虫一般于5月中下旬化蛹，5月下旬至6月上旬成虫羽化，交尾产卵，6～7月为第一代幼虫为害期。6月下旬至8月中旬为蛹期，7月末至8月上旬为第一代成虫羽化产卵期。第二代幼虫8月上旬至9月中旬发生为害，9月下旬至10

月幼虫老熟陆续结茧过冬。越冬茧分布为聚集分布中的负二项分布，在树冠中上部枝杈阴面分布多于阳面。

成虫多在傍晚17～22时羽化，成虫夜间活动交尾，趋光性不强，雌蛾产卵多在叶背，常数粒成块，每雌蛾产卵48～67粒，成虫寿命4～7天。

幼虫多在白天孵化，初孵化幼虫先取食卵壳，然后取食叶片下表皮和叶肉，留下上表皮，形成透明小斑，2天后小斑连成块。三龄前幼虫群集在一起取食，三龄后幼虫逐渐分散取食，四龄幼虫蚕食叶片成孔洞，五至七龄幼虫进入暴食期，食尽叶片只残存叶主脉和叶柄。幼虫共7龄，第一代幼虫各龄所需天数分别为1～2天、2～3天、2～3天、2～3天、4～5天、5～7天、6～8天，共22～33天。幼虫老熟开始在枝杈做茧，茧初期透明，可见幼虫活动情况，后凝结成硬茧，初灰白色，不久变褐色，并有白色纵纹。1年2代的第一代幼虫结的茧小而薄，第二代茧大而厚。

黄刺蛾天敌有5种以上重要天敌，上海青蜂，寄生率26%～55%。健壮刺蛾寄蝇在齐齐哈尔寄生率达73.5%。蜀蝽、螳螂、刺蛾广肩小蜂、核型多角体病毒等都有重要控制作用。

(四)防治技术

1. 人工防治　冬春季结合树管理摘除过冬茧，集中杀死。三龄前幼虫群集为害期，寻找叶片透明斑和幼虫，摘虫叶集中杀死。

2. 生物防治　在幼虫幼龄期树冠喷苏云金杆菌(100亿孢子/毫升)1 000倍液，保护利用天敌。

3. 药剂防治　在幼虫三龄前树冠喷90%敌百虫1 000倍液或50%辛硫磷乳剂1500～2 000倍液、48%毒死蜱1500倍液、10%氯氰菊酯乳剂5 000倍液。

十九、褐边绿刺蛾

褐边绿刺蛾 *Latoia consocia* Walker，又名绿刺蛾，青刺蛾。属鳞翅目，刺蛾科。

(一)分布为害

分布于黑龙江、吉林、辽宁、河北、河南、山西、山东、陕西、内蒙古、江苏、浙江、安徽、江西、湖北、湖南、福建、台湾、广东和广西等地。幼虫为害核桃、枫杨、桃、李、麻栎、悬铃木和紫荆等50余种果树林木，是核桃的重要害虫。

(二)形态特征

1. 成虫 雌蛾体长15～17毫米，翅展36～40毫米。雄蛾体长12～15毫米，翅展28～36毫米。头部粉绿色，复眼黑褐色，触角褐色，雌蛾触角丝状，雄蛾触角单栉齿状。胸背粉绿色。足褐色。前翅粉绿色，基角有略带放射状褐色斑纹，外缘有浅褐色线，缘毛深褐色；后翅及腹部浅褐色，缘毛褐色，但有个别个体前翅及胸背变为黄色(彩图33)。

2. 卵 扁椭圆形，长径1.2～1.3毫米，短径0.8～0.9毫米，浅黄绿色。

3. 幼虫 老熟幼虫体长24～27毫米，宽7～8.5毫米，头红褐色，前胸背板黑色，体翠绿色，背线黄绿至浅蓝色，中胸及腹部第八节各有1对蓝黑色斑，后胸至第七腹节，每节有2对蓝黑色斑；亚背线带红棕色；中胸至第九腹节，每节着生棕色枝刺1对，刺毛黄棕色，并加杂几根黑色毛。体侧翠绿色，间有深绿色波状条纹。自后胸至腹部第九节侧腹面均具突1对，上着生黄棕色刺毛。腹部第八、第九节各着生黑绒球状毛丛1对。

4. 蛹 卵圆形，长 15～17 毫米，宽 7～9 毫米。棕褐色。

5. 茧 近圆筒形，长 14.5～16.5 毫米，宽 7.5～9.5 毫米，棕褐色。

（三）发生规律

在长江以南 1 年发生 2～3 代，以幼虫结茧过冬，翌年 4 月下旬至 5 月上中旬化蛹。5 月下旬至 6 月成虫羽化产卵，6 月至 7 月下旬为第一代幼虫为害活动期，7 月中旬后第一代幼虫老熟陆续结茧化蛹，8 月初第一代成虫羽化产卵，8 月中旬至 9 月第二代幼虫为害活动，9 月中旬以后陆续老熟结茧过冬。

北京地区 1 年发生 1 代，以老熟幼虫在土中结茧过冬，翌年化蛹羽化，最早 6 月上旬末成虫开始羽化，6 月下旬至 7 月上旬成虫羽化盛期，7 月中下旬为产卵盛期，卵期 3～5 天，8 月中旬末龄幼虫大量出现，以后陆续下树入土结茧过冬。

成虫产卵于叶背面，数十粒成块呈鱼鳞状排列，卵期 5～7 天，初孵化幼虫先取食卵壳，再取食叶肉，三至四龄幼虫渐吃穿叶表皮，六龄后自叶缘向内蚕食叶片。三龄前幼虫有群集活动取食习性，四龄幼虫开始分散取食，幼虫期约 30 天左右，一头幼虫取食叶片 167～170 平方厘米，老熟幼虫爬下树盘土壤结茧过冬，多在树盘土壤松软处 3～6 厘米深土层，或草丛土中结茧。翌年化蛹，蛹期 5～46 天，成虫寿命 3～8 天，成虫有趋光性。

（四）防治技术

1. 人工防治 越冬期土壤结冻前后，挖过冬茧，集中烧毁。在三龄前幼虫群集时，摘除有虫叶片集中杀死。

2. 灯光诱杀 在成片核桃林挂黑光灯诱杀成虫。

3. 树上喷药 在幼虫三龄前，树冠喷 90%敌百虫 1 000 倍液或 80%敌敌畏乳油 1 000 倍液、2.5%溴氰菊酯 4 000 倍液。

二十、漫绿刺蛾

漫绿刺蛾 *Latoia ostia* Swinhoe，属鳞翅目，刺蛾科。

(一)分布为害

分布于四川、云南等地。为害核桃、板栗、苹果、梨、桃、李、杏、柿、花红、樱桃、柑橘以及杨、柳、刺槐、桤木等。以幼虫取食叶片只剩叶柄，为害严重时将全树叶片吃光。

(二)形态特征

1. 成虫　雌蛾体长14～20毫米，翅展38～56毫米，触角丝状，雄蛾体长12～18毫米，翅展32～48毫米，触角栉齿状。全体绿色，体翅上的鳞毛较厚。胸背中央有一淡黄色或暗红褐色纵纹，前翅基斑暗红褐色，外缘毛末端暗红褐色。后翅臀角缘毛暗红褐色。

2. 卵　椭圆形，长径1.5～2毫米，淡黄色或淡黄绿色，表面光滑有光泽。

3. 幼虫　老熟幼虫体长23～32毫米，头小缩于前胸下，体近长方形，体色黄绿或深绿色，体背浅蓝绿色。胸腹部亚背线和气门上线部位，各有10对瘤状枝刺，腹部第一至第七节的亚背线与气门上线之间有7对瘤状枝刺，其上均布满长度相等的刺，刺较短，并有毒毛存在。但腹部第八、第九节气门上线的枝刺有球状绒毛丛。腹面淡绿色，胸足较小淡绿色。

4. 蛹　体长14～19毫米，初期为乳黄色，近羽化前翅芽变成暗绿色，触角、足、腹部黄褐色。

5. 茧　初期绿色，后变为赤褐色至黑褐色。

(三)发生规律

据刘联仁(1984年)研究,在四川省盐源县1年发生1代,以老熟幼虫在茧内越冬,翌年4月下旬开始化蛹,蛹期25～53天,5月上旬至6月上旬为化蛹高峰期,最迟可延到7月上旬,6月上旬成虫大量羽化期。如果当年气温低,雨水到来迟,成虫羽化推迟14～21天。成虫有趋光性,上半夜活动最盛,羽化后3～5天开始交尾产卵,产卵自7月上旬至8月下旬。卵多产在叶片主脉附近,一般散产,也有成块的,一片叶上产卵几粒到十几粒。

卵期10～16天,幼虫7月中旬开始孵化,最晚可延迟到10月下旬,幼虫期40～65天。幼虫蜕皮5次,初孵化幼虫静栖在卵壳上,1～2天后脱皮,二龄幼虫先食皮蜕且吃卵壳,以后取食叶肉,受害叶呈纱网状,二龄前幼虫群栖。三龄幼虫开始分散活动取食,从叶缘向叶肉取食,吃完一叶再吃附近叶,吃完小枝上叶后转到另枝叶取食,幼虫昼夜均取食,四龄后幼虫食量大增。8、9月份是幼虫为害严重期,9月中下旬开始做茧,一般从小枝爬向大枝,再由大枝向主干向下爬行。常在枝杈和主干下部背阴处,杂草遮阴但不潮湿近地表树干上作茧,有群集做茧习性,少则3～5个,多则20～30个茧连成一片,有的是一个接一个的排列着,做茧先将树皮啃咬成茧大小的平滑凹,然后做茧,历时4～6小时,茧与茧体交界处有一圈沟状痕迹,便于成虫羽化外出,幼虫和蛹的头部朝向茧盖一方。

(四)防治技术

1. 人工防治 在三龄前幼虫群集时,及时摘掉有虫叶集中杀死。9～10月份结茧时,人工摘虫茧集中杀死。

2. 灯光诱杀 在成虫羽化期挂黑光灯,或其他自动开关诱虫灯。

3. 化学防治　在三龄前幼虫期，树冠喷药。可用 80%敌敌畏乳油 1 000～2 000 倍液或 50%马拉硫磷乳油 2 000 倍液、2.5%溴氰菊酯 4 000 倍液、20%氰戊菊酯 3 000 倍液。

二十一、扁刺蛾

扁刺蛾 *Thosea sinensis*（Walker），又名黑点刺蛾，属鳞翅目，刺蛾科。

（一）分布为害

分布于吉林、辽宁、河北、河南、山东、江苏、安徽、浙江、江西、湖北、湖南、四川、云南、广西、广东、台湾等地。以幼虫为害核桃、柿、枣、苹果、梨、乌桕、桂花、苦楝、泡桐和香樟等 59 种果树林木。

（二）形态特征

1. 成虫　雌蛾体长 16.5～17.5 毫米，翅展 30～38 毫米，触角丝状。雄蛾体长 14～16 毫米，翅展 26～34 毫米，触角单栉齿状。头部灰褐色，复眼黑褐色。腹部灰褐色，翅灰褐色，前翅自前缘近中部向后缘有 1 条褐色线。前足各关节处具 1 个白斑（彩图 34、35）。

2. 卵　扁长椭圆形，长径 1.2～1.4 毫米，短径 0.9～1.2 毫米，初产黄绿色，后变灰褐色。

3. 幼虫　初孵化幼虫体长 1.1～1.2 毫米，色淡。老熟幼虫扁平长圆形，体长 22～26 毫米，体宽 12～13 毫米，虫体翠绿色，体背有 1 白色纵线，背侧各节枝刺不发达，上生多数刺毛。中后胸枝刺明显较腹部刺短，腹部各节背侧和腹侧间有 1 条白色斜线，基部各有红色斑点 1 对，幼虫 8 龄，每节刺突 4 个。

4. 蛹　初化蛹乳白色，后变黄褐色。

5. 茧 近纺锤形,长 11～15 毫米,宽 7.5～8.5 毫米。

(三)发生规律

扁刺蛾在长江以南 1 年发生 2～3 代,以老熟幼虫结茧过冬,在浙江省过冬幼虫翌年 5 月初开始化蛹。5 月下旬成虫开始羽化,6 月中旬为羽化产卵盛期,6 月中下旬第一代幼虫孵化为害,7 月下旬至 8 月上旬结茧化蛹,8 月间第一代成虫羽化产卵,7 天后第二代幼虫为害,9 月底 10 月初老熟幼虫陆续结茧过冬。

在江西部分第二代老熟幼虫于 9 月下旬结茧化蛹,9 月底羽化第二代成虫,产卵后经 7 天孵化幼虫为害,10 月下旬后陆续结茧过冬。

卵散产叶片上,多产叶面上,卵期 6～8 天,初孵化幼虫不取食,二龄幼虫取食卵壳和叶肉,四龄幼虫逐渐咬穿表皮,六龄幼虫自叶缘蚕食叶片。老熟幼虫早晚沿树干爬下,于树冠下附近的浅土层、杂草丛、石砾缝中结茧,幼虫下树落地时间集中在 20 时至翌日 6 时,入土深度一般 3 厘米以内,占 90%以上。但在砂质壤土可深达 13 厘米左右,幼虫有多角体病毒寄生率 40%。

成虫羽化多于 18～20 时,羽化后稍停息,飞翔交尾,翌日晚上产卵。成虫有强趋光性。

(四)防治技术

1. 农业防治 冬季深翻树盘,破坏过冬生态环境,将冬茧埋入 15 厘米以上,抑制化蛹出土。

2. 灯光诱杀 在核桃连片地块挂黑光灯诱杀成虫。

3. 药剂防治 在三龄幼虫前树上喷药,可用 90%敌百虫 1 000 倍液或 20%氰戊菊酯 3 000 倍液、25%灭幼脲胶悬剂 1 000 倍液。

二十二、桑褐刺蛾

桑褐刺蛾 *Setora postornata* (Hambson)又名褐刺蛾,属鳞翅目,刺蛾科。

(一)分布为害

分布于河北、江苏、浙江、江西、湖北、湖南、四川、云南、广东、福建和台湾等地。以幼虫为害核桃、板栗、枣、柑橘、苹果、柿、樱桃、桃、李、杨、桑、悬铃木,银杏、香樟、杜仲、七叶树、苦楝、重阳木、海棠、葡萄等果树林木的叶片,影响树势和产量。

(二)形态特征

1. 成虫　雌蛾体长 17～19 毫米,翅 38～41 毫米;雄蛾体长 17～18 毫米,翅展 30～36 毫米。体褐色至深褐色,雌蛾体色较浅,雄蛾体色较深。雌虫触角丝状,雄虫触角单栉齿状。前翅前缘 2/3 处,向臀角和翅基各伸出 1 条深褐色弧线。前翅臀角附近有 1 个近三角形棕色斑。前足腿节基部具一横列白色毛丛(彩图 36)。

2. 卵　扁长椭圆形,长 1.4～1.8 毫米,短 0.9～1.1 毫米。卵壳极薄,初产为黄色半透明,后渐变深黄色,常数粒排在一起成块状。

3. 幼虫　初孵化幼虫体长 2～2.5 毫米,体淡黄色,体背与体侧各具微红色线。背侧与腹侧各有 2 列枝刺,其上着生浅色刺毛。老熟幼虫体长 23.3～35 毫米,宽 6.5～11 毫米,体色黄绿,背线蓝色,每节上有黑点 4 个,排列近菱形。亚背线分黄色型和红色型两类,黄色型枝刺黄色,红色型枝刺紫红色。红色型幼虫背线与亚背线间镶以黄色线条,侧线黄色,每节以黑斑构成近菱形黑框,内为蓝色。中胸至第九腹节,每节于亚背线上着生枝刺 1 对;中胸、后胸及第一、第五、第八、第九腹节上枝刺特别长；第二、第三、第四、第六和第七腹节上枝刺较短。从后胸至第八腹节，每节气门上线上着生枝刺1对，长短均匀，每根枝刺上着生带褐色呈放射状刺毛。

4. 蛹 卵圆形，长14～15.5毫米，宽8～10毫米，初为黄色，后变为褐色。翅芽长达第六腹节。

5. 茧 呈广椭圆形，长14～16.5毫米，宽12～13.5毫米，灰白或灰褐色。

(三)发生规律

据严衡元报道，在江苏、浙江一般1年发生2代，以老熟幼虫在茧内越冬。在杭州越冬幼虫于翌年5月上旬开始化蛹，5月底6月初成虫开始羽化产卵，6月10日前后达到成虫羽化产卵盛期。6月中旬开始出现第一代幼虫，至7月下旬幼虫老熟结茧化蛹。8月上旬成虫羽化，8月中旬为羽化产卵盛期，8月下旬幼虫出现为害，大部分于9月底10月初幼虫老熟结茧过冬，10月中旬还可见到个别幼虫活动。但如夏天温度过高，气候过于干燥，则有部分第一代老熟幼虫在茧内滞育，到翌年6月羽化，出现1年1代现象。

卵期，第一代6～10天，平均7.7天；第二代5～8天，平均6.5天。幼虫期，第一代35～39天，平均36天；第二代为害期36～45天，平均42.5天。在茧中越冬期7个月。蛹期，第一代7～10天；越冬代约20天。成虫寿命：雌蛾平均4天18小时；雄蛾，第一代平均4天21小时；第二代平均5天17小时。卵散产叶片上，当密度大时，可2～3粒叠产。卵的孵化率，第一代15.4%～100%，平均57.3%，第二代10%～70%，平均33.98%。

初孵化幼虫能取食卵壳，每龄幼虫均能啮食蜕皮。四龄前幼虫取食叶肉，留下透明表皮，以后可咬穿叶片形成洞或缺刻。四龄以后幼虫多沿叶缘蚕食叶片，只留主脉；老熟后沿树干爬下或直接坠落地面，寻找适宜的场所结茧化蛹或越冬，下树时间多为 0～16 时，占下树虫数的 86%。幼虫结茧喜在疏松表土层中、草丛间、落叶堆下和石砾缝中，入土深度多在 2 厘米深处，约占过冬幼虫的 95%，入土最深 3.5 厘米。

成虫羽化开始于 16 时左右，18～21 时为羽化交尾高峰。越冬代成虫羽化率只有 8.25%，第一代成虫羽化率 62.1%。雌雄性比，越冬代 1∶1，第一代为 1.3∶1。成虫羽化后，一般 50 分钟后开始飞翔、交尾，最长 86 分钟后活动产卵。成虫有强趋光性，以 20 时前后扑灯最盛。对紫外线光和白炽光有强的趋性。交尾集中在 19～20 时，交尾后的雌蛾第二天开始产卵，多在 19～21 时产卵。成虫白天在树荫、草丛中停息。越冬代每雌蛾产卵 49～347 粒，平均 109 粒，第一代产卵 4～396 粒，平均 158 粒。雌蛾也可孤雌生殖，但卵形不正常，互相粘连，不能正常孵化，少数卵孵化，至一至二龄幼虫即死亡。

(四)防治技术

1. 农业防治 冬季深翻树盘 15 厘米，把表土层过冬茧翻到 15 厘米以下土层杀灭过冬幼虫。

2. 灯光诱杀 成虫发生期 19～22 时挂黑光灯，诱捕成虫。或其他自动杀虫灯。

3. 化学防治 三龄幼虫期前树冠喷药 90%敌百虫 1 000 倍液，20%氰戊菊酯 3 000 倍液。

二十三、枣奕刺蛾

枣奕刺蛾 *Lragoides conjuncta* (Walker)，又名枣刺蛾，属鳞翅目，刺蛾科。

(一)分布为害

分布于辽宁、河北、山东、江苏、浙江、安徽、江西、湖北、贵州、四川、云南、广西、广东、福建、台湾等地。以幼虫蚕食枣、核桃、柿、苹果、梨、杏等果树和茶树的叶片。

(二)形态特征

1. 成虫 雌蛾体长 12～16 毫米，翅展 29～33 毫米，触角丝状；雄蛾翅展 28～31 毫米，触角短双栉状。体褐色，头小、复眼灰褐色。胸背鳞毛长，中间褐红色，两边褐色。腹部背面各节有人字形褐红色鳞毛。前翅中部黄褐色，近外缘处有 2 个菱形斑彼此相连。靠前缘斑褐色，靠后缘斑红褐色，横脉上有一黑点，后翅灰褐色。

2. 卵 椭圆形扁平，长径 1.2～2.2 毫米，短径 1～1.6 毫米。初产鲜黄色半透明。

3. 幼虫 初孵幼虫体长 0.9～1.3 毫米，筒状、淡黄色。头部及第一、第二节各有 1 对较大的刺突，腹末有 2 对刺突。老熟幼虫体长 21 毫米，头小褐色，缩于前胸，体浅黄绿色，背面有绿色的云纹，在胸背上有 3 对，腹节中部有 1 对，腹末 2 对红色长枝刺，体两侧各节上有红色短刺毛丛 1 对。

4. 蛹 椭圆形，长 12～13 毫米，初化蛹时黄色，渐变为浅褐色，羽化前变为褐色，翅芽为黑褐色。

5. 茧 椭圆形，土灰褐色坚实，长 11～14 毫米。

(三)发生规律

据张凤舞等(1981 年)报道，在河北阜平县 1 年发生 1 代，以老熟幼虫在树干根颈附近树盘 1～9 厘米深土壤里结茧过冬。翌年 6 月上旬开始化蛹，蛹期 17～31 天，平均 22 天。6 月下旬羽化为成虫，同期交尾产卵，卵期约7天，7月上旬幼虫开始取食叶片，为害严重期在7月下旬至8月中旬，自8月下旬开始，幼虫陆续老熟，下树入土结茧过冬。

成虫有趋光性，寿命1～4天。白天静伏叶背，有时抓住叶片悬系倒垂，或两翅支撑起身体，不受惊扰，长久不动。晚间追逐交尾，交尾时间长达15个小时以上，交尾后翌日即产卵叶背，卵成片排列。初孵化幼虫爬行缓慢，聚集较短时间即分散叶片背面取食为害。初期取食叶肉，留下表皮，幼虫长大即取食全叶。

(四)防治技术

1. 人工防治　冬季结合树盘翻耕，挖出冬茧集中烧毁，摘除三龄前幼虫杀死。

2. 灯光诱杀　在成虫羽化期6～7月份，挂黑光灯诱捕成虫杀死。或自动杀虫灯。

3. 化学防治　在幼虫初期，树冠喷2.5%溴氰菊酯乳油2 000倍液或20%氰戊菊酯2 500倍液、20%甲氰菊酯3 000倍液、80%敌敌畏乳油1 000倍液。

二十四、双齿绿刺蛾

双齿绿刺蛾 *Latoia hilarata* Staudinger 又名棕边表刺蛾，属鳞翅目，刺蛾科。

(一)分布为害

分布于黑龙江、吉林、辽宁、河北、河南、山西、陕西、山东、江苏、湖南、四川、台湾等地。为害栎、槭、桦、枣、柿、核桃、苹果、杏、桃、樱桃、梨和黑刺李等。幼虫取食叶片，严重时大部叶片吃光。

(二)形态特征

1. 成虫 体长9～11毫米，翅展23～26毫米，前翅绿色，基斑褐色，外缘线较宽，向内突出2钝齿，其一在时脉上，另一在中脉上，外缘及缘毛黄褐色。后翅淡黄色，外缘稍带褐色，臀角暗褐色，触角和下唇须为暗褐色，雄蛾触角双栉齿状，雌蛾触角线状。头顶和胸背绿色，复眼褐色，体为黄色。

2. 卵 扁椭圆形，乳白色。

3. 幼虫 老熟幼虫体长17毫米，体绿色，前胸背板有1对黑斑，背线天蓝色，两侧衬较宽的杏黄色线。各体节上均有4个瘤状突起，丛生粗毛，在中、后胸及腹部第六节背面上的刺毛为黑色，腹部末端并排有4丛黑色细密的刺毛。

4. 蛹 椭圆形，长9～10毫米，黄褐色。

5. 茧 淡灰褐色，椭圆形，略扁平，长11毫米，宽7毫米。

(三)发生规律

在河北省1年发生1代，以老熟幼虫在树干基部或树干伤疤、粗皮裂缝中结茧越冬，有时成排群集。翌年6月上中旬化蛹，6月下旬至7月上旬羽化成虫。产卵叶背，成虫趋光性较强，白天静伏，夜间活动。幼虫发生期在7、8月份。幼龄期群集取食为害，长大后分散取食叶片，老熟幼虫最早于8月中旬开始结茧越冬。

(四)防治技术

人工摘虫茧集中烧毁。其他防治法参考枣奕刺蛾。

二十五、黑眉刺蛾

黑眉刺蛾 *Norosa nigrisigna* Wileman，又名黑纹白刺蛾，俗

称小刺蛾。属鳞翅目，刺蛾科。

(一)分布为害

目前，仅知分布在河北、浙江、河南、陕西等地。为害核桃、桃、枣、柿、樱桃、苹果、梨、杨、榆和油桐等。1982 年秋，曾在浙江金华县林场油桐良种基地大发生，局部林地成灾，影响油桐产量和质量。

(二)形态特征

1. 成虫　雌蛾体长 7～9 毫米，翅展 18～22 毫米；雄蛾体长 6～8 毫米，翅展 15～18 毫米。河北产体型略小。体淡黄色，触角丝状。前翅乳白色或淡黄色，翅面散生褐色斑纹，顶角上较暗三角形纹，纹内侧有“S”形白纹，外缘处有 1 列黑色小点，河北产成虫体翅白色(彩图 37～38)。

2. 卵　扁椭圆形，鲜黄色，长径 0.7～0.8 毫米，短径 0.5～0.6 毫米。

3. 幼虫　老熟幼虫体长 8～10 毫米，似龟形，体绿色，背线上有 7 个褐色小点，亚背线上有 5～6 个橙红色斑点。结茧前幼虫淡黄色。

4. 蛹　卵圆形，长径 0.4～0.6 毫米，初黄色，后变褐色。

5. 茧　椭圆形，长 5～6 毫米。初灰色，后变灰褐色，表面光滑，有褐色斑纹，多数茧两端有圆形灰白斑，白斑中间有 1 个褐色小圆斑。

(三)发生规律

据曹子刚观察，在河北省每年发生 1 代，以老幼虫在小枝杈处结茧过冬。5～6 月份成虫羽化、交尾产卵，7～8 月份幼虫为害叶片，多在叶片背面取食为害，8 月中下旬幼虫陆续老熟，9 月在枝杈老熟幼虫结茧过冬。成虫有趋光性，黑光灯可诱到成虫。

据司胜利等记载，在河南1年发生2代，以老熟幼虫在树杈上和叶背面结茧越冬，翌年4～5月份化蛹，5～6月份成虫羽化、7～8月份幼虫为害期。8月下旬老熟幼虫开始陆续老熟，寻找合适场所结茧过冬。成虫白天静伏叶背，夜间活动，有趋光性，卵产于叶背，每块卵8粒左右，卵期约7天。幼虫孵化后，在叶背取食叶肉，留下半透明的上表皮。幼虫龄期大后，蚕食叶片造成孔洞或缺刻。

黑眉刺蛾在浙江1年发生3代，10月中下旬以老熟幼虫结茧过冬，越冬茧多在油桐枝桠下侧方或枝梢斜下方结茧，大发生时虫茧相叠成堆。第一、第二代幼虫在叶上结茧化蛹，蛹期2～3天。成虫寿命3～5天。产卵叶背面，每块卵8粒左右，卵期7天左右。

(四)防治技术

1. 人工防治　冬春季在枝杈处摘虫茧集中杀死。摘幼虫杀死。

2. 灯光诱杀　在成虫羽化期夜挂黑光灯，诱杀成虫。

3. 化学防治　在虫口密度大、三龄前幼虫期，喷以下药剂：2.5%溴氰菊酯2 000倍液，20%氰戊菊酯2 000倍液，20%甲氰菊酯2 500倍液，90%敌百虫1 000倍液。还可喷苏云金杆菌(含孢子100亿个/毫升)乳油1 000倍液。

二十六、舞毒蛾

舞毒蛾 *Lymantria dispar* L. 又名秋千毛虫，柿毛虫。属鳞翅目，毒蛾科。

(一)分布为害

分布于黑龙江、吉林、辽宁、北京、内蒙古、宁夏、甘肃、青海、新疆、河北、山西、山东、河南、陕西、江苏、湖北、贵州、四川和台湾等地。以幼虫取食500余种植物，其中以柿、核桃、板栗、苹果、山楂、李、杏、栎、杨、柳和榆等为害较重。1974～1976年辽宁省南部11县市大发生。1981年辽阳市大发生，给柞蚕养殖和果树生产造成很大损失。舞毒蛾为世界性害虫，主要分布在北纬20°～58°之间的地方。

(二)形态特征

1. 成虫　雌、雄异型。雄蛾体长16～21毫米，翅展37～54毫米。头部、复眼黑色。前翅灰褐色或褐色，有深褐色锯齿状横线5条，中室中央有1个黑褐色点，横线上有1弯曲形黑褐色色纹，前后翅反面黄褐色。雌蛾体长22～30毫米，翅展58～80毫米，前翅黄白色，中室横脉明显有1个"＜"形黑褐色斑纹，其他斑纹与雄蛾近似。前后翅外缘每两脉间1个黑色斑点。雌蛾腹部肥大，末端着生黄褐色毛丛(彩图39)。

2. 卵　圆形，两侧稍扁，直径1.3毫米。初期杏黄色，后变为褐色，卵粒紧密排成卵块。上被黄褐色绒毛。

3. 幼虫　一龄幼虫头宽0.5毫米，体黑色，刚毛长，刚毛中间具有泡状扩大的毛，称为"风帆"，是减轻体重易被风吹扩散的构造。二龄幼虫头宽1毫米，体黑褐色，胸部腹部显现出2块黄色斑纹。三龄幼虫头宽1.8毫米，黑灰色，胸、腹部花纹增多。四龄幼虫头宽3毫米，褐色，头面出现明显2条黑斑纹。五龄头宽4.4毫米、黄褐色，虫体花纹与4龄相似。六龄幼虫头宽5.3毫米。七龄幼虫头宽6毫米，头部淡褐色散生黑点，八字形黑色斑纹宽大，背线灰黄色。亚背线，气门上线、气门下线部位各体节均有毛瘤，排列6纵列，背面2列毛瘤色泽鲜艳，前5对蓝色，后7对红色。

4. 蛹　体长19～34毫米，雌蛹大，雄蛹小。体红褐色或黑褐色，被有锈黄毛丛。

(三)发生规律

各地均1年发生1代,以完成胚胎发育的幼虫在卵内过冬。翌年4月下旬或5月上旬幼虫孵化,孵化的早晚同卵块所在地点的温暖程度有关,产在石砾堆中的卵块孵化较晚,幼虫卵化后群集在卵块上或卵壳周围,2、3天后爬向幼芽和叶片取食,一龄幼虫能借助风力飘移很远,故称秋千毛虫,白天群栖叶背静伏,夜间群集取食叶片成孔洞。受惊动吐丝下垂借风力飘移。二龄后白天静伏落叶树上枯叶内或树皮缝里,黄昏后出来上树取食叶片。雄虫幼虫蜕皮5次,雌幼虫蜕皮6次,均在夜间群集蜕皮,有较强的爬行能力,1分钟可爬行2米,后期幼虫食量大增,常把嫩叶,老叶吃光,只残留主脉和叶柄。幼虫历期45～50天,于6月中旬幼虫老熟,爬向枝叶间、树干裂缝、树洞、树盘石块下吐丝缠固身体化蛹。6月下旬至7月上旬化蛹盛期。蛹期12～17天。成虫6月下旬开始羽化,7月中下旬为羽化盛期。雄蛾羽化较活跃,白天常在树间飞舞,经常群飞,故称舞毒蛾。雌虫分泌性外激素吸引雄蛾交尾。雌蛾产卵多在树干、主枝上、树洞中、石块下及屋檐下等处。幼虫期食料充足,发育好,雌蛾产卵多,反之产卵少。每头雌蛾产卵400～1 500粒,雌、雄蛾都有趋光性。

舞毒蛾大发生与环境条件密切关系。据国内研究,舞毒蛾多发生在郁闭度0.2～0.3的阔叶林或新砍伐的阔叶林中。在林层复杂、郁闭度较大的林区很少大量发生。舞毒蛾的大发生周期大约8年,即准备1年,增殖期2～3年,大发生期2～3年,衰弱期3年,而衰弱期常常有发生基地,如天气干旱,可使增殖期缩短,大发生期延长;如遇某些不利因素也会使整个大发生周期遭到破坏。据调查,在梨、栗大树上,平均每株树有越冬卵达75～138块的地区,翌年将受到严重危害。据前苏联调查材料,如每1平方米有500粒卵以上,会给阔叶林带来很大的破坏,若每个卵块超过500

粒，多达 1 000～1 500 粒时，预示着大发生即将来临。

舞毒蛾自然天敌主要有梳胫饰腹寄蝇、敏捷毒蛾蜉寄蝇、古毒蛾追寄蝇、绒茧蜂、脊茧蜂、中华金星步甲、粗状六索线虫，舞毒蛾核型多角体病毒、质型多角体病毒，山雀、杜鹃等，自然抑制作用很大。

(四)防治技术

1. 林业防治　改变林木果树种类，适当和针叶树混栽。合理保持树冠郁闭度。创造抑制舞毒蛾的生态环境。

2. 人工防治　舞毒蛾卵期长，又是落叶期，卵块易发现，发动群众摘除卵块集中杀死是一种有效措施。

3. 灯光诱杀　在 7 月盛羽化期挂黑灯诱杀成虫。或其他杀虫灯防治效果显著。

4. 性外激素诱杀　雌蛾性激素为：顺 7.8-环氧-2-甲基十八烷。利用橡皮塞和塑料管作载体挂到林间，其下放置水盆，也可和黑光灯组合在一起诱杀。

5. 生物防治　取感染核型多角体病毒幼虫尸体捣碎加水 3 000～5 000 倍，用 3～4 层纱布过滤，可得到相当于 2×106～2×107 多角体/毫升，可防治三龄以下舞毒蛾幼虫。

6. 化学防治　在三龄前幼虫期用 50%辛硫磷乳油 1 000～2 000 倍液或 90%敌百虫 1 000 倍液、25%灭幼脲胶悬剂 1 500～2 000 倍液、20%甲氰菊酯乳油 3 000 倍液、2.5%溴氰菊酯乳油 3 000 倍液喷雾。

二十七、岩黄毒蛾

岩黄毒蛾 *Euproctis flavtriangulata* Gaede，属鳞翅目，毒蛾科。

(一)分布为害

分布于北京、山西、陕西和四川等地。在山西吕梁地区，幼虫为害核桃叶子比较严重。

(二)形态特征

1. 成虫　雌蛾体长 8～9 毫米，翅展 26～28 毫米。体棕黄色。触角干黄色，头部、胸部和肛毛簇黄色，腹部棕黑色。前翅黄色，有 1 个暗红褐色不规则大斑，翅顶角有 1 个棕色圆点。后翅黑褐色，周缘黄色，雄蛾体长 7～8 毫米，翅展 18～23 毫米。前翅有 1 个暗红褐色不规则大斑块，后翅除前沿棕黄色，其余全为黑褐色，腹部黑褐色。

2. 卵　淡青色，扁圆形，直径 0.5 毫米，卵上覆盖土黄色绒毛，近孵化时变为褐色。

3. 幼虫　老熟幼虫体长 20 毫米，头宽 1.5 毫米，体褐色，体两侧有红黄色斑点 9 个，背中央有 1 条黄色带，前胸两侧各有 1 个大红色毛瘤，胸腹部交界处的背面有 1 对褐色大毛瘤。

4. 蛹　长椭圆形，黄褐色，末端尖细，体长 13 毫米，外有一层丝茧。

(三)发生规律

据刘光生等观察(1989 年)，在山西吕梁地区 1 年发生 1 代，9 月下旬老熟幼虫陆续下树，在树盘根颈附近杂草、枯枝落叶、地堰、岩缝中化蛹过冬。据历年调查，越冬蛹密度平均每株树盘有蛹 24.4 头。翌年 6 月中旬成虫开始羽化，7 月上旬为羽化盛期，7 月下旬羽化结束。6 月下旬开始产卵，7 月中下旬为产卵盛期，8 月上旬为产卵末期，7 月上旬幼虫开始孵化，7 月下旬为孵化盛期，8 月中旬结束。此时正是幼虫为害盛期，9 月底幼虫开始下树入土缝杂草等处化蛹过冬。

成虫羽化出土一般在8～14时，羽化后停息10分钟即展翅飞翔。当天交尾，多在阳光下进行，7～10天后开始产卵。雌蛾产卵后即死亡。初孵化幼虫乳白色，取食后逐渐变红，幼虫共6龄。一至三龄幼虫在卵壳周围群集为害叶片，三龄幼后分散取食，幼虫食量随虫龄增大而增大，幼虫能吃光叶肉，受害叶呈网眼砂纸状，五、六龄幼虫能吃光叶片，只留叶脉和叶柄，幼虫历期近90天，老熟后下树不食不动，虫体收缩，进入预蛹期，化蛹过冬。

（四）防治技术

1. 人工防治 春季春耕翻树盘，清理枯枝落叶，清除越冬蛹集中烧毁。

2. 化学防治 幼虫孵化期，树冠喷2.5％溴氰菊10 000倍液，或10％氯氰菊酯4 000倍液。

3. 树干涂药 9月下旬幼虫顺树干下树前，树干涂溴氰菊酯毒环，使下树幼虫中毒死亡。

二十八、角斑古毒蛾

角斑古毒蛾 *Orgyia gonostigma* L. 又名杨白纹毒蛾、赤纹毒蛾。属鳞翅目，毒蛾科。

（一）分布为害

分布于东北、河北、河南、陕西、山西、四川和江苏等地。寄主植物苹果、梨、核桃、李、梅、樱桃、杨、柳、榆、悬铃木、栎类、榛、花椒、泡桐和山楂等。1982年10月南京悬铃木、柳树大发生，1株树上的幼虫多至数千条。

(二)形态特征

1. 成虫 雄蛾体长11～15毫米,翅展25～36毫米。体灰褐色,前翅红褐色,基线亚基线白色,纤细波浪形,内横线黑色较直。外横线黑色、亚外缘线黑褐色,前缘有白色斑,后缘角有1个新月形白斑。雌蛾长卵圆形,越冬代体长20毫米,第一、第二代雌蛾体长12毫米左右。体黄褐色,前后翅退化,留有痕迹(彩图40)。

2. 卵 近圆形,长径0.7毫米,短径0.6毫米,初产时淡黄绿色,后变淡黄色,孵化前为灰褐色。卵顶端陷色稍深。

3. 幼虫 老熟幼虫体长23～40毫米,体灰褐色,体上有黄白色和黑色毛。背线和气门线黄褐色;前胸前缘两侧各有一向前伸的黑色长毛束;腹部第一至第四腹节背中央有黄褐色刷状毛丛;第八腹节背面有一向后斜伸的黑色长毛束。

4. 蛹 雄蛹长12～20毫米,纺锤形,褐黄色,尾部稍弯曲。雌蛹长约11毫米,圆锥形,初期淡黄绿色,羽化前黑褐色,腹部各节生有短毛,毛灰白色。

5. 茧 灰黄色,丝薄粗糙,外层稀松,内层稍弯曲。

(三)发生规律

该虫在东北地区1年发生2代,陕西1年发生2代,四川南充1年发生4代。据孙巧云等研究(1985年),在南京地区1年发生3代,以三至四龄幼虫越冬。翌年4月初气温回升,越冬幼虫即开始出蛰爬出上树取食。5月下旬开始化蛹,6月上中旬成虫羽化。7月中下旬第一代成虫羽化。9月中下旬第二代成虫羽化。10月中下旬幼虫开始下树寻找越冬场所,在树皮裂缝、树盘下石缝、屋檐等背风向阳处吐丝结薄网群集过冬,也有少数幼虫单个结网越冬。

成虫白天羽化,以下午羽化为多。雄蛾羽化后蛹壳1/2～3/4

露出茧外。雄蛾有趋光性，雄蛾上午一般静止不动，16时左右开始飞翔活动寻找雌蛾交尾。交尾多在17时左右进行。交尾时最短115分钟，最长为6小时5分钟，平均3小时12分钟。雄蛾一生可交尾2～3次，1天只交尾1次。雌蛾交尾后5～10分钟即开始产卵。卵成堆产在茧壳外面，卵块有灰白黑色绒毛覆盖。1头雌蛾可产卵348～1 130粒。越冬代平均产卵948粒，第二代平均产卵498粒。未经交尾的雌蛾也可产卵，但不孵化。雌蛾寿命10～12天；雄蛾寿命3～5天。雌雄比越冬代1.5∶1，第一代1∶1.3；第二代为2∶1。卵历期9～11天，卵的孵化率100%。

幼虫初孵化群集在卵堆上取食卵壳，2天后开始取食叶片，一至二龄虫排列群集叶片上取食叶肉，残留叶脉和表皮，待一叶食完后群体转移到新叶片上取食。二至三龄幼虫能吐丝下垂随风飘移，三龄后幼虫分散取食。幼虫受到惊动后蜷缩落地，半分钟后爬走。幼虫5～6龄，一般发育为雌蛾的幼虫是6龄，发育为雄蛾的幼虫为5龄。据对第一代20头幼虫饲养观察，一龄幼虫平均5.2天，二龄平均4.4天，三龄为3.9天，四龄为5天，六龄为6天，幼虫历期23～31天，平均24.7天。老熟幼虫吐丝缀2～3片叶的背面结薄茧化蛹，茧上附有稀疏黑褐色灰白毒毛，从结茧到化蛹需2天，预蛹期1天，越冬代蛹期平均8.7天，第一代蛹期8.5天，第二代蛹期平均4.7天。

据郑瑞亭观察(1981年)，该虫在陕西省丹凤县观察。1年发生2代，以幼虫在翘皮裂缝中过冬。核桃发芽时幼虫开始出蛰活动食害叶片，老熟后到树皮下或干叶做茧化蛹。过冬代成虫羽化期6月中旬至7月中旬。当年第一代成虫羽化期是8月下旬至9月份。

辽宁、黑龙江1年2代，以幼虫在枝干皮缝过冬，翌年寄主发芽时幼虫出蛰为害，越冬代成虫于7月下旬出现。交尾产卵，成虫寿命4～7天，卵期15～16天，蛹期6～8天，卵成块产出，多产于茧壳内，每块卵 156～240 粒，分泌黏液固定。第一代成虫 9 月中旬羽化，产卵，9 月下旬幼孵化，幼虫继续为害，蜕皮 1～2 次后以二至三龄幼虫过冬。

(四)防治技术

1. 人工防治 人工摘卵块、摘三龄幼虫，集中杀死。下午捕杀交尾雌蛾。

2. 灯光诱杀 在成虫羽化期，挂黑光灯诱杀雄蛾。

3. 化学防治 幼虫三龄前，树冠喷 90%敌百虫 800 倍液或 20%甲氰菊酯 2 000 倍液、2.5%高效氯氟氰菊酯 2 000 倍液、2.5%溴氰菊酯 2 000 倍液。

二十九、桑 毛 虫

桑毛虫 *Porthesia xanthocampa* Drar，又名金毛虫、黄尾白毒蛾，桑毒蛾等。鳞翅目，毒蛾科。

(一)分布为害

分布于黑龙江、辽宁、内蒙古、河北、河南、山西、山东、陕西、江苏、安徽、浙江、湖北、湖南、贵州、广东、广西、台湾和四川等地。寄主植物有桑、板栗、核桃、枫杨、杨、柳、桃、李、苹果、梨、杏、梅、枣、樱桃、沙果、海棠等多种果树和林木。以幼虫为害寄主植物芽、叶，严重时可将整树嫩芽吃尽，树上大部分叶片吃光。幼虫体上毒毛可随蜕皮而散落，随风飘扬。1972 年上海市桑毛虫大发生，造成桑毛虫皮炎大流行。

(二)形态特征

1. 成虫 雌蛾体长 18 毫米，翅展 36 毫米；雄蛾体长 12 毫米，翅展30毫米。体翅白色，复眼球形黑色；触角双栉齿状，土黄色。雌蛾前翅内缘近臀角处有一黑褐色斑纹，腹部末端具黄色长毛丛，雄蛾腹部自第三节以后生有黄毛。末端毛丛短小（彩图41）。

2. 卵　扁圆形，中央略凹入，直径0.6～0.7毫米，珍珠灰色，卵块带状或不规则，上覆黄色毛。

3. 幼虫　一般老熟幼虫体长26毫米左右，最长可达40毫米，一龄幼虫灰褐色；二龄幼虫出现彩色和黄色；三龄幼虫头壳上有黄色八字纹隐约可见；从四龄开始，头壳八字纹明显。成熟幼虫头黑色，胸、腹部黄色，背线红色，亚背线、气门上线和气门线黑色，均间断不连续；前胸背板有2对黑褐色纵纹；气门前方各有1个红色大毛瘤，上生黑色长毛；气门上下方各有毛瘤1个，上方者黑色，生黑色黄褐色长毛和松枝状白毛，下方者毛瘤红色；中、后胸及第一至第八节腹节均有黑色亚背线毛瘤，气门上线毛瘤各1对，红色气门下线毛瘤1对，其上均生灰白色长毛。中后胸上的毛瘤均很小，腹部第一、第二、第八节亚背线毛瘤较大，且显著隆起，每2个相连。第六、第七腹节背中央翻缩腺红色。胸足、腹足外侧均为黑褐色。

4. 蛹　圆筒形，长9～11.5毫米，黄褐色，胸腹部各节有幼虫期毛瘤遗迹，上生黄色刚毛。翅芽达第4腹节。臀棘较长，表面光滑，末端生细刺1撮。

5. 茧　土黄色，长椭圆形，长13～18毫米，茧层薄，附有幼虫期的毒毛。

（三）发生规律

据祝汝佐等研究（1931年），桑毛虫的年发生代数，依据各地区气候不同而有差别，内蒙古大兴安岭1年1代，辽宁2代，陕西2代，山东3代，江苏、浙江、四川3代为主间有不完全的4代，江西南昌4代,广东6代。均以幼虫越冬,以三龄幼虫居多。翌年春季气温上升到16℃以上时,越冬幼虫破茧出蛰,开始为害寄主植物嫩芽,内蒙古5月中下旬,江苏、浙江4月初,江西3月中下旬,广东3月上旬。

成虫日间停伏叶间,傍晚飞翔,有趋光性。夜间产卵于叶背成块状,4～10天产卵完毕,雌蛾寿命7～17天,雄蛾4～14天。卵期内蒙古8～9天,江苏、浙江4～7天。每头雌蛾产卵149～681粒,第一、第二代平均产卵420～430粒,第三代产卵282粒。幼虫蜕皮5～7次,幼虫期20～37天,过冬幼虫期长达250余天,初孵化幼虫群集为害,啃去叶表皮和叶肉,蜕皮3次后分散取食。将叶片吃成块刻,仅留叶脉和叶柄。幼虫受惊动即吐丝下垂,转移附近枝叶取食,或坠落地面。幼虫老熟后,在卷叶内,叶背面,树皮裂缝中,寄主附近地面土缝、杂草、墙角、篱笆处等结茧,一般杨柳等树皮裂隙多,幼虫多在树皮裂缝结茧,桑、苹果、榆等树皮裂缝少,幼虫多在在树叶及寄主附近的其他树木,杂草等处结茧。自二龄幼虫开始长出毒毛,随虫龄增大,毒毛增多。蛹期7～21天。在长江以南地区,10月幼虫即寻枝皮裂缝、蛀孔等处吐丝作茧越冬,越冬茧一般先结一薄茧,蜕1次皮后再结1小茧蛰伏越冬。因此,过冬茧为双层茧,内外茧之间夹一层幼虫的蜕皮。越冬茧小,长5～8毫米。

桑毛虫天敌有桑毛虫黑卵蜂、桑毛虫绒茧蜂、大角啮小蜂和矮饰苔寄蝇等。其中桑毛虫绒茧蜂越冬代寄生率25%,第一代寄生率62.8%,第二代77.1%。桑毛虫多角体病毒,对三龄前幼虫感病高。

(四)防治技术

1. 人工防治　桑毛虫产卵叶背面,成块上有黄毛覆盖易识别,人工摘卵块集中杀死。三龄前幼虫群集为害,摘虫叶杀死。

2. 束草诱杀 在幼虫过冬前,树干或主枝将稻草扎成一圈,诱集幼虫入草过冬。翌年幼虫出蛰活动前,将草解下集中烧毁灭虫。

3. 性外激素诱杀 桑毛虫雌蛾分泌的性外激素为顺-7-十八碳烯醇异戊酸酯,将人工合成的性外激素吸附 8 厘米塑料管作诱芯,每芯不得少于 200 微克。将诱芯放水盆水面上 2 厘米处。水盆水加少许洗衣粉,诱雄蛾落水,诱杀雄蛾,减少交配率。根据诱蛾数量变化,预测雄蛾发生期、发生数量,指导田间喷药防治。

4. 生物防治 在桑毛虫二龄幼虫期,每 667 平方米喷桑毛虫多角体病毒液,$4\times10^6\sim10^7$ 个多角体病毒。喷药后 12 天死亡率达 90%以上。

5. 化学防治 在桑毛虫三龄前幼虫期,喷 90%敌百虫 1 000 倍液或 80%敌敌畏乳液油 1 000 倍液、50%辛硫磷乳油 1 500 倍液、20%氰戊菊酯 3 000 倍液、25%灭幼脲 1 000 倍液。

三十、美国白蛾

美国白蛾 *Hyphantria cunea* (Drury)又名秋幕毛虫,秋幕蛾。属鳞翅目,灯蛾科。

(一)分布为害

国内分布于辽宁、山东、陕西(武功已控制)、河北(秦皇岛)、天津、上海。原产美国、加拿大和墨西哥。1940 年传入欧洲匈牙利、罗马尼亚、乌克兰、波兰、法国。1945 年传入日本。1958 年传入韩国、朝鲜。1979 年传入辽宁后又传入山东。1984 年传入陕西武功地区。

美国白蛾的寄主植物有 230 余种,我国初步查明有 100 多种植物。最喜食的植物有桑、白蜡、槭、核桃、苹果、梨、李、樱桃、柳、小叶榆、泡桐、杨和悬铃木等。在以上植物上的幼虫网幕占99%。幼虫不常为害的植物有刺槐、杏、桃。美国白蛾食性杂，食量大，适应性强，繁殖量大，传播途径广，是世界重要检疫害虫。我国主要检疫害虫。

(二)形态特征

1. 成虫 白色中型蛾子。雄蛾体长9～12毫米，翅展23～34毫米。头白色，复眼黑褐色。触角双栉齿状，黑色。越冬代成虫翅面密布黑褐色斑点。第一代雄蛾前翅斑点稀少。雌蛾翅展33～34毫米，前翅纯白色，少数个体有斑点，后翅通常为纯白色或近边缘处有小黑点。前足基节、腿节为橘黄色，胫节和跗节上大部为黑色。中后足胫节有一端距(彩图42)。

2. 卵 圆球形，直径0.4～0.5毫米，初产时黄绿色，有光泽。后变为灰绿色至灰褐色，卵面密布规则的刻纹。

3. 幼虫 老熟幼虫体长28～35毫米，头黑色有光泽，胸腹部为黄绿色至灰黑色，背部两侧线间有一条灰褐色至灰黑色宽纵带，背中线，气门上线、气门下线为黄色，背部毛疣黑色，体毛疣多为橙黄色，毛疣上着生白色长毛丛，混杂有少量黑毛。气门椭圆形，白色具黑边，胸足黑色，腹足外侧黑色。腹足趾钩异型单序中带排。中间的长趾钩等长10～14根，两端有小趾钩20～24根。

4. 蛹 体长8～15毫米，宽3～5毫米，暗红褐色。头、前胸、中胸有不规则细皱纹，胸部背面中央有纵向隆脊，臀棘8～14根，每根棘的端部中间凹陷。

(三)发生规律

在辽宁丹东地区1年发生2代，以蛹过冬。翌年5月上旬开始羽化，可延续到6月下旬。第一代幼虫发生期在6月上旬至8月上旬，7月中旬开始化蛹。7月下旬开始羽化成虫，直到8月下旬羽化结束。第二代幼虫发生于8月上旬至11月上旬，9月上旬开始化蛹，9月下旬至10月初为化蛹盛期。

陕西武功1年发生2～3代。以蛹过冬，越冬代发生期4月初至5月底，第一代成虫为6月中旬至8月上旬。第二代成虫8月下旬至9月下旬。幼虫发生为害期：第一代4月中旬至7月上旬；第二代幼虫6月下旬至9月中旬；第三代幼虫9月上旬至10月初，多因气温下降四至五龄时幼虫死亡。卵期第一代9～19天，第二代6～11天，第三代12天。第一代幼虫期平均35天，第二代42天。短光照低温是引起幼虫滞育越冬的主要诱因。当光照在15小时，幼虫不滞育，光照14小时全部滞育，在20℃和25℃时，临界光照分别为14小时13分和14小时10分。

成虫羽化多在17～23时，雄蛾有趋光性，一次可飞10～30米。雌蛾可飞行10米，交尾后雌蛾基本上不飞，成虫交尾多在凌晨0.5时至1时，交尾一般10多小时，交尾后不久即产卵。每头雌蛾只产1个卵块，历时2～3天产完，每一卵块有卵800～1 100粒。越冬代卵块多产树冠下部叶片背面，第一、第二代产卵多在树冠上部外围叶片背面，雌雄比为1∶1，成虫寿命5～8天。

卵期6～20天，幼虫孵化18时至翌日6时前，1个卵块孵化完持续2～3天时间。幼虫6～7龄，幼虫期30～40天。幼虫孵化不久即开始吐丝结网，群居生活，开始缀连1～3片叶，以后越来越多新叶包进网幕中，一般网幕长1.5米，个别网幕把半个树冠网住。平均1头幼虫一生可取食10～15片桑叶。五龄以后幼虫分散取食不再吐丝结网。食量大增，经常3～4天将一棵树叶吃光。幼虫耐饥力强，在19.6℃条件下，一至二龄幼虫耐饥4天，三至四龄虫耐饥8～9天，五至七龄幼虫耐饥9～15天。是远距传播的重要条件。温度24℃～26℃。相对湿度70％～80％最适幼虫发育，温度30℃以上，或相对湿度在50％以下，对幼虫发育有不良影响。

蛹期14～20天。化蛹前，老熟幼虫停止取食，开始吐丝结茧，茧薄灰色，杂有体毛构成。第一代蛹，多集中在树盘寄主植物或附近老树皮下的缝隙内，部分在树盘上枯枝落叶层中，石块下或土缝表土层内。越冬代化蛹多在建筑物缝隙中，附近其他树皮缝隙中，或其他隐蔽处越冬。有的爬百米远寻找过冬场所。

（四）防治技术

1. 植物检疫 划定有美国白蛾地方为疫区，严格防止苗木、接穗、包装带虫传到非疫区。设立哨卡负责检疫工作。疫区应发动群众尽快彻底消灭美国白蛾。

2. 人工防治 发动群众冬季挖茧蛹集中烧毁。四龄前幼虫吐丝结网幕，发动群众摘网幕扑杀幼虫。有71.8%防治效果。

3. 性信息素诱杀 美国白蛾性信息素有5种化学物质构成：(Z9、Z12)-18碳二烯醛；(Z9、Z12、Z15)-18碳三烯醛；(Z3、Z6)-9S、10R-环氧-21碳双烯；(Z3、Z6)-9S、10S-环氧-21碳三烯；(Z3、Z6)-9S、10-环氧-20碳三烯。其中中间3种为主要成分，配比为10∶1∶1，在虫口密度较低，利用性信息素诱杀成虫，有84.7%防治效果。

4. 化学防治 在四龄前幼虫期，树冠喷90%敌百虫800倍液或50%辛硫磷乳剂2 000倍液、2.5%溴氰菊酯3 000倍液、25%灭幼脲胶悬液1 000～2 000倍液、5%卡死克乳油2 000倍液。

5. 生物防治 苏云金杆菌（每克含芽孢200亿）3 000倍液。美国白蛾核型多角体毒（每毫升含2×10^7个多角体），每公顷喷药液1 000升，15天死亡率达85%～95%。在美国白蛾幼虫六至七龄幼虫期，傍晚无风时，按蜂虫9∶1的比例，每网幕按310头白蛾幼虫计释放白蛾周氏啮小蜂4 000头，连续放蜂2～3年即可控制美国白蛾为害。周氏啮小蜂可利用柞蚕繁殖。陕西省控制美国白蛾的成功经验是各级政府负责落实防治任务，动员广大群众围歼。

三十一、近日污灯蛾

近日污灯蛾 *Spilarctia melli* Daniel，属鳞翅目，灯蛾科。

(一)分布为害

分布于浙江、陕西、云南、山西、甘肃。寄主植物有核桃、泡桐、白蜡、桑、楸、山杏、榆、臭椿、月季、葡萄、北京杨、新疆杨、刺槐和牵牛花等。以幼虫取食叶片，严重时把树叶吃光，影响果树林木生长和结果。20 世纪 80 年代在山西省吕梁、甘肃一带为害核桃严重。

(二)形态特征

1. 成虫　白色中型蛾子，雄蛾体长 12～14 毫米，翅展 36～41 毫米。雌蛾体长 14～17 毫米，翅展 42～44 毫米。头白色，触角黑色，雄蛾短栉齿状，雌蛾触角丝状。颈板前缘及翅基片红色，下唇须下方红色，上方黑色。胸足白色有黑条带，前足基节及腿节上方红色，腹部背面鲜红色，腹面白色，腹背面鲜红色，腹面白色，腹背两侧各有 1 列黑色斑点。前翅白色，横脉纹上有 1 个黑点，从后缘至翅顶前有 1 列黑点。后翅乳白色，横脉纹有 1 个黑点。

2. 卵　圆球形，直径 0.5 毫米，淡绿色，有光泽，呈块状产于叶背面，覆有白色绒毛。

3. 幼虫　老熟幼虫体长 40 毫米，初孵化幼虫浅棕色，随虫龄增加体色变深，老熟幼虫体灰黑色，具浅色“∧”形纹。体毛长，长短较整齐，呈丛状着生于毛瘤上，毛瘤深蓝色，体毛色泽不一，有黑色，淡棕色，灰白色。背线及气门上线均为白色斑带，腹部 10 节，第二节至第六节各有 1 对腹足，第十节有臀足 1 对，趾钩单序中列。

4. 蛹　体长 13～14 毫米，宽 5～6 毫米，黑褐色，由体毛和丝组成的茧固定于落叶及地表物隐蔽处。

5. 茧 为黄棕色,酷似落叶颜色。

(三)发生规律

据刘光生、贾长安(1989 年)分别在山西和甘肃观察,该虫 1 年发生 1 代,以蛹茧在树干基部枯枝落叶、地堰土缝中结茧化蛹过冬,蛹期约 260 天。翌年 5 月中旬成虫开始羽化,6 月中旬气温平均达到 16℃～20℃时,成虫羽化盛期。成虫羽化多在 9～13 时,羽化后停息 10 分钟即展翅飞翔。羽化后 2 天寻偶交尾产卵,多在夜间产卵,1 年只交尾 1 次,产 1 个卵块。卵产在遮阴背风的叶背面主脉两侧,卵聚产不规则块状,上面覆盖一层白色绒毛,据采集 200 个卵块统计平均每块有卵粒 899 粒,最多 1 182 粒,最少 621 粒,成虫有较强趋光性。

卵期 7～17 天,孵化率 98.01%。幼虫 6～7 龄,初孵化幼虫乳黄色不活泼,先食卵壳,然后爬到叶片取食。一至三龄幼虫期 8～10 天,分散取食叶肉只留叶柄,四至五龄幼虫 10～14 天,幼虫集中为害取食,每片叶上可有 10～20 头幼虫群集为害,将整个叶片吃光后才转移他处为害。六至七龄幼虫期 12～18 天,在核桃树中、下层分布最多,树冠顶部分布次之。平均每株有蛹 89.1 头。9 月中下旬气温降到 15℃～20℃时开始下树化蛹。10 月初全部化蛹。

牯岭草蛉幼虫捕食近日污灯蛾卵及初孵化幼虫,有显著抑制作用。斯马蜂捕食近日污灯蛾幼虫,甚至捕食卷叶内幼虫,白山雀、灰山雀等也取食幼虫,有一定抑制作用。

(四)防治技术

1. 人工防治 冬春季深翻树盘土壤,把地埂、地堰、石砾缝过冬茧挖出集中处死,清理枯枝落叶越冬茧烧毁。

2. 灯光诱捕　在核桃树集中，虫害严重时，在成虫羽化期夜晚挂黑光灯诱捕成虫杀死。

3. 化学防治　在幼虫三龄前，树冠喷 80%敌敌畏乳油 1 000 倍液或 60%辛硫磷乳油 1 000 倍液、50%马拉硫磷乳油 1 000 倍液、杀虫效果 92%；喷 2.5%溴氰菊酯乳油 2 000 倍液或 20%氰戊菊酯乳油 2 000 倍液、防治效果 95%以上。

三十二、大袋蛾

大袋蛾 *Clania variegata* Snellen，又名大蓑蛾。属鳞翅目，袋蛾科。

（一）分布为害

分布于云南、贵州、四川、湖北、湖南、广东、广西、江西、福建、台湾、浙江、江苏、安徽、河南、陕西、山东、河北和山西等地。幼虫为害泡桐、核桃、柿、苹果、梨、桃、柑橘、枇杷、枣和悬铃木等 600 多种植物。是河南、山东和皖北地区泡桐、悬铃木和核桃等树上的重要害虫。

（二）形态特征

1. 成虫　雄蛾体长 15～20 毫米，翅展 35～44 毫米，体翅暗褐色，前翅沿翅脉黑褐色，翅面前后缘略带黄褐色至赭褐色，翅脉间 4～5 个半透明斑。雌蛾体长 22～30 毫米。蛆状，头小淡赤色，胸背中央有 1 条褐色隆脊。后胸腹面第七腹节后缘密生黄褐色毛环（彩图 43）。

2. 卵　椭圆形，长 0.8～1 毫米，黄色。

3. 幼虫　初龄时黄色，少斑纹，三龄时能区别雌雄。雌性老熟幼虫体长 25～40 毫米，体粗胖，头赤褐色，头顶有环状斑，胸部背板骨化，亚背线、气门上线附近有大型赤褐色斑，呈深褐淡黄相间的斑纹，腹部黑褐色，腹足趾钩缺环状。雄幼虫老熟时体长18～25毫米，头黄褐色，中央有一白色“八”字纹，胸部灰黄褐色，背侧有2条黑色纵斑，腹部黄褐色，有横纹。

4. 蛹 雌蛹体长28～32毫米，赤褐色，似蝇蛹状，头胸附器均消失，枣红色。雄蛹18～24毫米，暗褐色、翅芽伸达第三腹节后缘，尾部有2臀棘。

5. 护囊 老熟幼虫护囊长40～70毫米，丝质坚实。囊外附有较大的碎叶片，也有少数排列零散的枝梗。

(三)发生规律

大袋蛾在华南和福建1年发生2代。其他地区1年发生1代，有些年份有部分幼虫9月份化蛹并出现成虫，10月份第二代幼虫出现，这些幼虫发育生长期短，越冬期全部被冻死。一代幼虫多以老熟幼虫在护囊里过冬。翌年春季不再活动取食。在南京4月中旬至5月上旬化蛹，5月下旬至6月上旬为成虫羽化及产卵期，6月中下旬幼虫孵化，为害至10月下旬，幼虫老熟在护囊里过冬。在陕西关中地区，5月上中旬化蛹，5月下旬至6月上旬成虫羽化产卵，6月中下旬幼虫孵化为害，10月下旬老熟幼虫在护囊里过冬。

雌雄成虫比例一般1∶1，在食量不足或冬季过冷时，雌虫比例略高。成虫羽化多在下午和晚上。雄蛾有趋光性。雌蛾分泌性外激素引诱雄蛾交尾，交尾时间长短不一。雌蛾产卵于蛹壳内。每雌产卵最低2 650粒，最高4 175粒。雄蛾寿命5天，雌蛾寿命14天。卵孵化率99.6%～100%。

卵期17～21天。幼虫孵出时间14～15时最盛。初孵化幼虫先取食卵壳，滞留在蛹壳约2天，多在晴天中午爬出护囊吐丝下垂飘逸。以头胸伏于枝干上腹部竖起靠胸足爬行，在枝叶活动10～

15 分钟后，吐丝围绕中后胸缀成丝环。接着不停咬取叶屑黏于丝上形成圆圈并不断扩大，遮蔽虫体。幼虫再在袋内转身于袋壁吐丝加固，形成圆锥形袋囊。历经 85～120 分钟，随着虫体增长，袋囊不断加大，并将大型碎叶片或短枝缀贴于袋囊外，扩大时幼虫常将袋壁丝质咬开撕松以增大体积，然后吐丝缀叶增大加厚。幼虫完成袋囊后，开始取食叶片表面叶肉，留下另一层表皮，形成不规则白斑。二龄后幼虫取食叶片成缺刻和孔洞，一龄幼虫取食叶面积 24 平方毫米，二龄 135.7 平方毫米，三龄 576.3 平方毫米，四至、五龄 2 985.2 平方毫米。一头四龄以上的幼虫每天可吃掉 2 片茶叶，或一枚新生芽梢。1 头幼虫可吃泡桐叶 4.7 张。大袋蛾大发生时常将核桃树叶片吃光，还剥食枝干皮层、芽梢、花、果实。10 月下旬起，幼虫陆续向枝端爬行，将袋囊用丝缠绕于小枝上。幼虫期 210～240 天。老熟幼虫化蛹前将头转向下方，以利于和雌蛾交尾。雌蛹期 13～26 天，雄蛹 24～33 天。

初孵化幼虫期如遇到中到大雨冲出大批死亡。幼虫为害期如长期阴雨，易患病死亡。南京地区观察，6～8 月份降水量 300 毫米以下将会大发生，降水量在 500 毫米以上时发生少，不易成灾。

大袋蛾天敌有瓢虫、蚂蚁、蜘蛛、杆状病毒病、家蚕追寄蝇和红尾追寄蝇，寄生率有时高达 90%以上。已查明有 5 种鸟能捕食大袋蛾幼虫。长期大量喷洒广谱杀虫剂杀伤天敌，常诱发大袋蛾大发生。

(四)防治技术

1. 人工防治　冬季人工摘除挂在树枝的袋囊集中烧毁，或饲养家禽。

2. 生物防治　在大袋蛾幼虫孵化期，树冠喷苏云金杆菌(含活芽孢 100 亿/毫升)1 000～2 000 倍液或 25%灭幼脲悬浮液 1 500～2 000 倍液。采集广腹螳螂卵鞘放在大袋蛾发生树上，捕食大袋蛾幼虫。

3. 化学防治 在幼虫低龄期，树冠喷90%敌百虫或80%敌敌畏乳油1 000～1 500倍液、2.5%溴氰菊酯5 000倍液。

三十三、茶袋蛾

茶袋蛾 *Clania minuscula* Butler 又名小窠蓑蛾，属鳞翅目，袋(蓑)蛾科。

(一)分布为害

分布于广东、广西、福建、台湾、浙江、江苏、安徽、江西、湖南、湖北、贵州、云南和四川等地。茶袋蛾食性杂，寄主植物31科72种植物。以幼虫取食为害茶、悬铃木、白榆、木麻黄、核桃、槭、柳、石榴、梨、桃、李、杏、樱桃和柑橘等。

(二)形态特征

1. 成虫 雄蛾体长10～15毫米，翅展23～26毫米，体翅暗褐色，沿翅脉两侧色较深。前翅中部有2个长方形透明斑，体密被鳞毛，胸部有2条白色纵纹。雌蛾体长15～20毫米，体米黄色，胸部有显著的黄褐色斑，无翅，腹部肥大第四至第七节周围有蛋黄色绒毛。

2. 卵 椭圆形，米黄色或黄色，长0.8毫米。

3. 幼虫 老熟幼虫体长16～28毫米，头黄褐色，散生黑褐色网状纹，胸部各节有4个黑褐色长形斑。排列成纵带，腹部肉红色，各有2对黑色点状突起，作“八”字形排列。

4. 蛹 雌蛹纺锤形，长约20毫米，头小，腹部第三节背面后缘，第四、第五节前后缘第六至第八节前缘各有小刺一列，第八节小刺较大而明显。

5. 护囊　长25～30毫米，囊外附有较短的小枝梗，平行排列。

（三）发生规律

在贵州、江苏1年1代，安徽、江西、湖南1年1～2代，广西、台湾1年3代。1年1代地区以老熟幼虫越冬。翌年不再取食，4月下旬化蛹，5月中旬雌蛾产卵，6月上旬幼虫开始为害，6月下旬至7月上旬为严重为害期，一直取食到10月中下旬在老熟护囊过冬。湖南长沙1年发生2代。以老熟幼虫过冬，翌年5月中旬至7月上旬成虫羽化，5月中至7月产卵，幼虫为害期6月上旬至8月下旬，化蛹7月下旬至9月上旬，当年第一代成虫8月中旬至10月上旬羽化，产卵，幼虫为害自8月下旬至10月下旬过冬，到翌年5月上旬至6月上旬化蛹。

成虫羽化多在15～16时，第二天清晨和傍晚雄蛾寻找雌蛾交尾，雌蛾交尾产卵于护囊蛹壳内，平均每雌蛾产卵676粒，最高产卵3 000粒。雄蛾寿命1～2天，雌蛾寿命12～21天。雄蛹期14～29天，雌蛹13～21天，卵期一般7天，过冬代幼虫期200多天。

幼虫孵化多在14～15时，孵化后先在护囊内取食卵壳，然后爬出护囊吐丝悬垂，借风力吹散枝叶上，吐丝将咬碎叶片连在一起做成新的护囊，然后背着护囊爬行取叶肉留下上表皮，幼虫长大后将叶片咬成缺刻或孔洞。把叶片吃光还啃食枝皮、果皮。四龄后幼虫取食长短不一的小枝黏附护囊上。取食多在清晨、傍晚或阴天。由于雌蛾无翅，茶袋蛾在果园多呈点片发生，有明显发生中心区。

茶袋蛾天敌有桑螨聚瘤姬蜂、蓑蛾瘤姬蜂、大腿小蜂、黑点瘤姬蜂、脊腿姬蜂、小蜂类、寄生蝇、寄生线虫和细菌等。

(四)防治技术

1. 人工防治 冬季、早春落叶和发芽前,护囊挂在树上明显,人工摘除护囊集中烧毁或喂养家禽。

2. 化学防治 在幼虫为害初期,树冠喷90%敌百虫1 000倍液或80%敌敌畏乳油800倍液、50%马拉硫磷1 000倍液、苏云金杆菌(含活孢100亿/毫升)可湿粉1 000倍液。喷药时间以傍晚和早晨为好。

三十四、白囊袋蛾

白囊袋蛾 *Chalioides kondonis* Matsumura 又名棉条袋蛾,属鳞翅目,袋蛾科。

(一)分布为害

分布于河北、河南、山西、江苏、安徽、湖北、湖南、江西、浙江、福建、广东、广西和四川等地。主要为害刺槐、核桃、板栗、苹果、梨、枇杷、柑橘、杨、柳、栎、悬铃木、合欢、重阳木、三角枫、杏和茶等。以幼虫取食植物叶片。

(二)形态特征

1. 成虫 雄蛾体长8～11毫米,翅展18～20毫米。体淡褐色,密布长毛,翅透明,后翅基部有长毛。头部淡褐色,触角羽状黑色,腹末褐色。雌蛾体长9～16毫米,蛆状,足、翅退化。体黄白至淡黄褐色,头较小暗黄褐色。触角很小突出,复眼黑色,胸部和腹部第一、第二节的背面有硬皮板,体中央有1条褐色纵线,体腹面中央有8个紫色圆点。尾部似锥状。

2. 卵 椭圆形,0.8毫米×0.4毫米,淡黄色。

3. 幼虫　老熟幼虫体长25～30毫米，黄白色。头部橙黄色至褐色，具暗褐色云状点纹。胸部背板灰黄白色。有暗褐色斑纹，在体侧面连成3纵行，中、后胸背中脊各分为2块。腹部淡黄或略带灰褐色，各腹节有暗褐色小点规则排列。

4. 蛹　雄蛹体长11～24毫米，深褐色，纺锤形。腹部第三至第六节背板后缘，第八、第九节腹背前缘各有1列小刺。雌蛹体长73～25毫米，深褐色，长筒形，第二、第五腹节背面后缘和第七节前缘各有1列小刺。

5. 护囊　细长25～50毫米，灰白色，外表光滑，全部由丝组成，质地致密。

(三)发生规律

在广西1年发生1代，以老熟幼虫在护囊过冬，翌年2月下旬开始化蛹，4月上中旬成虫羽化盛期，4月中下旬产卵盛期，4月下旬至5月上旬为幼虫孵化盛期，6～7月份为害最重，取食到10月中下旬老熟幼虫过冬状态。

在北方1年1代，以低龄幼虫在护囊里过冬，翌年春季寄主植物发芽展叶时幼虫开始取食为害。6月份幼虫开始老熟，在护囊内调转头部向上开始化蛹，蛹期15～20天。6月下旬至7月陆续羽化。雄蛾寻找雌蛾交尾。成虫寿命2～3天，雌蛾产卵于蛹壳内，每雌蛾产卵1 000余粒。

卵期12～13天。幼虫孵化后爬出护囊。爬行或吐丝下垂飘逸集散，于叶片和小枝条处结护囊，常数头群集叶片取食叶肉，呈透明斑点，日久便呈枯斑，随幼虫生长护囊逐渐扩大，取食时头、胸部伸出护囊爬行取食，受惊动即缩入护囊内，于10月在护囊内以幼龄幼虫过冬。

幼虫期有寄生蝇、姬蜂和白僵菌天敌。

(四)防治技术

1. 人工防治 结合其他管理人工摘护囊。

2. 化学防治 幼虫为害初期,树冠喷90%敌百虫或50%马拉硫磷1 000倍液、80%敌敌畏乳油1 000～1 500倍液等。还可喷2.5%溴氰菊酯或20%氰戊菊酯2 500～3 000倍液。傍晚或清晨喷药效果好。

三十五、刺槐袋蛾

刺槐袋蛾 *Acanthopsyche nigraplaga* Wileman,属鳞翅目,袋蛾科。

(一)分布为害

分布于辽宁、河北、北京、山东和江苏。幼虫主要为害刺槐、槐树、核桃、檀树、柘树、竹、杉木和柏树等叶片。

(二)形态特征

1. 成虫 雄蛾体长约9毫米,翅展约23毫米,体黑褐色,被黑色毛,触角黑褐色双栉齿状。前翅基部1/3处,后翅基部1/2处布有黑色鳞毛,前后翅的近端半部透明可见翅脉。雌蛾体长12～15毫米,体乳白色,头褐色。有3对胸足,翅退化,胸部两侧各有3个淡黄色细刚毛丛,腹部较胸部宽大。

2. 卵 椭圆形,长约0.6毫米,黄色,近孵化时变深黄色。

3. 幼虫 老熟幼虫体长10～22毫米,雌性幼虫体乳黄白色,背线淡黄色,头部有不规则褐色斑纹,触角3节,端部褐色。胸部各节背板上有深褐色长斑6个,前后相连成6条褐色纵带,正中2条明显。胸足赤褐色,各节有黄色横纹,跗节和爪褐色。腹足退化只留乳突状趾钩缺环。腹部第八、第九节上各有灰色斑纹，臀部灰色。雄幼虫体小色较深。

4. 蛹　雄蛹长 10 毫米左右，体褐色。翅和触角深褐色。翅芽达第三腹节中部，腹面第七、第八、第九节的前缘各有 1 列小刺毛，第五、第六腹节的后缘各有 1 列小毛。雌蛹长约 13 毫米，赤褐色圆筒形，头、前中胸中部有一脊状隆起，腹部第二至第五节的后缘有一圈暗褐色带，腹末端有 1 臀棘。

5. 袋囊　袋长约 30 毫米，长锥形褐色，结构紧密，瘦长。囊外用丝缀连枝梗碎叶。

(三)发生规律

据孙巧云研究(1986 年)，刺槐袋蛾 1 年发生 1 代，以卵在袋囊壳内越冬，翌年 4 月中旬越冬卵开始孵化，幼虫一直取食到 9 月下旬，幼虫老熟在袋囊内化蛹，10 月上中旬成虫羽化。雌蛾在蛹壳羽化，头部伸出蛹壳外，虫体留蛹壳内，羽化过程中有许多黄白色绒状物排出排泄口外吸引雄蛾。雄蛾羽化时，虫体下移，头胸部裂缝开裂，雄蛾爬出蛹壳。多在下午羽化，18～19 时与雌蛾交配。雌雄蛾性比 1∶1.33。雌蛾产卵袋囊下部囊内，卵积成堆。雌蛾寿命 15～23 天，雄蛾寿命 2～4 天，每一雌蛾产卵 254～528 粒卵。

卵翌年 4 月开始孵化，卵期 180 余天，以 14～15 时孵化最多。幼虫孵化后在蛹内吐丝爬动，等一袋囊内卵全部孵化后，在袋内停留 1～2 天后，幼虫从袋囊下端排泄孔吐丝下垂飘逸，遇到叶片，腹部竖起，用胸足在枝叶上爬行，将小枝嫩皮咬成碎屑，吐丝粘连成细长的碎屑带，将带的一端固定，小幼虫在后胸部位将身体带上翻滚一圈，然后用口器和足结袋，织好的部分渐向下移，使袋口保持在后胸的位置以便继续织袋。在织袋过程中，有时虫体卷入袋中，由上而下用足不停地向外推，使袋成形而结实，袋囊织好后，将头、胸伸出，用胸足爬行。初孵化的幼虫完成结袋过程，需要 60～90

分钟，初结的袋长约1.5毫米，宽约1毫米，以后随虫体不断长大，袋囊也随着增长并加宽。一至二龄幼虫取食叶片叶肉，留下叶脉和表皮，三至四龄幼虫将叶片啃食成孔洞。随着虫龄增大将叶片啃食成缺刻只留叶柄。幼虫8～9龄。完成9龄的幼虫将为雌性，完成8龄的幼虫将化蛹为雄性，各龄幼虫平均发育天数分别为一龄14.2天，二龄8.9天，三龄9.8天，四龄10.4天，五龄16.5天，六龄29.4天，七龄24.5天，八龄23.9天、九龄21.4天。四龄幼虫发育较整齐，进入高温后幼虫发育不整齐，幼虫历期持续180余天。

老熟幼虫化蛹前在袋囊内倒转头部向上，蜕去最后一次皮化蛹，雄性先化蛹，蛹期22～29天，雌蛹期10～18天。

刺槐袋蛾自然天敌很多，自然控制作用大。据田间采集614袋囊剖检观察，由白僵寄生死亡的36个，占5.8%。因细菌、病毒寄生致死的71个，占11.6%。幼虫蛹被横带驼姬小蜂、单齿腿长尾小蜂、蓑蛾瘤姬蜂寄生的105头，占17.1%。被鸟捕食的210个，占36.2%。

(四)防治技术

参考大袋蛾。

三十六、小袋蛾

小袋蛾 *Acanthopsyche subferalbata* Hanpson，又名桉袋蛾，属鳞翅目，袋蛾科。

(一)分布为害

分布于广东、广西、福建、台湾、浙江、江苏、安徽、江西、湖南、湖北、贵州和四川等地。寄主植物有茶、悬铃木、核桃、扁柏、马尾松、白榆、木麻黄、黄檀、槭树、柳、油桐、石榴、梨、桃、李、杏、樱桃和柑橘等。

(二)形态特征

1. 成虫　雄蛾体长4毫米左右,翅展12～18毫米,头胸腹部黑棕色披白毛,前后翅浅黑棕色,后翅反面浅蓝色,有光泽。雌蛾体长5～8毫米,头小无翅,胸部略弯,体黑褐色,腹末米黄色。

2. 卵　长约0.6毫米,椭圆形,米黄色。

3. 幼虫　体长6～9毫米,头部淡黄色,散布深褐色斑点,各胸节背板有深褐色斑4个,腹部乳白色。

4. 蛹　雄蛹体长4～6毫米,深褐色。腹部第四节至第七节背面后缘以及第八节各有1列小刺。

5. 护囊　长8～20毫米,灰褐色。外表黏附叶屑和树皮屑,幼虫化蛹前使囊上有一条长丝将袋囊悬挂于枝叶上。

(三)发生规律

小袋蛾在广西1年发生3代,浙江、安徽1年发生2代,在浙江以三至四龄幼虫越冬。到翌年3月份,当气温升到8℃时开始活动,15℃以上大量取食为害叶片,5月中下旬开始化蛹,第一、第二代幼虫分别于6月中旬、8月下旬前后发生,取食叶片成缺刻。

(四)防治技术

参考大袋蛾。

三十七、圆黄掌舟蛾

圆黄掌舟蛾 *Phalera bucephala* L.,又称银色天社蛾,属鳞翅目,舟蛾科。

(一)分布为害

分布于新疆、黑龙江。主要为害榆、杨、柳、核桃、栎、榛、花楸、山毛榉、梨、苹果和樱桃等。

(二)形态特征

1. 成虫 体长22～24毫米,雄蛾翅展52～56毫米,雌蛾翅展60～64毫米,头顶毛褐色,颈板毛及前胸背橘黄色,其两侧和后缘有由褐色鳞毛所组成的带2条。前翅褐色稍具银灰色,基部和后缘较灰白,顶角处有1个金黄色近圆形的大斑,斑内有2条橘黄色较宽的横线。前翅中央有1个淡黄色小斑。基线及亚基线亦为褐色。后翅黄白色,其中央有1条横线,在翅反面尤为明显,腹部密被淡黄色绒毛。

2. 卵 半球形,直径约1毫米,初产时淡绿色,顶端白色,中央有1个绿色圆点,最后孵化变为褐色。

3. 幼虫 老熟幼虫体长46～55毫米,头部黑色,中央和额区黄色,形成鲜明的八字纹。胸腹部黄色,有10条断续黑色纵线,其中以背线色最深最宽。胸足黑色,腹足外侧黑色,内侧黄色。腹足趾钩中带71～72根,臀足黑色,趾钩单序缺环,26～29根。

4. 蛹 体长24～29毫米,初化蛹时翅芽略带深绿色,后逐渐变为深棕色,末端有1对粗短的臀棘,每一臀棘又分为二,臀棘基部两侧各有1～3个小短刺。

(三)发生规律

据张学祖研究(1964年)新疆1年发生1～2代,以蛹在树盘土壤2～3厘米深的浅土层中,枯枝落叶层,杂草丛下越冬。成虫有较强趋光性,乌鲁木齐最早于5月中旬黑光灯诱到初羽化的越冬代成虫。成虫1年出现2次高峰,第一次5月下旬,第二次在7

月上中旬，成虫产卵寄主植物叶片上，以零散的孤立树为多，产卵成块状，单层排列整齐。1头雌蛾能产卵86～172粒。

初孵化幼虫群集叶面活动取食，静止时尾向上翘起，遇到意外惊动时头部昂起，左右摆动多次。大龄幼虫分散取食，食量很大，常将部分枝条上叶片吃光，地下撒满虫粪。幼虫有假死性，遇到较大震动，幼虫纷纷落地。幼虫以食柳树叶生长发育快，其他寄主生长发育慢，幼虫为害期从6月一直到9月底。最早者于7月上旬化蛹，在土壤里滞育过夏过冬，1年发生1代，影响滞育原因不明。晚者10月上旬入土化蛹过冬，1年发生2代。

（四）防治技术

1. 人工防治　人工采卵块集中烧毁。人工振树使幼虫落虫落地杀死。

2. 灯光诱杀　在成虫羽化挂黑光灯诱捕成虫。

3. 药剂防治　在幼虫孵化期喷可用90％敌百虫1 000～1 200倍液，或80％敌敌畏乳油1 000～1 200倍液，或50％马拉硫磷1 000倍液，50％杀螟松乳油1 000倍液。

三十八、山核桃舟蛾

山核桃舟蛾 *Quadricalcarifera cyanea*（Leech），又名青胯白舟蛾。属鳞翅目，舟蛾科。

（一）分布为害

分布在浙江、安徽、江西、湖北和台湾。主要为害山核桃。大发生时山核桃叶被吃光，造成第二次抽叶，当年结的果实提早脱落，受害严重的树3～5年不结果，甚至枯死。

(二)形态特征

1. 成虫 体长20～25毫米,翅展雌蛾50毫米,雄蛾39～45毫米,体及前翅灰褐色。前翅前缘到基部有灰白和褐色鳞片混杂,前翅内外横线黑褐色不清晰,后翅灰白色。胸部、足及后翅前缘密生灰白色长茸毛,雌蛾体灰褐色或浅灰色,雄蛾体色较深。

2. 卵 圆形,直径0.7～0.9毫米,淡黄色。

3. 幼虫 老熟幼虫体长25～45毫米,体黄绿色,头粉绿色,密生白色小刻点,头、胸之间有一条暗黄色环。幼虫6龄。四龄起体背线鲜明橙红色,两侧亚背线乳白,每节有淡黄色斑点,肛上背板红色。

4. 蛹 体长20～30毫米,黄褐色。

(三)发生规律

山核桃舟蛾在浙江1年发生4代,10月上旬以老熟幼虫钻入疏松湿润的土中,入土深度1～2厘米深处化蛹过冬。翌年4月下旬成虫羽化,成虫夜间活动,有趋光性。羽化当晚或次日晚交尾,卵多产在树冠上部叶背面,也有产在树皮上,卵平铺成块状,数十粒在一起。每头雌蛾产卵190～410粒,平均产卵300粒。

卵期5～7天,三龄前幼虫有吐丝下垂习性,幼虫取食为害25天左右老熟。各代幼虫为害期分别为:第一代5月中旬至6月上旬;第二代6月中旬至7月中旬;第三代8月上旬至8月下旬;第四代9上旬至10月上旬为害。

(四)防治技术

1. 人工防治 冬春人工挖蛹。生长季节各代成虫期,采摘卵块,集中烧毁。人工捕杀幼虫等效果好。

2. 灯光诱杀 在山核桃连片集中地段,成虫羽化期,晚上挂黑光灯诱捕成虫。

3. 药剂防治 幼虫为害初期树冠喷90%敌百虫1 000倍液，或20%氰戊菊酯乳油3 000倍液，或2.5%溴氰菊酯2 500倍液。在山核桃林密度较大的地方，每667平方米用621烟剂1千克熏杀。

三十九、桃剑纹夜蛾

桃剑纹夜蛾 *Acronicta incretata* Hampson 又名苹果剑纹夜蛾。属鳞翅目，夜蛾科。

(一)分布为害

分布于东北、华北、华东、华中、西北及广西、云南等地。以幼虫为害苹果、桃、核桃、梨、李、杏、樱桃、杨和柳等。幼虫蚕食叶片，还啃食果皮。

(二)形态特征

1. 成虫 体长17～22毫米，翅展40～48毫米。体翅灰褐色，复眼球形黑色。触角丝状黑褐色。前翅中部有一圆形白色纹，黑边、肾形纹淡褐色边，二纹几乎相连。黑色剑状纹3条，基剑纹自翅基部伸向横线外侧，端剑纹2条，分别自外横线中部和后部伸向外缘。前翅前缘有7～8条黑色短斜纹(彩图44)。

2. 卵 扁圆形，乳白色，直径约1毫米。卵面有放射状条纹。

3. 幼虫 老熟幼虫体长35～40毫米，体形细长，绿色，背线黄色，两侧的气门线为红色。腹部第一节及尾端倒第二节上各有毛疣状突起，腹部第二节至第七节各节背面都有1对黑斑，黑斑内有一大一小的白色斑点2个。遍体疏生长毛，背部毛黑色，梢端白色，稍弯曲，两侧毛灰白色较短。

4. 蛹 体长约20毫米,初为黄褐色,后变棕褐色,腹末有8根臀棘。

5. 茧 纺锤形,长21～23毫米,茧白色稀薄,茧上粘有碎叶片或土粒。

(三)发生规律

华中长江流域1年发生3代,以蛹于土中越冬,翌年5月上旬成虫羽化,交尾产卵。3代幼虫发生期,第一代幼虫5月中下旬,第二代幼虫期6月下旬至7月上旬,第三代为8月中下旬。

华北1年发生2代,以茧蛹在土中和树皮缝中过冬,翌年5月份过冬代成虫羽化,成虫昼伏夜出,有趋光性,交尾产卵,寿命10～15天,当年第一代成虫羽化在7月中下旬,9月中旬幼虫开始结茧化蛹过冬。

成虫多在下午或晚上羽化,交尾产卵多在夜里,卵散产于叶正面,卵期6～8天,幼虫分散活动取食,初孵化幼虫只啃食叶肉,长大后幼虫取食叶片成孔洞或缺刻。幼虫老熟后吐丝缀叶结白色茧化蛹。过冬代幼虫老熟后在落叶树盘土缝,树皮裂缝结茧化蛹过冬。

(四)防治技术

1. 农业防治 冬季树盘土壤深翻灭蛹。

2. 灯光诱杀 成虫羽化季节挂黑光灯诱杀。

3. 药剂防治 幼虫发生为害初期,树冠喷药防治,可用90%敌百虫1000倍液,2.5%溴氰菊酯乳油2000倍液,2.5%高效氟氰酯乳油2000倍液,20%甲氰菊酯乳油2000倍液等。

四十、三线钩蛾

三线钩蛾 *Pseudalbara parvula*（Leech）又名眼斑钩蛾，属鳞翅目，钩蛾科。

（一）分布为害

该虫分布于北京、河北、黑龙江、陕西、湖北、湖南、江西、浙江、福建、四川和广西等地。寄主植物主要有核桃、栎树、化香等。

（二）形态特征

1. 成虫　体长8～10毫米，翅展20～25毫米。体细长，翅薄鳞片稀少。体背面灰褐色，腹面淡褐色。前翅灰褐色，自翅顶角斜向后缘有3条褐色斜纹。中室端有2个灰白色小斑，上方1个白斑略大些。后翅色浅，中室端有2个不甚明显的小黑点。

2. 卵　长0.46～0.5毫米，扁圆形，顶部稍凹陷，灰绿色。

3. 幼虫　体长15～18毫米，头部中央凹陷，两侧突起呈双峰，黄褐色，体背线黑色，侧背线杏黄色，气门上线黑色，各节中央有白色斑，气门下线至腹面灰褐色。胸部第三节及腹部第八节背部中央有双瘤状黑色突起。胸足黄褐色，腹足灰褐色，趾钩单序环状，臀足退化。气门外围黑色，气门筛黄褐色。

4. 蛹　体长7.5～9毫米，纺锤形，棕褐色处被白粉，头顶有瘤状突起2对，触角粗大，分节明显，末端向两侧分开与翅芽等长，臀棘扁形，有锚状刺3对。

（三）发生规律

据王林瑶研究（1978年），在北京该虫1年发生2代，成虫6月份及8月份出现。成虫白天隐居于核桃叶背，双翅平铺，静止于叶上，不善飞翔，趋光性不强，成虫夜间交尾，若不受外界干扰可长达1天，交配后当天即可产卵。产卵叶背脉纹附近，一般单产，也有3～5粒成堆的。初产卵灰绿色，将孵化时变为棕灰色，卵期7～10天。

幼虫多在早上孵化，初孵化幼虫灰白色，周身毛长。幼虫孵化后在卵壳附近静止半天后，才开始啃食卵壳，接着取食叶肉，留下表皮，形成纱网状的半透明斑。幼虫行动迟缓，栖居部位有薄丝，一般1只幼虫各龄期都在1个核桃叶片上取食为害。

幼虫蜕4次皮五龄，一龄期4～5天，二龄5～6天，三龄5～6天，四龄4～5天，五龄加预蛹期6～7天。第二代由于核桃生长在山区气温渐低，各龄期比第一代稍长一些。幼虫第一次蜕皮前后，约1天不食不动。蜕皮后幼虫灰褐色，体侧略显出淡黄纵线条，头上峰状突起较尖，蜕二次皮后头上峰状突起渐钝圆，身上斑纹与老熟幼虫相同，色稍淡。

第一代老熟幼虫吐丝将叶边缘卷起进入预蛹期，经1天后蜕皮化蛹，蛹体外有较厚白粉。化蛹初期黄褐色，5天后变为棕褐色，蛹期10～13天，第二代幼虫老熟后，即顺核桃树干下爬，爬到接近地面缝隙中及地面落叶中结茧化蛹过冬。

(四)防治技术

1. 人工防治 冬季树盘深翻破坏生态环境灭蛹。翻地时也可将茧蛹捡回集中烧毁。

2. 化学防治 在幼虫为害初期，树上喷90%敌百虫1 000倍液，2.5%溴氰菊酯2 500倍液，或20%溴灭菊酯2 500倍液。

四十一、核桃细蛾

核桃细蛾 *Acrocercops transecta* Meyrick，又名核桃潜叶蛾，

属鳞翅目，细蛾科。

(一)分布为害

核桃细蛾分布于河北、山西、陕西等地。幼虫于叶上表皮下蛀食叶肉，使上表皮与叶肉分离呈泡状，有的叶片上有10头幼虫，致全叶枯死。

(二)形态特征

1. 成虫 体长约4毫米，翅展8～10毫米，体银灰色。头部银白色，头顶混有黄褐色鳞毛，下唇须长而弯、黄白色。触角丝状比前翅略长，灰黄色。复眼球形、黑色。胸背银白色。翅基片微褐色，前翅狭长披针形，暗灰褐色，上有3条较明显的白色横斜带，从前缘向后缘外侧斜伸，近翅顶角处有2～3个小白斑。后翅狭长剑状，灰白至灰褐色，缘毛长灰色，足灰白色，前足胫节密生紫褐色鳞片，跗节上有褐斑，且足胫背面有1列长刺。腹部灰白色，背面微褐色(彩图45、46)。

2. 幼虫 圆筒形，长5～6毫米，体红色。头部黄褐色或淡黄黑色，前胸盾黄褐色至淡黑色，上有暗色纵纹，胸足淡黑色，胸部前宽后细。腹部10节，腹足与臀足较发达。初孵幼虫淡黄白色，中胸以后各节背面左右有不明显的暗色纹，二龄后体淡橙黄色，体略扁，胸部较宽向后渐细。

3. 蛹 体长约4毫米，黄褐色，羽化前头顶黑色，翅芽上现出黑褐色斑纹。

(三)发生规律

据庞震等研究(1983年)，1年约3代，以蛹在枝干树皮裂缝或落叶过冬，结白色半透明膜状茧化蛹，翌年6月中旬田间幼虫开始为害，7月间成虫羽化产卵，第二次成虫8月间发生，第三次成虫发生于9月份。以后田间不见幼虫为害。初孵化隧道呈不规则的线状,后成不规则的大斑,上表皮与叶肉分离呈泡状,表皮逐渐变褐色干枯,幼树、生长旺盛树受害重,受害叶率常达50%以上。

郑瑞亭(1981年)在陕西省丹凤县观察,该虫1年发生4～5代,5～11月份为幼虫为害期,一处可有数头幼虫,使表皮与叶肉分离。幼虫老熟出叶片在树皮缝结茧化蛹,蛹期约6天,每一代约30天,世代重叠,7月份为害最重。可能以老熟幼虫或蛹在树皮缝过冬。

(四)防治技术

1. 人工防治 冬季清扫落叶集中烧毁。为害严重时,用铁丝刷刷除树干树皮裂缝过冬茧蛹,集中烧毁。

2. 药剂防治 成虫羽化产卵期,树上喷90%敌百虫1 000倍液,或50%敌敌畏乳油1 000倍液,或50%杀螟松乳油1 000倍液。

四十二、核桃扁叶甲黑胸亚种

核桃扁叶甲黑胸亚种 *Gastrolina depressa thoracica* Baly 又名核桃叶甲、核桃扁金花虫,属鞘翅目,叶甲科。

(一)分布为害

主要分布于黑龙江、吉林、辽宁、河北、山西和甘肃等地。以成虫、幼虫取食核桃、核桃楸、枫杨叶片。1956年、1960年黑龙江省有些林场大发生。1959～1962年吉林省有的林场大发生。为害核桃楸、核桃,吃光叶片损失很大。

(二)形态特征

1. 成虫 体长6.5～9.3毫米，体长方形。背面扁平，前胸黑色，足全黑色。鞘翅紫色、紫蓝色、蓝黑色，有时古铜色。触角黑色。头小深嵌入前胸。头扁平，额中央低凹，刻点粗。触角短，向后稍过鞘翅肩部，第二节球形，第三节细长，第四节短于第三节长于第五节。前胸背板宽为长的2.5倍，基部窄于鞘翅，前缘凹入渐深。小盾片光亮，刻点细微，鞘翅刻点粗深，每鞘有3条纵肋纹，彼此等距。

2. 卵 长卵形，似子弹头状，黄色、橙黄、黄绿色。20～30粒成块状。

3. 幼虫 老熟幼虫体长约10毫米，暗黄色，疏生细毛。胸足3对，头黑色，前胸盾淡黑色，胸、腹部各节背有圆形淡黑色斑，气门上线有突起，初龄幼虫体黑色。

4. 蛹 体长约7毫米，黑色至黑褐色，胸部有白色纹，第二和第三腹节两侧有黄色斑纹，腹末有幼虫蜕的皮。

(三)发生规律

该虫在吉林1年发生1代，以成虫在地面枯枝落叶中及树干下部皮缝中过冬，翌年春天核桃树发芽展叶期，4月下旬开始上树取食芽或嫩叶，群集取食叶肉。5月中旬开始产卵叶背，5月下旬至6月初为产卵盛期，卵排列成块，每卵块有10～50多粒，每一雌虫产卵100多粒，卵于5月下旬开始孵化，卵期7天左右。

幼虫孵化后取食卵壳，群集叶背，啃食叶肉，残留叶脉后焦枯。幼虫3龄，幼虫期约10天左右老熟，腹部末端黏在叶背或叶柄上倒悬化蛹，6月中下旬为化蛹盛期，蛹期4～7天，新成虫羽化后继续取食，于7月中下旬开始下树休眠过冬。

孟庆英等(2006年)在山东，对核桃扁叶甲各虫态发育起点温度和发育积温进行系统研究，卵、幼虫、蛹、产卵前期的发育起点温度分别为：9.4℃、12.2℃、14.3℃、11.1℃。有效积温日度分别为43.2、77.2、36.0、104.7。世代起点温度12℃、世代积温260.5日度。可根据温度变化测报发生期。

(四)防治技术

1. 人工防治 冬季刮树干老翘皮，清理地面枯枝落叶消灭过冬成虫。在苗圃和夏季成虫产卵期人工捕捉成虫，摘除卵块。

2. 药剂防治 在成虫和幼虫期，树冠喷90%敌百虫或80%敌敌畏乳油800～1 000倍液，50%马拉硫磷乳剂800倍液。

四十三、核桃扁叶甲淡足亚种

核桃扁叶甲淡足亚种 *Gastrolina depressa paltipes* Chen，属鞘翅目，叶甲科。

(一)分布为害

目前，仅知分布在云南省漾濞核桃产区。该虫在当地曾多次猖獗成灾，1979年受灾面积达2万余667平方米，不仅造成核桃减产，还引起天牛等害虫侵入致使一些大树枯死。

(二)形态特征

1. 成虫 体长5.3～7.1毫米，宽2.8～3.9毫米。鞘翅紫铜色或青蓝色，具粗大刻点，纵列于鞘翅，有纵走棱纹，鞘翅基部两侧较隆起，边缘有折缘。前胸背板的前后角和侧缘为棕黄色。足淡棕黄色，股端、胫节及跗节黑色。

2. 卵 长卵圆形，长1.3～1.5毫米，直径0.6毫米，初产乳白色，后变淡黄白色，顶端透明发亮。

3. 幼虫 一龄幼虫体长1.5～3.2毫米，二龄体长3.4～5.8毫米，三龄体长9～10.5毫米。头和足黑色，体腹面及腹末端肉突黄白色，体背面初龄幼虫为瓦灰色或黑灰色，老熟幼虫为暗黄褐色或赤褐色；体各节具黑色毛瘤。

4. 蛹 体长5～6毫米，宽3～4毫米，暗褐色，背有对称斑纹。

(三)发生规律

据杨源等研究(1982年)，核桃扁叶甲淡足亚种在云南漾濞地区每年发生1代，以成虫在核桃树翘皮裂缝或脱落的树皮下越冬。每年3月上中旬，越冬的成虫上树取食核桃嫩叶，然后交配产卵，产卵可持续20～30天。每只雌虫产卵25～45粒，最多92粒。成虫有假死性。雌虫占59.4%。雄虫占40.6%。3～4月份每只成虫可取食20～30平方厘米叶片，4月底5月初多数越夏过冬休眠。

卵期5～7天，孵化率一般达98%以上。幼虫共3龄，初孵化幼虫群集叶片取食叶肉，三龄幼虫取食全叶，每叶有30多只幼虫，常将叶肉吃光，只留下叶脉，似火烧一样，每条幼虫可食6～10平方厘米叶片。幼虫期19天左右。

老熟幼虫经1～3天预蛹期，将腹部末端粘在叶背或枝干上倒悬化蛹，蛹期5～7天。羽化率一般在92%以上。

刚羽化的成虫淡黄色，静伏于蛹壳上不动，后变为紫铜色或青蓝色，1～2天后开始取食，过冬休眠前可取食8～12平方厘米叶片，随后即进入休眠期，成虫历期350～380天。

经多年观察和试验，冬季低温降水(降雪、雨)较多，过冬成虫死亡率高，相反冬季温暖降水量少过冬成虫存活率高。

天敌有蜘蛛、螳螂、猎蝽、盗蝇、寄生蜂和瓢虫等。其中以六斑异瓢虫对核桃扁叶甲淡足亚种抑制作用大。该瓢虫1年1代，以成虫在树皮裂缝过冬。3 月中下旬上树取食叶甲卵，平均每只瓢虫成虫可取食叶甲卵 4 620 粒，幼虫 35 条，每头幼虫可捕食叶甲幼虫 65 条，卵 16 粒，每头当年成虫可捕食叶甲成虫或蛹 19 只。

(四)防治技术

1. 人工防治　冬季刮核桃树皮翘皮和清理树盘落叶，集中烧毁消灭过冬成虫。

2. 生物防治　保护或引进六斑异瓢虫，抑制叶甲发生。

3. 药剂防治　在成虫出蛰期，幼虫初孵化期，树冠喷 50％敌敌畏乳剂或 90％敌百虫，各 800 倍液，10 天左右喷 1 次，连喷 2～3 次。或用 50％马拉硫磷乳剂 800 倍液，10％氯氰菊酯乳剂 8 000 倍液。

四十四、核桃扁叶甲指名亚种

核桃扁叶甲指名亚种 *Gastroiina deprssa deprssa* Baly，属鞘翅目，叶甲科。

(一)分布为害

核桃扁叶甲指名亚种主要分布于河南、江苏、浙江、湖北、湖南、福建、广东、广西、四川、陕西和甘肃等地。以成虫、幼虫取食核桃、枫杨的叶肉及嫩芽。1982～1985 年河南省平顶山市石漫滩林场枫杨有虫株率达到 100％，每百片小叶有虫 63.7～51.9 头，大面积枫杨、核桃受害严重，叶片一片焦黄。1978 年四川省南江县核桃受害率 95％，叶受害率 47％。

(二)形态特征

1. 成虫　体长 6～8.3 毫米，体宽 3～4 毫米。雌虫较雄虫略大，头及复眼黑色，前胸背板全部淡棕黄色，鞘翅紫黑色、紫色或蓝黑色，有金属光泽，两翅合缝处常松开。足黑色。雌虫产卵期腹部膨大，突出鞘翅之外（彩图 47）。

2. 卵　椭圆形，一端稍大，长 1.5 毫米，初产时浅黄色，2 天后变白色。

3. 幼虫　老熟幼虫体长 10～12 毫米，灰褐色或污白色。前胸背板淡红褐色，体两侧具黑褐色斑纹及 1 个圆斑，每体节背面有两排横的肉瘤，每侧 2 个。瘤上具橘黄色刚毛，两侧有三角形肉突。

4. 蛹　体长 6 毫米，初黄色，半天后变为灰黑色。腹末端常黏附幼虫蜕的皮壳上，倒悬下垂。

（三）发生规律

据景河铭观察，在四川 1 年发生 1 代，以成虫在树干基部皮缝和地被物中过冬。翌年 4 月上中旬（核桃果径 6～8 毫米），越冬成虫开始上树取食为害，将叶片叶肉吃成网状。4 月下旬至 5 月上旬交尾产卵，卵 20～30 粒成块状黏附叶背面。5 月中旬幼虫孵化，初孵化幼虫群集取食叶肉，二龄幼虫分散取食。5 月下旬老熟幼虫腹末端黏附叶片背面蜕皮化蛹，倒悬向下。蛹期 4～5 天，成虫羽化，短期取食后下树潜伏休眠过冬。5～6 月份是越冬成虫和幼虫，同时出现为害严重期，大发生时常将叶片吃光仅留主脉，似火烧。连续为害 2～3 天，会引起核桃树死亡。

王幸德等（1988 年）在河南省平顶山市对核桃扁叶甲指名亚种做了研究，在河南省 1 年发生 4 代。以成虫在枯枝落叶下或土缝中过冬，翌年 3 月底 4 月初越冬成虫开始活动取食嫩叶，4 月上旬开始产卵，4 月中下旬卵孵化出第一代幼虫，4 月底见第一代成虫，5 月下旬至 6 月中旬可见第二代幼虫；7 月上旬至 8 月上旬第三代幼虫，9 月上中旬第四代幼虫，9 月底羽化出第四代成虫，进入

10月成虫陆续下树潜伏过冬。除越冬代成虫，各世代各虫态历期大致相近，卵期5～7天，幼虫三龄9～13天老熟，蛹期2～4天。成虫寿命45～78天。明显有世代重叠现象。

成虫羽化多在9～11时，羽化后第一天多静伏蛹壳上，第二天逐渐爬行分开取食叶片。经7天取食，雌虫腹部膨大性成熟，开始交尾，交尾持续18～40分钟，有多次交尾习性，交尾后5～9天开始产卵，每雌虫产卵250粒左右。卵多产在叶背面，每块卵20～200粒，产卵期持续10天。交尾产卵后，成虫继续取食为害最长达78天。成虫有假死性习性，遇震动会下落，每天8～11时和17～20时取食最凶猛。7月下旬至8月中旬，遇到32℃以上高温，成虫即潜伏树皮缝或树盘落叶杂草不取食、不交尾产卵休眠现象。高温过后1～2天便开始活动取食交尾产卵。

卵经过5～7天孵化，孵化率72%～94%。初孵化幼虫先静伏卵壳上，约1小时开始取食叶肉，一龄幼虫不善活动，多群集一块取食，2～3天后蜕皮，蜕皮期不食不动，二龄幼虫分散取食较活泼，经3～5天二龄幼虫蜕皮，三龄幼虫食量大增，受惊动瘤突分泌黄色腺液。1头幼虫一生能取食1片小叶，幼虫老熟分泌黏液，将腹末端黏附叶片背面化蛹，幼虫化蛹常群集排列，不停摆动。

早春日平均气温5℃以上，过冬成虫即出蛰活动，最适发育温度15℃～24℃，早春气温骤降常引起成虫死亡。食性窄，喜食枫杨、核桃。幼虫、成虫密度大时常将叶片吃光，幼虫耐饥1.5～4天，成虫耐饥7～13天。成虫不善飞迁，幼虫迁移能力差。天敌有异色瓢虫捕食卵及初孵化幼虫，螳螂、胡蜂捕食幼虫，跳小蜂寄生卵率达24%～27%，原腹猎蝽平均1天捕食成虫3.6头。

(四)防治技术

1. 人工防治 冬季刮树干老翘皮，清除树盘落叶消灭过冬成虫。春季成虫出蛰上树时，振树捕捉落地成虫杀死。

2. 化学防治　春季成虫出蛰期树上喷80%敌敌畏乳油1 000倍液或10%氯氰菊酯乳剂8 000倍液、2.5%敌百虫粉剂，防越冬成虫上树。用野棉花、马桑叶、半夏、烟箸各0.5千克切碎加水5千克，浸泡4～6天后取滤液喷雾可毒杀成虫和幼虫。

四十五、铜绿金龟

铜绿金龟 *Anomala corpulenta* Motsch 又名铜绿丽金龟、青铜金龟等，属鞘翅目，金龟甲科。

(一)分布为害

分布于黑龙江、辽宁、河北、山西、山东、河南、宁夏、陕西、安徽、江苏、湖北、湖南、浙江、江西和四川等地。为害核桃、板栗、苹果、梨、枫杨、柳、榆、松、油茶、乌桕、桃、杏和樱桃等。成虫取食叶片、嫩枝、嫩芽和花柄等。将叶吃成缺刻，有时全部吃光，只剩主脉。

(二)形态特征

1. 成虫　体长15～18毫米，宽8～10毫米。体背面铜绿色，有光泽、边缘黄褐色，头部较大、深铜绿色。复眼黑色，触角黄褐色9节。前胸背板两侧缘呈弧形弯曲、鞘翅铜银色，各有3条不甚明显隆起。胸部腹板黄褐色有细毛。足腿节黄褐色，胫节、跗节深褐色，前足胫节外侧具2齿，对面生1棘刺，跗节5节，端部生2个不等大的爪。腹部米黄色(彩图48)。

2. 卵　长椭圆形，长1.65～1.94毫米，宽1.3～1.45毫米。白色，卵壳表面平滑。

3. 幼虫　体长30毫米，头宽约4.8毫米，头圆形暗黄色，胸足3对，腹部弯曲多皱纹。臀部腹面具刺毛，两侧每列由13～14

根长锥刺组成，两侧刺尖相对。

4. 蛹 长18毫米，宽约9.5毫米，土黄色，略扁，末端圆平，腹部背面有6对发音器。雌蛹腹末节腹面有一细小的飞鸟形纹，雄蛹末节腹面中央有4个瘤状突起呈乳头状。

（三）发生规律

此虫1年发生1代，多以三龄幼虫在土中过冬。翌年5月份开始化蛹，一般在6月上旬，6月中下旬至7月上旬为成虫出现高峰期，南方早于北方，到8月下旬终止，9月上旬绝迹。成虫高峰期开始见卵，幼虫8月份出现，11月份进入越冬期。

成虫羽化出土，如5、6月雨水充沛，出土较早，盛发期提前。成虫白天隐伏于灌木丛、草皮或表土内，黄昏时分出土活动，适宜温度25℃以上，相对湿度70%～80%，闷热无雨的夜晚活动最盛，成虫群集核桃、苹果、梨、板栗、杨、柳等果树林木，啃食叶片呈孔洞缺刻，发生数量多时常将树叶吃光，特别是幼树、孤立树、果园外围树叶，往往受害重，一夜之间突然将树叶吃光。黄昏时成虫交尾，晚上22时取食为害盛期，天明前飞迁离树。成虫有强趋光性，特别是黑光灯。羽化后7～8天交尾，再经2～3天开始产卵，每一雌虫可产卵22～82粒。成虫寿命30余天。雌虫产卵多选择果树下、林木下、杂草根际等处入土，深5～6厘米处，卵散产。

卵期7～11天，土壤含水量10%～15%，土壤温度25℃为最适宜的发育条件，孵化率几乎达到100%，幼虫蛴螬主要为害果树、林木等植物的根，一至二龄幼虫多在7～8月出现，食量较小，9月份后大部分进入了三龄，食量猛增，过冬后又继续为害至5月，幼虫一般在清晨和黄昏时由土壤深层爬到表层，食害苗木、树木、果树及杂草、农作物根颈、主根和侧根，引起死苗，树势变劣，叶子发黄。一龄幼虫25天，二龄幼虫23天，三龄幼虫28天左右，老熟幼虫于5月下旬至6月上旬进入蛹期，在土中先做一蛹室，预蛹期

13天左右，蛹期9天，刚羽化的成虫头、胸、小盾片及足色泽较浅，前翅为淡白色，数小时后鞘翅变为铜绿色。

(四)防治技术

1. 灯光诱杀　在核桃集中连片，在成虫发生期挂黑光灯、自动灭虫灯诱杀；也可在林地空地夜间点火，诱集成虫扑火自焚。

2. 树上喷药　在成虫羽化的晚上和为害期的下午，树冠喷药可选用50%辛硫磷乳油2 000倍液、90%敌百虫1 000倍液或40%乐果乳油1 000倍液。

3. 根部灌药　苗木地下有蛴螬为害，用铁钎或木扦插入苗木受害处，灌注90%敌百虫1 000倍液。

四十六、斑喙丽金龟

斑喙丽金龟 *Adoretus ternuimaculatus* Waterhouse，又名茶色金龟子，属鞘翅目，丽金龟科。

(一)分布为害

分布于辽宁、山西、河南、河北、山东、江苏、安徽、浙江、江西、湖北、湖南、福建、广东、台湾、云南、四川和陕西等地。以成虫为害核桃、板栗、柿、枣、苹果、梨、茶、葡萄、刺槐、梧桐、油桐、栎类、杨、柳、木槿、乌桕、桉树、黄檀、杏、棉花和大豆等。

(二)形态特征

1. 成虫　长椭圆形，体长10～12毫米，宽4～5毫米，茶褐色，全身密生茶褐色鳞毛。唇基半圆形，前缘上卷。复眼较大。前胸背板侧缘呈弧状外突，后侧角钝角形，小盾片三角形。鞘翅有4条纵线，并夹杂有灰白色毛斑。腹面栗褐色，具鳞毛，前足胫节外缘3齿,内缘具1个内缘距,后足胫节外缘有1个齿突(彩图49)。

2. 卵 长椭圆形,长1.7～1.9毫米,宽1～1.7毫米,乳白色。

3. 幼虫 体长13～16毫米,乳白色,头部黄褐色,臀节腹面钩状毛稀少、散生,且不规则,数目为21～35根。

4. 蛹 长10毫米左右,前圆后尖,裸蛹。

(三)发生规律

该虫1年发生2代,以幼虫在土壤里过冬。翌年4月下旬至5月上旬幼虫老熟开始化蛹,5月中下旬羽化出成虫,6月为越冬代成虫盛发期,并陆续产卵于土壤里,6月中旬至7月中旬为第一代幼虫为害期,7月下旬至8月化蛹,8月份为第一代成虫盛发期,8月中旬产卵,8月下旬幼虫孵化,10月下旬幼虫开始过冬。

成虫白天潜伏土中,傍晚出来飞向核桃等寄主植物取食,黎明前全部飞走。阴雨天大风天对成虫出土数量和飞迁能力影响很大。成虫可取食多种植物,食量很大,有假死性,群集取食性。啃食叶肉,只留叶脉,呈丝网状,在短期内可将叶片吃光,特别是果园外围树、幼树、孤立果园和零散树受害重,每头雌虫可产卵20～40粒,产卵场所以菜园、丘陵黄土以及黏性壤性质的田埂为最多。幼虫为害苗木根部,活动深度与季节温度变化有关,活动为害期以3.3厘米左右处草皮下较多,遇到天旱少雨,入土较深,化蛹先做1个土室,化蛹深度一般为10～15厘米处。

(四)防治技术

参考铜绿金龟。

四十七、暗黑鳃金龟

暗黑鳃金龟 *Holotrichia parallela* Motschulsky，属鞘翅目，金龟科。

（一）分布为害

分布于黑龙江、吉林、辽宁、河北、山东、山西、河南、湖北、湖南、江苏、浙江、安徽、江西、陕西、甘肃、青海和四川等地。成虫为害榆、核桃、杨、柳、桑、苹果、梨、荨麻、大豆和向日葵等。

（二）形态特征

1. 成虫　长椭圆形，体长 17～22 毫米，宽 9～11 毫米。初羽化成虫红棕色，后逐渐变为红褐色或黑色，体被淡蓝灰色粉状闪光薄层，腹部闪光更显著，唇基前缘中央稍向内弯和上卷，刻点粗大。触角 10 节，红褐色。前胸背板侧缘中央呈锐角外突，刻点大而深，前缘密生黄褐色毛。每鞘翅上有 4 条可见隆起带，刻点粗大，肩瘤明显。前胫节外侧有 3 钝齿，内侧横生 1 棘刺，后足胫节细长，端部 1 侧生 2 端距，跗节 5 节，末节最长，端部生 1 对爪，爪中央垂直着生齿，腹部圆筒形，有微光泽，尾节光泽强。雌虫臀板尖削，雄虫臀板后端深圆。

2. 卵　初生时乳白色，长椭圆形，长 2.6 毫米，宽 1.6 毫米，膨大后长 3.2 毫米，宽 2.5 毫米，孵化前可看到卵壳内幼虫棕色三角形上颚。

3. 幼虫　三龄幼虫体长 36～47 毫米，头宽 5.6 毫米，头部前顶毛每侧 1 根，位于冠缝侧，后顶毛每侧各一根。臀节腹面无刺毛列，钩状毛多，约占腹面的 2/3，肛门孔为三射裂状。

4. 蛹　体长 18～25 毫米，宽 8～12 毫米，淡黄色。腹部背面具2对发音器，位于腹部背面4、5节，5、6节交界中央，1对尾角呈锐角岔开。

(三)发生规律

该虫1年发生1代(东北2年发生1代)，多数以三龄幼虫在土壤15～40厘米深处过冬，翌年5月初为化蛹期，蛹期20～25天，5月中旬为盛期，5月下旬为末期。6月初成虫羽化，7月中下旬至8月上旬为产卵期。7月中旬至10月为幼虫活动为害期，10月中旬进入越冬期。

成虫活动性适宜气温25℃～28℃，空气相对湿度80%以上，7、8月份闷热天气或雨后，虫量猛增，成虫白天静伏，晚上活动取食交尾，常群集果树林木上取食叶片，1头成虫15～20分钟可吃完1片榆叶，一夜能连续吃完4～5片叶，幼龄树、孤立果园、果园外围树受害重，常将整树叶片吃光，只剩留叶脉叶柄。成虫有假死性，受惊动后落地，成虫有强的趋光性，对黑灯趋性强，灯下常落一层，成虫有隔日上灯的特点，上灯日诱虫数比非上灯日诱虫数相差10～30倍以上，黎明前成虫陆续飞向田间或树林下潜伏。成虫的活动高峰期也是交尾产卵高峰期，交尾多背负式或直式，历时20分钟，有的交尾长达60分钟，有多次交尾习性。交尾后一般5～7天产卵。卵多产植物根处土壤里，卵期8～10天。一龄幼虫平均20天，二龄幼虫19天，三龄幼虫平均270天。幼虫蛴螬对苗木为害率有的达到40%，个别达到93%，引起大量死苗，降雨量对幼虫生长发育影响很大，土壤干旱和湿度饱和对幼虫成活率都低。

(四)防治技术

1. 人工捕杀　利用成虫假死特性，黄昏成虫取食，交尾时，振树捕杀成虫。

2. 黑灯诱杀　在核桃集中连片处，挂黑光灯诱杀、结合人工灯下捕杀。

3. 化学防治　成虫发生期，下午树冠喷 90%敌百虫 1 000 倍液或 50%辛硫磷乳油 2 000 倍液。或用秕谷或饼肥 20～25 千克炒香，拌 90%敌百虫晶体 100～150 克做成毒饼，撒到树下诱杀幼虫。

四十八、小黄鳃金龟

小黄鳃金龟 *Metabolus flarescens* Brenske 属鞘翅目，鳃金龟科。

（一）分布为害

小黄鳃金龟分布于河北、山西、山东、河南、陕西、江苏和浙江等地。寄主植物有核桃、苹果，山楂、梨、海棠、丁香等。成虫食叶呈不规则的孔洞和缺刻，为害严重时仅残留粗脉和叶柄，特喜食核桃叶。山西省太谷地区在 20 世纪 80 年代发生较重，幼虫生活在土中，为害植物地下根。

（二）形态特征

1. 成虫　体长 11～13.6 毫米，体宽 6.3～7.4 毫米。体黄褐色，体密被短毛。头部暗褐色，唇基前缘平直，向上卷起，复眼黑色，触角鳃叶状。前胸背板有粗大刻点，侧缘钝角形外扩，侧边锯齿状，并生有细长毛。小盾片短阔三角形，布有毛刻点。鞘翅侧缘近平行，缝肋明显隆起，仅纵肋 1 即靠近缝肋的纵肋明显可见，肩凸显着。胸、腹部腹面及足的腿节上具细长毛，以胸部较密。臀板圆三角形，前足胫节外缘具 3 齿，内缘距粗长。

2. 卵　长椭圆形，长 1.6～1.7 毫米，宽 1～1.1 毫米。表面光滑，初产水青色，渐变白色、灰白色。

3. 幼虫 老熟幼虫体长 17～20 毫米，头宽 2.9～3.1 毫米，体乳白色，头部黄至黄褐色。头部前顶刚毛每侧 2 根，后顶刚毛每侧 1 根。肛腹片后部钩状刚毛群中间的刺毛列，2 列呈长椭圆形整齐排列，由短针刺毛组成，每列有刺毛 12～16 根，多为 13～15 根。肛门孔呈三射裂缝状，纵裂略短于一侧横裂的 1/2 长。

4. 蛹 裸蛹，体长 13.5～14.1 毫米，体宽 5～5.8 毫米，长椭圆形。初乳白色，渐变淡黄色，淡黄褐色。唇基近半圆形，触角靴状。前胸背板宽大。腹部第一至第四节气门近椭圆形，褐色明显隆起。

（三）发生规律

据庞震研究（1990 年），该虫 1 年发生 1 代，以三龄幼虫在 60～100 厘米土层中过冬。翌年 4 月间幼虫上升到表土层活动取食为害，5 月下旬开始老熟，6 月上中旬为化蛹盛期，前蛹期 7～8 天，蛹期约 12 天。6 月上旬成虫开始羽化出土，6 月中旬至 7 月上旬为羽化盛期。7 月下旬为末期，6 月下旬开始产卵，卵期约 11 天，7 月上旬开始孵化，幼虫期 300～320 天。

初孵化幼虫取食腐殖质，为害植物幼根，至秋后潜入 50～100 厘米深土层，最深达 160 厘米。翌年 3 月中旬前后开始上移，4 月上旬移到表土 4～20 厘米处。在核桃树下调查，幼虫水平分布以距根颈 1.5 米范围内最多，1 米范围内占 90%，幼虫老熟后多在 2～10 厘米土层做土室化蛹。成虫羽化在土室内稍作停留，便出土活动。

成虫白天潜伏在寄主植物树盘 5 厘米深表土层，黄昏时开始出土，22 时前后为出土高峰，上树后取食叶片成缺刻或孔洞，经过数日取食后，雌雄在叶片上交尾，交配后 8～10 天，雌虫开始产卵。卵散产于寄主植物树盘下表土 0～3 厘米土层内，多选择有机质丰富的土壤里产卵，在果园调查发现，有机质含量高的核桃树、苹果树、梨树下产卵多，在树盘根际附近土壤疏松产卵多。成虫有假死性，趋光性不强。到黎明时，陆续下树入土潜伏。

(四)防治技术

1. 人工捕杀　利用成虫假死习性，对幼树、苗圃地，晚上可进行振落成虫捕杀。

2. 药剂防治　在4月上中旬幼虫上升表土层时，在树盘下2米范围，土壤喷50%辛硫磷乳剂，或25%辛硫磷微胶囊，按每667平方米用药0.5千克(0.5升)，对水150千克，喷洒地面土壤，喷药最好浅锄表土防治表土幼虫。

在6～7月份成虫羽化上树为害期，下午树冠喷药，可选用以下药剂：50%马拉硫磷乳剂1 500倍液或2.5%溴氰菊酯3 000倍液。

四十九、苹毛丽金龟

苹毛丽金龟 *Proagopertha lucidula* Fald 又名苹毛金龟子，属鞘翅目，金龟科。

(一)分布为害

苹毛丽金龟分布于黑龙江、吉林、辽宁、河北、山东、山西、河南、内蒙古、陕西、甘肃、江苏、浙江、江西、四川和贵州等地。寄主植物苹果、梨、李、杏、核桃、板栗、樱桃、葡萄、杨、柳、榆、刺槐和山楂等。成虫取食花蕾、花序、柱头、花朵和嫩叶，直接影响果树结果，有时把嫩叶、花食光。山地果园、孤立果园往往受害较重。

(二)形态特征

1. 成虫　体长约10毫米，体扁卵圆形，胸腹部生有黄白色细茸毛,雄虫茸毛特别多。头胸背面紫铜色,鞘翅茶褐色,半透明有光泽,由鞘翅可透视后翅折叠的"V"形纹,鞘翅肩部有突起,内侧略凹陷,鞘翅上有纵列成行的细小刻点。腹部两侧生有明显黄白色毛丛,后足胫节宽大,有长短距各一根。

2. 卵 椭圆形,乳白色,长 1.6～1.8 毫米,宽 1～1.2 毫米。经 10 天左右卵表面呈现光泽,临孵化前光泽消失,卵体增大,长 1.8～2.4 毫米,宽 1.3～2 毫米。

3. 幼虫 老熟幼虫(蛴螬)体长 18～22 毫米,头黄褐色,胸腹部乳白色,体弯曲成"U"字形,胸、腹部多横皱纹,胸足 3 对。

4. 蛹 裸蛹,初白色,渐变淡褐色,羽化前深红褐色。羽化前深红褐色。

(三)发生规律

该虫 1 年发生 1 代,以成虫在土壤蛹内过冬。翌年果树萌芽期开始出土,特别是降雨后大量出土,气温达 10℃以上时,4 月下旬至 5 月中旬为出土盛期,当气温 14℃时,白天向阳处取食,夜晚下树入土潜伏,当气温低于 18℃时,遇到震动成虫坠落地面。当气温达到 22℃以上时,假死性不明显,夜晚不下树。多在白天向阳处成群飞舞交尾。成虫喜食果树花蕾、花瓣、花蕊、花丝、柱头、花序、嫩叶和幼果皮。成虫取食常依开花顺序转移为害,先为害梨、桃、板栗、核桃、苹果和榆树等。成虫取食花蕾,使花瓣成孔洞,取食花丝柱头,取食板栗核桃雄花序、核桃雄花序和嫩叶,对较老的叶片则于叶背啃食叶肉,残留叶脉,食痕呈网眼状,取食均在白天进行。在炎热中午,成虫多潜伏叶丛间,成虫交尾多在午前,交尾期 10 余天,产卵期 2～12 天,产卵历期 4 月中旬至 5 月中下旬,每雌虫产卵 20 余粒,卵产于植被稀疏土质疏松的表土层中。卵期 17～35 天,卵于 5 月下旬开始孵化,幼虫三龄在土壤取食腐殖质及植物细根,幼虫历期 55～69 天,蜕 2 次皮,于 8 月间化蛹,老熟幼虫化蛹入土深处。东北地区地下80～120厘米，山东、河南入土40～50厘米深处做椭圆形蛹室化蛹，蛹期18～19天。9月上旬左右成虫羽化，当年不出土，在土中过冬。有红尾伯劳等鸟类和虎甲等捕食成虫。

（四）防治技术

1. 人工捕杀 在气温低于18℃时振树成虫落地人工捕杀。

2. 药剂防治 在成虫交尾上树为害时，树冠喷50%马拉硫磷或75%辛硫磷乳油1 500倍液、2.5%溴氰菊酯2 000倍液。

五十、华北大黑金龟

华北大黑金龟 *Holotrichia oblita* (Faldermann)，别名大黑金龟子、朝鲜金龟子，属鞘翅目，金龟甲科。

（一）分布为害

华北大黑金龟分布华北、华东、西北等地。成虫可为害，核桃、榆、杨、柳、槐、花椒以及大豆、花生、马铃薯和玉米等30多种植物，幼虫（蛴螬）是重要地下害虫。

（二）形态特征

1. 成虫 体长17～21毫米，宽8～11毫米，长椭圆形，体黑褐色至黑色，有光泽，触角鳃叶状。前胸背板密布粗大刻点，侧缘中点最宽。鞘翅表面微皱，密布刻点，翅面有3条纵肋。臀板后缘较直顶端虽钝，但为直角。腹部腹面可见6节。雄虫第五腹板有三角形凹坑，雌虫无此凹坑。

2. 卵 椭圆形，长3毫米，宽2毫米。乳白色，光滑。孵化前黄白色。

3. 幼虫 老熟幼虫体长35～45毫米,头宽5.4毫米,体乳白色。疏生刚毛,头部黄褐色,体弯曲多皱纹。肛门孔三射裂缝状,肛腹片后部的钩状刚毛群紧挨肛门孔裂缝处,两侧具明显的横向小椭圆形的无毛裸区。

4. 蛹 裸蛹,长20～24毫米,宽11～12毫米,椭圆形,腹末有1对角状突起。初乳白色渐变淡黄、黄褐至红褐色。

(三)发生规律

2年发生1代,以成虫、幼虫隔年交替过冬。过冬成虫出土温度条件,10厘米土壤温度稳定在14℃～15℃,地温17℃以上为出土高峰,越冬成虫4月间开始出土5月下旬至6月上中旬为盛期,8月为末期。成虫寿命282～420天,出土后寿命60～120天,成虫白天潜伏土中,多在植物根际附近,黄昏时开始出土活动,有趋光性和假死性,夜间不停取食寄主植物叶片,将叶片吃成缺刻,可把叶片吃光,仅留叶柄。成虫活动适温25℃,全年以5月中旬至7月间发生受害严重。卵多散产于5～10厘米根际土层中,每雌产卵100余粒,卵期11～22天。初孵化幼虫取食腐殖质、果树、林木和农作物的地下根,幼虫活动最适土壤温度13℃～18℃,春、秋季主要在耕作层活动取食,秋季土温降以10℃时,开始向深土层移动,土温降到5℃以下时,过冬幼虫多下移到25～60厘米处,寒冷地区可下移100多厘米处。春季10厘米土壤温度上升到5℃时,即开始向表土层移动,幼虫生存条件土壤含水量10.2%～25.7%,因此黏土或黏壤土保水力强,适合华北大黑金龟子生长发育,而沙土或沙质壤土保水力差,发生数量较少。幼虫3龄,一龄幼虫22.4～26.6天,二龄25.2～37.2天,三龄307～316.8天。蛹期多集中每年的7～9月份化蛹,蛹期14～27天。成虫羽化多8～10月份,成虫羽化后当年不出土,在蛹室内过冬。

（四）防治技术

参考暗黑鳃金龟。

五十一、黑绒金龟

黑绒金龟 *Maladera orientalis* Mots 又名天鹅绒金龟子、东方金龟子，属鞘翅目，金龟科。

（一）分布为害

黑绒金龟分布于东北、河北、北京、山西、山东、河南、江苏、安徽、陕西、甘肃和宁夏等地。寄主植物有 45 科 149 种。成虫喜食苹果、梨、葡萄、核桃、山楂、柿、桑、榆、杨、栎、桃和樱桃等，还食害玉米、高粱、豌豆等。成虫啃食嫩芽、叶片，对新栽幼树为害有时很大。

（二）形态特征

1. 成虫　体长 8～9 毫米，体卵圆形，黑褐色。头部黑褐色密布刻点。触角小赤褐色，10 节，末端 3 节成鳃片状。前胸背板短宽，小盾片 3 角形，每 1 鞘翅上有 9 条纵刻点沟，沟间微隆起，刻点和绒毛呈天鹅绒状。前足胫节有 2 个外齿，1 个内齿。腹部末端露出鞘翅外。

2. 卵　椭圆形，长约 1 毫米，宽约 0.7 毫米。初产卵白色，渐变灰白色。有光泽。

3. 幼虫　老熟幼虫体长 14～16 毫米，淡黄褐色，体黄白色，体略弯曲，多皱纹。臀部刺毛列呈横弧状排列，由 16～22 根锥状刺组成。肛门孔三射裂缝状。

4. 蛹　体长 8～9 毫米，宽 3.5～4 毫米。初黄色，渐变黄褐色。裸蛹。

(三)发生规律

黑绒金龟 1 年发生 1 代,以成虫或幼虫于土中过冬,以成虫过冬为主。少数以老熟幼虫过冬。翌年 3 月下旬 4 月上旬日均气温达到 10℃以上,遇到降雨,开始出土上树取食芽叶,5、6 月份气温 20℃～25℃,成虫取食活动盛期,5 月陆续交尾产卵,直到 7 月。雌虫产卵于 10～20 厘米土壤中,卵散产或 10 粒聚产,每雌产卵 9～78 粒,一般 30～40 粒,卵期 10 天左右。幼虫为害 65 天左右,约在 8 月中旬至 9 月下旬陆续老熟化蛹。蛹期 15 天左右。成虫羽化后在土中过冬。少数发育迟的以幼虫过冬,翌年春天化蛹羽化。

成虫出土活动取食与温度有密切相关,早春温度低,成虫多在白天活动,取食发芽早的杂草、农作物,主要爬行,近落日时便入土潜伏,温度升高后,白天潜伏干湿土交界处,16 时开始出土活动,以傍晚最盛,常作远距离飞行,常群集为害果树,林木嫩芽叶片。成虫有趋光性,遇震动有假死性。经过一段时间取食补充营养,成虫开始交尾产卵,成虫寿命较长,为害期达 70～80 天。

初孵化幼虫可取食腐殖质和植物幼根,随着生长幼虫为害农作物、果树、林木地下根。一般为害性不大,老熟后多在 20～30 厘米土层做土室化蛹。

(四)防治技术

1. 灯光诱杀　可用黑光灯、自动太阳能灭虫灯。

2. 人工捕杀　成虫为害盛期,对幼树可用布单铺地,震树捕捉成虫,集中杀死。

3. 套袋防虫　新栽幼树,可在傍晚用大的塑料袋将树冠罩住,避免成虫啃食嫩芽、叶。

4. 药剂防治　傍晚树冠喷25%马拉硫磷乳油2 000倍液或75%辛硫磷1 000倍液。

五十二、核桃鞍象

核桃鞍象 *Neomyllocerus hedini*（Marshall）又名鞍象，属鞘翅目，象虫科。

（一）分布为害

核桃鞍象分布于陕西、四川、云南、贵州、湖北、湖南、广东、广西和江西等地。成虫为害核桃、苹果、梨、桃、棠梨、火棘、青冈栎、东瓜木、蕨类、大豆和棉花等。成虫啃食核桃幼芽和叶片，严重为害时把全树叶肉吃光，只剩主脉。直接影响核桃抽梢生长，还影响下年的核桃开花结果。

（二）形态特征

1. 成虫　体长4～6毫米，体宽1.5～2毫米。体黑色或红褐色，有金属光泽。头长与前胸大体相等。喙短，宽大于长。触角着生于喙的端部，茶褐色，长为体长的2/3，柄节较长。复眼黑色长圆形。前胸背板鞍形。鞘翅能将腹部完全覆盖，鞘翅上有10条纵行的刻点沟，各有1行稀疏柔软直立的灰色长毛。足细长黑色至暗褐色。

2. 卵　椭圆形，长0.2～0.3毫米，乳白色，半透明，表面光滑发亮。

3. 幼虫　老熟幼虫体长4～6毫米，宽1.6～1.2毫米。全体乳白色，头部黄褐色或茶褐色，体多皱纹，有稀疏而短的刚毛。

4. 蛹　体长3.5～5.5毫米，宽1.5～2毫米，白色，体短胖，体上生有稀疏刺毛。

(三)发生规律

鞍象发生季节各地不一致。广东发生于 3 月下旬至 7 月中旬,广西发生于 4 月下旬至 6 月下旬;云南发生于 5 月下旬至 7 月下旬;四川发生于 5 月上旬至 7 月下旬;湖北发生于 9 月中旬。

据刘联仁研究(1980 年),在四川盐源县观察,该虫 1 年发生 1 代,少数 2 年 1 代,以幼虫在地表 6～13 厘米的土层内筑一长 6～8.5 毫米、宽 2～3 毫米的椭圆形蛹室过冬。翌年 2 月份当土温上升到 10℃以上时开始活动取食。3 月底 4 月初开始化蛹,蛹期 20～30 天,羽化后在蛹室停留 3～5 天后出土。5 月上旬成虫出土活动,6～7 月份为成虫活动为害盛期,8 月底 9 月初还可见到少数成虫。成虫出土与当年雨季来临迟早有关,雨水来得早,成虫出土就早。出土成虫经 3～5 天后变绿色,先啃食蕨类、青冈栎的叶和花,后转移到核桃上啃食幼芽和叶肉,把叶肉食光只剩主脉。经过 15～25 天,开始交尾,可多次交尾,6 月中旬开始产卵,7 月上旬至 8 月上旬为产卵盛期。成虫产卵时沿草茎钻入土内 3～10 厘米处产卵,也有直接钻入松土内产卵,卵散产,也有 2～3 粒粘在一起的。每头雌虫产卵 18～27 粒,雌虫产完卵即死亡,雄虫交尾后还要生活一段时间才陆续死亡。

卵期一般 15～20 天,6 月底 7 月初出现幼虫,以细小草和土壤里腐殖质为食,10 月以后在地面下 6～13 厘米处,筑蛹室越冬。

8 月底 9 月初孵化的幼虫,翌年夏秋如不能化蛹羽化成虫,要经过 2 年才能完成一个世代。

(四)防治技术

1. 农业防治 冬季上冻前深翻树盘土壤,破坏其过冬生态环境,有很好防治效果。

2. 化学防治 在成虫羽化出土上树为害期,树冠喷 10%氯氰菊酯 5 000 倍液，或 48%毒死蜱乳油 1 500 倍液，或 40%乐果乳油 1 200 倍液。

五十三、枣飞象

枣飞象 *Scythropus yasumatsui* Kono et Morimoto 又名枣象，枣月象等。属鞘翅目，象虫科。

（一）分布为害

枣飞象分布于河北、河南、山东、山西、辽宁和陕西等省。以成虫啃食枣、苹果、核桃、梨和香柏等多种果树林木的嫩芽、幼叶，严重为害时可将枣树等嫩芽吃光，造成第二次萌芽，是枣树、核桃等重要害虫。

（二）形态特征

1. 成虫　雄虫体长 4.5～5.5 毫米，深灰色。雌虫体长 4.3～5.5 毫米，土灰色。头管短、末端宽，背面两复眼间凹陷，前胸背面中间色较深，呈棕灰色，鞘翅弧形，每鞘翅有细纵沟 10 条，两沟之间有黑色鳞毛，鞘翅背面有模糊的褐色晕斑，腹面银灰色。

2. 卵　长椭圆形，初产乳白色，后变棕色。

3. 幼虫　乳白色，体长约 5 毫米，略弯曲，体多皱褶。

4. 蛹　灰白色，长约 4 毫米，裸蛹。

（三）发生规律

据高犁牛（1977 年）研究，枣飞象在各地 1 年发生 1 代，以幼虫在 5～10 厘米深土壤里过冬。翌年 3 月下旬至 4 月上旬化蛹，4 月中旬至 6 月上旬陆续羽化、交尾、产卵。5 月上旬至 6 月中旬幼虫孵化入土，取食植物幼根，秋后过冬。

春季当枣芽萌发时，成虫群集嫩芽，幼叶啃食，受害芽尖端光秃，呈灰色，手触之发脆。如幼叶已展开，则将叶咬成半圆形或锯齿状缺刻，或食去叶尖。5月前气温低，成虫多在无风天暖中午前后上树取食最多，为害最凶。早晚天凉，多在地面土中或枣股部潜伏。5月以后气温升高，成虫喜在早晨或晚上取食活动。成虫受惊有坠地假死习性。雌虫寿命平均43.5天，雄虫36.5天。雌虫产卵于嫩芽、叶面、树皮裂缝处，卵3～10粒成块，断枝皮下产卵最多。一头雌虫可产卵100余粒，卵期12天左右。幼虫孵化后沿树干下树，潜入土中，取食植物细根，9月以后入土30厘米左右过冬，春季回暖后，再上升到地表10～20厘米处活动。化蛹时距地面3～5厘米处做蛹室化蛹。蛹期12～15天。

（四）防治技术

1. 人工防治 早晚人工振树捕杀，树下铺上布单或塑料薄膜，把成虫集中杀死。

2. 药剂防治 在成虫出土上树期，树盘内喷2.5%敌百虫粉，然后浅耙土防出土成虫上树。成虫上树期，树冠喷80%敌敌畏乳油1 000倍液，或50%杀螟松乳油1 000倍液。

五十四、大灰象

大灰象 *Symplezomiax velatus* Chevronlat 属鞘翅目，象虫科。

（一）分布为害

大灰象分布于黑龙江、吉林、辽宁、河北、内蒙古、山西、山东、河南、湖北、陕西等地。寄主植物有41科100余种，主要为害核桃、板栗、紫穗槐、刺槐、桑树、加拿大杨、大豆和甜菜等。

(二)形态特征

1. 成虫 体长约10毫米,体黑色,全体密被灰白色鳞毛。前胸背板中央黑褐色,两侧及鞘翅上的斑纹褐色。头部较宽。复眼黑色,卵圆形。喙粗而宽,表面有3条纵沟,中央一沟黑色,先端呈三角形凹入,边缘生有长刚毛。触角柄节较长,末端3节膨大,呈棍棒形,静止时置于触角沟中。前胸背板卵形,中央有1条细纵沟,整个胸背板布满粗糙而凸出的圆点。小盾片半圆形,中央有1条纵沟。鞘翅卵圆形,末端尖锐,鞘翅上各具1个近环状的褐色斑纹和10条刻点列,后翅退化。腿节膨大,前足胫节内缘具1列齿状突起。雄虫胸部窄长,鞘翅末端不缢缩,钝圆锥形。雌虫腹部膨大,胸部宽短,鞘翅末端尖锐(彩图50)。

2. 卵 长椭圆形,长1毫米,宽0.4毫米。初产时乳白色,两端半透明,经2～3天色变暗,近孵化时乳黄色,数10粒卵粘成卵块。

3. 幼虫 初孵化幼虫体长约1.5毫米,老熟幼虫体长14毫米,乳白色。头部米黄色,上颚褐色,先端具2齿,后方有1钝齿,内唇前缘有4对齿状突起,中央有3对齿状小突起,后方的2个褐色纹均呈三角形,下颚须和下唇须均2节。第九腹节末端稍扁,先端轻度骨化褐色。肛门孔暗色。

4. 蛹 长椭圆形,体长9～10毫米,乳黄色,复眼褐色。喙下垂于前胸,上颚较大,触角向后斜伸,垂于前足基部,鞘翅尖端达到后足第三跗节基部。头顶生刺毛。尾端两侧各具1刺。

(三)发生规律

大灰象在辽宁2年1代,以成虫和幼虫过冬。翌年4月中下旬过冬成虫出土活动,群集苗木及幼树啃食嫩芽幼叶,由于群集为害,常使苗木、树木嫩芽多次为害,延迟了发芽生长时间,有的因多次受害,甚至不能发芽引起死苗。日平均气温达到20℃以上成虫活跃,但成虫也畏惧高温,6～7月份高温季节,成虫取食活动多在10时以前和15时以后进行,盛夏高温时在10时和20时傍晚出来取食。食害叶片时常沿叶缘蚕食,食痕呈半圆形缺刻,经过15天后,成虫开始交尾,可多次交尾。产卵通常产在叶片上,先用足将叶片从两侧折合,然后将产卵管插入合缝中产卵,每产1粒卵少许移动,并分泌黏液,将叶片合在一起,卵成块状。每块卵30～50粒,产卵长达19～86天,每雌虫产卵374～1172粒。雄虫寿命一般80多天,最长108天,雌虫寿命较长。成虫有假死特征。

卵期7～11天,幼虫孵化脱离卵壳落地后,迅速爬行,寻找土块间隙或松软表土,入土内取食一些腐殖质和细微的根系,9月下旬幼虫向下移动,深度60～80厘米最多,做土室过冬。到翌年春天4月上旬开始活动。6月上旬开始在60～80厘米深处化蛹,土壤过于坚硬也有在40～50厘米处化蛹的。蛹期5～20天,成虫羽化一般都午前羽化,羽化后当年不出土,在原地越冬。

在华北1年发生1代,以成虫在土中过冬,4月开始出土活动,先后为害杂草、果树、幼树和苗木新芽嫩叶。白天静伏,傍晚及清晨取食为害,交尾产卵,6月陆续产卵于折合叶内。卵期7天,幼虫孵化后入土生活,至晚秋幼虫老熟土中化蛹,羽化后不出土即过冬。

(四)防治技术

1. 人工防治 在成虫活动期振动捕杀成虫。

2. 化学防治 在成虫出土期,树盘地面喷2.5%敌百虫粉剂,喷后浅锄使药粉和土壤混匀。在成虫上树为害期,树上喷80%敌敌畏乳油1000倍液,或50%杀螟松乳油1000倍液。

五十五、蒙古象

蒙古象 *Xylinophorus monglilicus* Faust ，又名蒙古灰象，鞘翅目，象虫科。

(一)分布为害

蒙古象分布于黑龙江、吉林、辽宁、内蒙古、河北、山东、山西、河南及西北等地，寄主植物 36 科 89 种，对紫穗槐、刺槐、核桃、板栗、桑、加拿大杨、甜菜及大豆等最喜食，常造成苗圃大面积缺苗断垄，甚至毁种，幼树嫩芽受害。

(二)形态特征

1. 成虫 体浓黑色，体长约 7 毫米，全体密着黄褐色绒毛。复眼黑色，圆形、微凸出。喙较短，长稍大于宽，表面具 1 条纵沟，先端稍凹，边缘生有刚毛，触角柄节极长，末端 3 节粗，呈棍棒状。前胸背板长宽几乎相等，前缘较后缘宽，两侧呈球面状隆起，小盾片半圆形，鞘翅略呈卵形，末端稍长，表面密被黄褐色鳞毛，其间杂以褐色毛块，形成不规则斑纹，具 10 条刻点列。腿节较粗，前足胫节有 1 列钝齿。雄虫前胸背狭长，鞘翅末端钝圆锥形；雌虫前胸背板宽短，鞘翅末端圆锥形(彩图 51)。

2. 卵 椭圆形，长 0.9 毫米，宽 0.5 毫米，初产乳白色，1 天后黑褐色，2～3 天变为黑色。

3. 幼虫 初孵化时约 1 毫米，虫体粗短，胸腹部乳黄色。老熟幼虫体长 6～9 毫米，上颚褐色，有 2 尖齿。内唇前缘有 4 对齿状长突，中央有 3 对齿状小突起，其侧后方的 2 个三角形褐色纹基部连在一起，并延长呈舌形，下颚须及下唇须 2 节，肛门孔不明显。

4. 蛹 椭圆形，体长 5～6 毫米，乳黄色，复眼灰色，喙下垂，先端达前足跗节基部,触角斜向伸到前足腿节基部后侧,后足为鞘翅覆盖,鞘翅尖端达后足跗节基部,头部腹背生有褐色刺毛。

(三)发生规律

在辽宁 2 年 1 代,以成虫及幼虫在土壤里越冬,翌年 4 月中旬前后过冬成虫出土活动取食,5 月上旬产卵于土中。5 月下旬新孵化的幼虫陆续出土,9 月末幼虫做土室过冬,翌年 6 月中旬开始化蛹,7 月上旬成虫羽化不出土,在原土室中过冬,直到第三年 4 月才出土活动取食,交尾产卵。

当早春平均气温接近 10℃时,4 月中旬前后过冬成虫开始出土活动,一般雄虫出现较雌虫早,最后雄虫和雌虫出现率几乎相等,早春气温低,成虫多隐藏在土块下,苗木根周围土缝隙中,食害初萌发的幼苗。随着温度逐渐升高,成虫活动亦日趋活跃,晴天 10 时以后成虫大量爬出地面,寻找食物或求偶。夏季高温,地表温度高,成虫从土缝中爬出,潜藏在枝叶繁茂的植物下面。

成虫有群栖性,常数头聚集苗根处食害。成虫有假死性,遇到惊扰便收缩体肢假死坠落。土壤湿度过大不利于成虫活动,成虫在苗根取食幼苗时,要将幼苗食光才行转移,食害幼树时,成虫爬树梢寻找嫩芽幼叶,沿叶缘食成深的圆形缺刻,成虫食量不大,但群集食害常将叶片吃光。

成虫羽化多集中在上午,出土后经过充分的取食才开始交尾,早春气温低,交尾少,气温升高后终日能交尾,可多次交尾,交尾 10 天后开始产卵,多在午前和傍晚产卵。产卵前先用足将产卵土壤压一下,然后将产卵管插入土中产卵,卵散产。产卵期 16～71 天,一般 41 天,每雌产卵 80～908 粒,一般产 280 多粒,卵期 11～18 天,孵化时幼虫用上颚将卵壳咬破爬出入土,通常在 10 时前和 16 时后孵化。

幼虫孵化后潜入土中,以腐殖质及植物根系为食。幼虫经过充分取食，9月上旬渐渐向土壤下层移动。越冬期深度都在30厘米以下，以30～60厘米深处最多。翌年3月下旬幼虫上移到地表20～30厘米处活动，过冬幼虫在7月上旬左右再度做土室进入预蛹期。大多数幼虫在30～40厘米处化蛹。蛹期12～20天，北方羽化的成虫当年不出土，在原地过冬。

（四）防治技术

1. 人工防治　成虫为害期振树捕杀成虫。

2. 化学防治　成虫出土期树盘地面中喷2.5%敌百虫粉剂。成虫上树为害期，树冠喷80%敌敌乳油，或50%杀螟松乳剂1 000倍液。

五十六、牯岭腹露蝗

牯岭腹露蝗 *Fruhstorferiola kulinga* (Chang) 属直翅目，蝗虫科。

（一）分布为害

目前，仅知分布于江苏南京市。寄主植物有黑莓、核桃、山核桃、枫杨、板栗、栎类、越橘、无花果、八角枫及悬铃木等20余种。若虫剥食叶肉、叶柄、花蕾、花柄 、嫩梢。叶片食缺刻及小孔洞孔，若虫和成虫啃食果肉，露出白色种核，受害严重时局部甚至大部分叶片破碎，咬断结果枝。

（二）形态特征

1. 成虫　雄虫体长20.5～25毫米，雌虫体长28～33毫米。体绿褐色，前翅及前胸背板褐色。头颈倾斜，有中纵沟，头顶圆。颜面倾斜、隆起，在触角中间部分向下具浅沟，两侧近平行。触角丝状。复眼倒宽卵形，大而突出，高于头顶。前胸背板宽平，有前、中、后 3 条横沟。中胸腹板侧叶横圆形，宽略大于长。前翅短，长度不达后足股节顶端。雄虫尾须较小。后足股节绿色，内外侧有 2 块黑横斑。

2. 卵 粒灰褐色，香蕉形，长约 2 毫米，产于卵囊中，卵囊近球形于土中。

3. 若虫 初龄若虫体长 0.4～0.7 毫米，头大腹部呈三角形，翅芽小，长不达本体节端部。体绿褐色，有黄及暗色斑纹，后足股节显有黑斑；中龄若虫体长 10～14 毫米，翅芽明显，长度略超过本体节后缘，背中脊线黄色，眼后线上侧黑褐色，下方黄色，布黑褐斑点，后足股节黑斑显著；大龄若虫体长 15～22 毫米，翅芽长达后一体节中后部，其他特征与成虫近似。

(三)发生规律

据胡森等(1996 年)研究，该虫在南京 1 年发生 1 代，以卵囊中的卵在表土层下越冬。翌年 4 月下旬至 5 月下旬陆续孵化出若虫，若虫一般 5 龄，7 月上旬至 8 月上旬陆续羽化为成虫。

雌虫产卵前腹部异常长大，产卵时以腹部末端插入表土 1～3 厘米处产下卵囊和卵，产完卵即死亡。

成虫、若虫喜在阳面取食和栖息，取食嫩叶、花序。7 月份气温仍在阳面取食为害，该虫以成虫和若虫为害 1～2 厘米至几十厘米高的苗木和幼树，管理粗放果园受害重。

该虫的天敌有 6 种蜘蛛，枯叶大刀螳、广斧螳和鸟类等捕食成虫和若虫。

(四)防治技术

1. 农业防治 冬季地面深翻施肥，树盘锄草可消灭大部卵囊和卵，为害严重果园人工挖卵囊集中砸死。

2. 药剂防治　若虫期喷90%敌百虫，或50%马拉硫磷乳油，或50%辛硫磷乳剂油1 000～1 500倍液。

第四章　刺吸类害虫

一、核桃黑斑蚜

核桃黑斑蚜 *Chromaphis juglandicola* Kaltnbach，属同翅目，斑蚜虫科。

(一)分布为害

自1986年以来，先后在辽宁、河北、山西、甘肃、北京和新疆等地报道发生。在山西核桃产区普遍发生，有蚜虫株率达90%，有蚜虫复叶占80%。1990～1997年，新疆温宿县4次大发生。如不及时防治，叶片焦枯，核桃仁干缩，出仁率下降20%。成为核桃主要害虫。

(二)形态特征

1. 干母　一龄若蚜体长0.53～0.75毫米，长椭圆形。胸部和腹部第一至第七节背面每节有4个灰黑色椭圆形斑，第八腹节背面中央有一较大横斑。第三、第四龄若虫黑斑消失。腹管环形。

2. 有翅孤雌蚜　成蚜体长1.7～2.1毫米，淡黄色，尾片近圆形。第三、第四龄若蚜在春秋季腹部背面每节各有1对灰黑色斑。夏季蚜虫多无黑斑。

3. 性蚜　雌成虫体长1.6～1.8毫米，无翅，体淡黄绿至橘红色。头和前胸背面有淡褐色斑纹，中胸有黑褐色大斑，腹部第三至第五节背面各有1个黑褐色大斑。雄成虫体长1.6～1.7毫米，头胸部灰黑色，腹部淡黄色，第四、第五腹节背面各有1对椭圆形灰黑色横班，腹管短截锥形，尾片上毛7～12根（彩图52）。

4. 卵　长0.5～0.5毫米，长椭圆形，初产黄绿色，后变黑色，光亮，卵壳表面有网纹。

（三）发生规律

据李建平研究（1992年），在山西省每年发生15代左右，以卵在枝杈、叶痕等处的皮缝中过冬。翌年4月上中旬为过冬卵孵化盛期，孵出的若蚜在卵壳旁停留约1小时后，开始寻找膨大芽或叶片刺吸为害。4月底5月初干母若蚜发育成蚜，孤雌胎生有翅孤雌蚜。有翅孤雌蚜年发生12～14代，不产生无翅蚜。成蚜较活泼，可飞散到邻近树上。成、若蚜均在叶背及幼果上刺吸为害，8月下旬至9月初开始产生性蚜，9月中旬性蚜大量产生，雌蚜数量是雄蚜的2.7～21倍。交尾后，雌蚜爬向枝条，选择适合部位产卵，以卵过冬。

温度对若蚜发育影响大。气温12℃，干母若蚜发育17.9天，有翅孤雌若蚜在20.7℃时，为10.8天。在16.2℃时，若蚜13.3天。

核桃黑斑蚜的天敌主要有七星瓢虫、异色瓢虫、大草蛉等。

（四）防治技术

1. 化学防治　该蚜虫在6月份和8～9月份为发生为害高峰期前，每复叶蚜虫在50头以上喷药防治，可先用50%抗蚜威可湿粉5 000倍液，或2.5%溴氰菊酯2 000倍液、50%辛硫酸乳剂1 000倍液。2天后防治效果可达99.3%和100%。

2. 生物防治　在天敌数量大时，尽量少喷药，利用自然天敌控制为害。

二、山核桃刻蚜

山核桃刻蚜 *Kurisakia sinocaryae* zhang 又名山核桃蚜，属同翅目，蚜科。

(一)分布为害

山核桃刻蚜分布于浙江、安徽山核桃产区。是山核桃的一大害虫，受害严重时，受害雄花枯死，雌花开不出，树势衰弱，严重影响当年和翌年的山核桃产量。

(二)形态特征

1. 干母 体赭色，体长 2～2.5 毫米，身体背面多皱纹，具肉瘤，口针细长，伸达腹末。触角 4 节，足短，缩于腹下。无翅，无腹管。初孵若虫黄色，取食后变暗绿色。

2. 干雌 体扁，椭圆形。腹背有绿色斑带 2 条和不甚明显的瘤状腹管。触角 5 节，复眼红色，无翅。体长 2 毫米左右。

3. 性母 成虫为有翅蚜，前翅长为体长的 2 倍，平覆于体背；前翅前缘有一黑色翅痣。触角 5 节，腹背有 2 条绿色斑带及瘤状腹管，体长约 2 毫米。若蚜与干雌相似，触角端节一侧有 1 凹刻。

4. 性蚜 无翅，无腹管。触角 4 节，端节一侧有 1 个凹刻。雌蚜体长 0.6～0.7 毫米，黄绿色带黑，头中央前端微凹，尾端两侧各有 1 个圆形泌蜡腺体，分泌白蜡。雄蚜比雌蚜小 1/3，雄蚜体色较雌蚜深，头前端深凹，腹末无泌蜡腺。

5. 卵 椭圆形，长 0.6 毫米，初产时白色，逐渐变为黑色，表面有白色蜡毛。

(三)发生规律

山核桃蚜1年发生4代,以卵在山核桃芽叶痕以及枝条破裂缝隙里过冬。2月上中旬孵化为干母蚜爬至芽上取食,2月下旬先后转移到嫩枝上为害,3月中下旬发育为成虫,以孤雌胎生方式进行繁殖。所产干雌(即第二代)为害正在萌发的芽。到4月上中旬,仍进行孤雌胎生,产下有翅的性母蚜(第三代),聚集到嫩芽、叶上为害。此时,各代蚜都有为害盛期。到4月中下旬,性母产下非常小的性蚜(第四代),聚集叶背为害。至5月上中旬开始在叶背越夏。到9月下旬(寒露前后)逐渐恢复活动,继续在叶背为害。10月下旬11月上旬发育成无翅雌蚜和雄蚜,交尾后产卵于山核桃芽、叶痕及枝干破裂缝隙处过冬。干母蚜和干雌蚜可繁殖若蚜20～60头,而性蚜繁殖较少,每雌产卵1～2粒,雌虫终生寄生山核桃树上。

山核桃蚜在越夏期间,高温干旱,引起大量蚜虫干瘪、发黑死亡。喜湿润凉爽,阴坡蚜虫多,阳坡蚜虫少,山坞蚜虫多,山岗蚜虫少。连续2～3天的阴雨,甚至大雨,并不能使蚜虫下降。一般越夏死亡率达58.4%。天敌有蚜茧蜂寄生率高达51%,食蚜蝇、异色瓢虫、草蛉等。

(四)防治技术

1. 化学防治 3月中下旬树上喷10%吡虫啉可湿粉2 500～5 000倍液防治第一、第二代蚜虫。4月中下旬树上喷50%抗蚜威可湿粉3 000～4 000倍液防治第三、第四代蚜虫。

2. 生物防治 注意保护自然天敌,特别是蚜管蜂自然寄生率高达51%。

三、警根瘤蚜

警根瘤蚜 *Phylloxera notabilis* Pergande 又名长山核桃叶根瘤蚜、美核桃叶旱矮蚜等。属同翅目，根瘤蚜科。

(一)分布为害

警根瘤蚜分布于江苏、浙江，来自美国。是为害长山核桃的主要害虫之一。严重时叶片上长满豆粒状虫瘿，植株生长缓慢，产量下降。

(二)形态特征

警根瘤蚜属叶瘿型瘤蚜，蚜虫共有6个型，即干母蚜、无翅雌蚜、短翅雌蚜(性母蚜)、长翅雌蚜(迁飞蚜)、雌蚜和雄蚜。

1. 干母蚜 系越冬卵孵化出来的无翅产卵雌蚜，该虫态在寄主嫩叶上形成第一虫瘿。成虫黄白色或污白色，短梨形，体长0.9～1.1毫米，宽0.7～0.8毫米。

2. 无翅雌蚜 成虫体近圆球形，淡黄色，体长0.9～1毫米，宽0.6～0.8毫米，体表有众多的排列整齐的三角微瘤。触角3节，近端部有圆形次生感觉圈3～4个。

3. 短翅雌蚜(性母) 成虫污黄色，头、中胸、足及翅缘灰黄色，长梭形，体长1～1.2毫米，宽0.6～0.7毫米。体表密布微瘤，前翅仅达后胸后缘。口器粗短而壮。产卵后体渐收缩呈卵形，呈暗灰黄色。

4. 长翅雌蚜(迁飞雌蚜) 成虫体污黄色，长椭圆形，体长约1.3毫米，宽约0.5毫米，翅展2.6～2.7毫米，头、中后胸及足色深。

5. 雌蚜 体污黄褐色，长椭圆形，长0.48～0.54毫米，宽

0.27～0.33 毫米，无翅、口器退化。复眼红色、触角 3 节，体表无瘤突和刺毛。

6. 雄蚜　体淡黄色，椭圆形，体长 0.28～0.34 毫米，宽 0.17～0.21 毫米，无翅，口器退化，复眼红色，触角 3 节。

7. 卵　卵有 6 种类型。越冬卵亦称有性卵，由雌蚜产出。卵体姜黄色至棕黑色，卵圆形，长 0.36～0.38 毫米，宽 0.24～0.27 毫米。表面有云纹状环形纹，大卵和小卵均为短翅雌蚜所产。大卵污黄色，长椭圆形，长 0.39～0.45 毫米，宽 0.24～0.31 毫米。小卵淡污黄色，椭圆形，长 0.26～0.33 毫米，宽 0.19～0.25 毫米。干母、无翅雌蚜产的卵略小于短翅雌蚜的大卵，长翅雌蚜产的卵色淡而嫩，卵较圆，长 0.38～0.41 毫米，宽 0.28～0.31 毫米。

(三)发生规律

警根瘤蚜属同寄生全周期生活的蚜虫。据沈百炎研究(1991 年)，在南京地区越冬卵于 4 月初开始孵化，中旬为孵化盛期，5 月中旬孵化结束。孵化后的若蚜于 8～9 时开始沿着树干向上爬行，以 10～14 时活动最盛。若蚜爬到刚破肚的顶芽上栖息，1 个芽上常聚百头若蚜。随着叶芽的生长，若蚜固定为害处的叶片组织开始凹陷。当若蚜第一次蜕皮便被包入幼小的虫瘿中，随着叶片的生长虫瘿迅速扩大成豆粒状，在叶面的一个半球形，表面光滑，在叶背的一半呈半桃形，其顶部有 1 个多毛的尖突。在初夏和晚秋形成的虫瘿其叶面的一半有时带有红色。虫瘿形成的初期内部为一个四壁光滑的空腔，干母在其中取食、产卵，其卵孵化出有翅雌蚜、无翅雌蚜和短翅雌蚜 3 种类型。后者在虫瘿内取食产卵。当长翅雌蚜发育成熟后，虫瘿的顶端干枯并裂成许多小缝，瘿内的长翅雌蚜、短翅雌蚜、一龄无翅雌蚜和性蚜从缝口处外出，一日中以 9～16 时外出最多。7～10 天后虫瘿内的蚜虫完全爬出，从虫瘿内爬出的一龄无翅雌蚜一部分向上爬行到幼嫩叶片上形成新虫瘿，一部分同短翅雌蚜、性蚜、少数长翅雌蚜等一道沿树干向下爬到地表，最后入土死亡。外出的长翅雌蚜于晴天10～15时迁飞到野胡桃、胡桃、胡桃楸和长山核桃的其他植株的叶背栖息、产卵。5～7天卵孵化为一龄无翅雌蚜，但除山核桃外，在其他寄主上的均不能生存。

1年中以春天产生的虫瘿量最多、虫瘿大，造成的危害也最重，但当年播种的实生苗和未结果的幼树因不断的生出新叶，夏、秋亦能受到严重的为害。虫瘿大小和瘿内产蚜量的多少，同侵入期长短和侵入叶片发育情况有关，栖居嫩芽的幼叶上的个体侵入后形成的虫瘿较大，叶片展开后入侵的个体形成的虫瘿较小。第一代虫瘿的直径3.2～8.5毫米，少数可达到12毫米以上，从若蚜侵入到虫瘿成熟，春季需要50天左右，夏秋季稍短，第一代虫瘿于5月下旬开始成熟，6月上中旬虫瘿开裂的最多。第二、第三、第四代虫瘿系由一龄无翅雌蚜形成，虫瘿较小，直径1.5毫米。分别于7月底、8月下旬和10月上旬成熟，但因发生期不整齐，从5月至10月各种发育阶段的虫瘿都同时存在。第一、第二代虫瘿内以取食的一龄无翅雌蚜和长翅雌蚜居多，第三代虫瘿内短翅蚜增多，而长翅雌蚜和一龄无翅雌蚜减少。第四代虫瘿内以短翅雌蚜和大、小卵及性蚜为主，没有长翅雌蚜，取食的一龄雌蚜也很少。一个直径5毫米的虫瘿内有短翅雌蚜82头，1头短翅雌蚜可产大、小卵12～25粒。在温度20℃～25℃时，卵6～8天。短翅雌蚜成虫寿命10～15天。雌、雄蚜孵出后，体末黏看在瘿壁上，虫体静立，经1～2天的蛹态幼虫期，再次蜕皮后，附肢伸展开即爬行交尾，交尾后的雌蚜出瘿后沿树干向下到近基部的树皮缝隙中产卵过冬，每头雌蚜仅产卵1粒。

警根瘤蚜的天敌有黄蜻、龟纹瓢虫、六星瓢虫和长斑弯叶毛瓢虫。长翅雌蚜迁飞时黄蜻空中捕食。虫瘿开裂后龟纹瓢虫常钻入虫瘿内捕食未出瘿的蚜虫。其他2种瓢虫成虫、幼虫捕食在树干上爬行的干母和一龄无翅雌蚜，在天敌中以长斑弯叶毛瓢虫的作用最大。

(四)防治技术

1. 树干涂白　冬季树干涂白，喷3～5波美度石硫合剂杀卵。

2. 树干涂药　春季卵孵化期，主干1米高处，涂3～5厘米环带，废柴油、废机油，2.5%溴氰菊酯、面粉按40∶60∶1∶40比例调成油膏涂抹主干，阻止干母蚜上树。

3. 树上喷药　4月上中旬树冠喷2.5%溴氰菊酯3 000倍液，或80%敌敌畏乳油1 000倍液、10%吡虫啉可湿粉2 500倍液，杀死蚜虫。

四、草履蚧

草履蚧 *Drosicha corpulenta* Kuwana 又名桑虱。属同翅目，硕蚧科。

(一)分布为害

草履蚧广泛分布于华北、西北、华中、华南和西南各地。为害泡桐、杨、柳、刺槐、核桃、栗、枣、柿、梨、苹果、桃、樱桃、柑橘、荔枝、无花果、栎、桑、悬铃木和月季等。若虫、雌虫早春爬上枝条嫩芽基部刺吸汁液，由于若虫密集嫩芽幼叶刺吸为害，常使嫩梢幼叶受害干枯死亡，常有暴发成灾现象。

(二)形态特征

1. 成虫　雌虫体长约10毫米，体背有皱褶，扁平椭圆形，赭色，似草鞋。周缘和腹面淡黄色，触角，口器和足均为黑色，体被白色蜡粉。触角8节。雄虫体长5～6毫米，前翅展约10毫米，体紫红色，头、胸淡黑色，复眼黑色，前翅淡黑色，后翅为平衡棒，末端有4个曲钩。触角黑色10节，第三至第九节各节都在两处收缢成3个球形，其上轮生刚毛，腹末有4对根状突起(彩图53、54)。

2. 卵 椭圆形，初产黄白色，渐变为赤黄色，产于白色绵状的卵袋中。

3. 若虫 体似雌虫，但略小，各龄触角节数不同，一龄5节、二龄6节、三龄7节。

4. 雄蛹 预蛹圆筒形，褐色，长约5毫米，触角可见10节，翅芽明显。

5. 茧 长椭圆形，白色、蜡质絮状。

(三)发生规律

草履蚧在各地均1年发生1代，以卵越冬，个别以一龄若虫过冬。过冬卵主要集中寄主根颈周围60厘米地面0～10厘米深的土层中，生存在棉状卵囊里，卵囊有5～8层，每层卵20～30粒。在比较干燥土壤的存活率只有20%～30%，而在比较湿润的土壤中存活率高达70%～80%。土壤湿度过高持续时间长也不利卵的存活。当1～2月份中午气温上升到4℃以上时，卵即开始孵化出土，气温降到4℃以下时已经孵化的若虫停止上树活动。一般2月底出蛰达到盛期，3月中旬基本结束。个别年份气温偏高时，12月份即有若虫孵化，1月下旬开始出土，爬上寄主树干，在皮缝或背风处隐蔽，10～14时在树干的向阳面活动，顺树爬向嫩枝幼芽取食。3月底4月初蜕第一次皮。虫体增大活动增强，分泌蜡质物。4月中下旬第二次蜕皮，雄若虫不再取食，潜伏于树皮缝、土缝、杂草上等，分泌大量蜡质丝缠绕化蛹。蛹期10天左右，4月底5月上旬成虫羽化，雄虫不取食，白天活动量小，傍晚活动力强，寻找雌虫交尾，有趋光性，寿命3天左右。4月下旬5月上旬雌若虫第三次蜕皮变为雌成虫，5月中旬交尾盛期，雄虫交尾后不久即死去，雌虫继续大量刺吸汁液，到5月下旬至6月上中旬，雌虫陆续下树入土，分泌白色絮状卵囊，产卵其中。分层分5～8次产卵，产卵历期4～6天，每雌产卵一般100～180粒，最多达261粒。产卵结束后，雌虫逐渐干缩死亡。

若虫在树冠上层枝条多，中层次之，下层枝上最少。1年生枝最多，2年生枝次之，3年生枝最多。若虫发生早，群集为害常引起枯梢。

红环瓢虫 *Rodolia linbata* Motschosky 是草履蚧重要天敌(彩图55)，1头成虫可捕食草履蚧132～213头，1头幼虫可捕50～88头。果树、林木不合理使用广谱杀虫剂，杀伤天敌常是引起草履蚧大发生的主要诱因。

(四)防治技术

1. 农业防治　冬季结合树盘深翻施肥，挖出过冬卵囊集虫烧死。

2. 阻隔防治　在若虫孵化上树前2月上旬左右，树干涂胶，用废机油、柴油或蓖麻油各0.5千克，加热煮后加入0.5千克松香溶化后备用。也可机油5份加羊毛脂1份，树干涂环粘住若虫，阻止上树为害。

3. 化学防治　在若虫初孵化上树期，树枝梢喷药防治，可选用80%敌敌畏乳油1000倍液、0.3波美度石硫合剂、10%氯氰菊酯5000倍液等。根据发生情况喷1～3次。

4. 生物防治　保护红环瓢虫，对于平均虫口密度为0.16～1.0/平方厘米、平均萌芽率90%～56%、平均枯梢率3.48%～28%的中等发生时，可采取转移引进红环瓢虫。在2月下旬至3月上旬挂放红环瓢虫成虫100头。红环瓢虫幼虫释放时间应在4月下旬至5月中旬。

五、柿 粉 蚧

柿粉蚧 *Phenococcus pergandei* Cockerell 又名柿长绵蚧，属同翅目，粉蚧科。

(一)分布为害

柿粉蚧分布于河北、河南、山东、江苏、陕西和山西等地。为害柿、核桃、苹果、梨、枇杷、无花果、桑、悬铃木等。以成虫和若虫和若虫刺吸嫩枝、幼叶和果实汁液，排泄蜜露引起烟霉病发生，削弱树势，影响产量和品质。

(二)形态特征

1. 成虫 雌虫体长约 3 毫米，椭圆形扁平。黄绿色至浓褐色。触角丝状 9 节，胸足 3 对。体表有白色蜡粉，体边缘有圆锥状蜡突 18 对，成熟时分泌出白色絮状长卵囊，卵囊长 20～30 毫米，宽约 4 毫米。雄虫体长 2～3 毫米，淡黄色，翅展 3.5 毫米，足 3 对。触角念珠状上生茸毛。前翅白色透明，翅脉 2 分杈。后翅为平衡棒，腹部末端 2 对细长白色蜡丝(彩图 58、59)。

2. 卵 近圆形，淡黄色，成堆产在卵囊里，卵粒上有白色蜡粉。

3. 若虫 椭圆形，足、触角发达，越冬期青黄色，外有白茧。

4. 蛹 雄若虫老熟化蛹，体长 2 毫米，淡黄色。裸蛹。

(三)发生规律

1 年发生 1 代，以三龄若虫在枝条上皮层裂缝结白茧越冬。翌年柿树萌芽 3 月上中旬过冬若虫开始活动。雄若虫再蜕皮变为前蛹，再蜕 1 次皮化蛹。雌若虫不断刺吸取食，至 4 月下旬前后羽化为成虫，与雄虫交尾，雄虫交尾后不久即死亡。雌虫爬至嫩梢和叶片上继续取食为害，逐渐在叶片上产出卵囊。在陕西杨凌4月下旬柿树初花期，大量产卵于卵囊内，每雌产卵500～1 500粒，卵期20余天，5月中下旬卵孵化，若虫分别爬到叶上，多集中叶背主脉两侧刺吸汁液，直到9月上旬开始蜕第一次皮，继续在叶背为害，10月中旬蜕第二次皮后转移到枝条阴面结茧过冬，过冬若虫常相互重叠堆集过冬。每年5～6月份为害严重，常诱发烟霉病发生。天敌有二星瓢虫，黑缘红瓢虫，3种跳小蜂，有明显抑制作用。有些学校、工厂，对柿树、核桃、悬铃木经常喷洒敌敌畏、乐果等广谱杀虫剂，杀伤了天敌，诱发柿粉蚧大发生，卵囊挂满了叶片，枝叶上一层烟霉，苍蝇乱飞，十分难看。

(四)防治技术

1. 冬季防治　初冬落叶后，用铁丝刷刮树皮除过冬若虫。喷5波美度石硫合剂，或5%柴油乳剂。

2. 化学防治　在过冬若虫活动期和卵孵化期，喷洒3%柴油乳剂混合90%敌百虫300～500倍液。若虫孵化期喷50%马拉硫磷乳油1 500倍液。孵化期喷200倍液洗衣粉。

六、白蜡绵粉蚧

白蜡绵粉蚧 *Phenacoccus fraxinus* Tang 属同翅目，粉蚧科。

(一)分布为害

目前，只知分布于河南郑州、山西太原等地。为害白蜡、柿树、核桃、重阳木和悬铃木等。叶片受害后招致煤污病，叶片覆盖黑霉，引起叶片早落。

(二)形态特征

1. 成虫 雌成虫体长4～6毫米，宽2～5毫米。体紫褐色，椭圆形。背面隆起，腹面平，体分节明显，被白色蜡粉。前后背孔发达，刺孔群18对，腹脐5个。雄成虫黑褐色，体长2毫米左右，翅展4～5毫米，前翅透明，中央有1条2分杈的翅脉不达翅缘。后翅小棒状，腹末圆锥形，具2对白色蜡丝。

2. 卵 卵圆形，长0.2～0.3毫米，宽0.1～0.2毫米。橘黄色。卵囊灰白色，丝质，有长短两型，长型长7～55毫米，宽2～8毫米，表面有3条波浪形纵棱。短型长4～7毫米，宽2～3毫米。

3. 若虫 椭圆形，淡黄色，各体节两侧有刺状突起。

4. 雄蛹 长椭圆形，淡黄色。体长1～1.8毫米，宽0.5～0.8毫米。

5. 茧 长椭圆形，灰白色，丝质，长3～4毫米，宽0.8～1.8毫米。

(三)发生规律

据蔡先惠(1983年)研究，在河南郑州1年发生1代，以若虫在树皮缝、翘皮下、芽鳞间、旧蛹茧或卵囊里过冬。翌年3月上中旬若虫开始出蛰活动取食，3月中下旬雌雄分化，雄若虫分泌蜡丝结茧化蛹，4月上旬为盛期，3～5天后雄虫羽化，开始寻找雌虫交尾，不久即死亡。雌虫4月初开始产卵，4月下旬为产卵盛期，4月底至5月初雌虫产卵结束。4月下旬至5月底是若虫孵化期，5月中旬为孵化盛期，若虫为害至9月以后开始过冬。

过冬若虫于春季树液流动萌芽开始吸食为害，雄若虫老熟后体表分泌蜡丝结白茧化蛹，成虫羽化从破茧孔爬出，傍晚常成群围绕树冠盘旋飞翔，觅偶交尾，寿命1～3天。雌虫取食期，从腺孔分泌黏液，洒满叶面枝条，招致煤污病发生，叶片枝干变煤黑色。雌虫交尾后在叶片、枝干上分泌白色蜡丝形成卵囊，发生严重时，枝干树皮及叶片上似披上一层白色棉絮。雌虫产卵量大，常数百粒卵产在卵囊里。卵期 20 余天，若虫孵化后从卵囊下口爬出，爬向叶片背面主脉两侧固定取食并越夏，秋季落叶前转移到枝干皮缝和芽缝隙等人越冬。

天敌有圆斑弯叶瓢虫，棉粉蚧长索跳小蜂，绵粉蚧刷盾长缘跳小峰，长盾金小蜂，对白蜡绵粉蚧有明显的抑制作用。

（四）防治技术

1. 人工防治　果树休眠期，用铁丝刷刮除过冬若虫。

2. 化学防治　早春核桃萌芽期喷 0.5 波美度石硫合剂，防治过冬若虫。在卵孵化若虫爬行期喷 50%辛硫磷乳油，或 80%敌敌畏乳油 800～1 000 倍液。

3. 生物防治　为了保护自然天敌，在若虫爬行期喷洗衣粉 200 倍液。

七、康氏粉蚧

康氏粉蚧 *Pseudococcus comstocki* Kuwana 又名梨粉蚧、桑粉蚧。属同翅目，粉蚧科。

（一）分布为害

康氏粉蚧分布于吉林、辽宁、河北、山西、山东、河南、四川和陕西等地。为害葡萄、柿、核桃、枣、板栗、苹果、梨、无花果、杨、柳和荔枝等。以成虫、若虫刺吸枝干、芽、叶、果实和根部的汁液。嫩枝和根受害处常肿胀，树皮纵裂而枯死。

(二)形态特征

1. 成虫 雌成虫扁椭圆形,体长3～5毫米,胸背部隆起并被有白色蜡质粉层,体两侧有17对白色蜡丝,体前端蜡丝较短,后端蜡丝渐长,最后1对蜡丝特长,略与体长相近。体淡粉红色。触角8节,末节最长。眼半球形。3对胸足发达疏生刚毛。腹脐大椭圆形。雄虫体长1.1毫米,翅展2毫米,紫褐色,单眼紫褐色,前翅透明,后翅为平衡棒,尾毛较长。

2. 卵 椭圆形,长0.3～0.4毫米,浅橙黄色,表面附有白色蜡粉。产于白色棉絮状卵囊内。

3. 若虫 雌蚧若虫3龄。一龄体长0.5毫米,淡黄色,椭圆形,触角6节,口针几乎延到肛环,足粗大喜爬行。二龄体长1毫米左右,体被白色蜡粉,体缘出现蜡丝,刺孔群17对。三龄体长1.7毫米,似成虫,触角7节。雄虫若虫2龄。雄蛹体长1.2毫米,体淡黄色,裸蛹。

4. 茧 白色棉絮状,茧长椭圆形,长2～2.5毫米。

(三)发生规律

吉林省延边地区1年发生2代。河北、河南1年发生3代,均以卵于枝干各种缝隙和根颈附近土石缝等隐蔽处过冬。翌年春季梨树、核桃发芽时越冬卵孵化,一龄若虫爬到嫩枝幼叶刺吸为害。第一代若虫发生盛期为5月中下旬,第二代于7月中下旬,第三代若虫孵化期8月下旬。若虫期雌虫35～50天,蜕3次皮羽化为雌成虫。雄若虫期25～37天,蜕2次皮进入预蛹静止期于茧中,进而化蛹后羽化为雄虫,寻找雌虫交尾后,陆续死亡。雌虫爬到各种缝隙、果梗、萼洼处等分泌卵囊,产卵于卵囊内。第一、第二代每雌虫产卵200～450粒,第三代每雌虫产卵70～150粒,以末代卵过冬。以7～8月份为害重。若虫孵化后先静止1～2天不出卵囊,第三天爬向枝干及叶片等处刺吸为害。

天敌有草蛉和多种瓢虫,有很好抑制作用。

(四)防治技术

1. 人工防治 过冬前树干绑草诱集产卵后集中烧毁;结合休眠期刮刷老翘皮过冬卵。

2. 化学防治 在一龄若虫孵化盛期,树上喷药可喷80%敌敌畏乳油,或50%马拉硫磷乳剂800～1 000倍液,也可喷20%甲氰菊酯、2.5%溴氰菊酯,或2.5%高效氯氟氰菊酯2 000倍液1～3次。

八、榆蛎盾蚧

榆蛎盾蚧 *Lepiposaphes ulmi* Linnaeus,又名牡蛎蚧、榆牡蛎蚧等。属同翅目,盾蚧科。

(一)分布为害

榆蛎盾蚧分布于东北、华北、华东、河南、山西、安徽、四川、广东、云南和新疆等地。寄主植物苹果、梨、海棠、核桃、核桃楸、桃、李、杏、樱桃、山楂、栗、柑橘、榆、杨以及柳等。若虫和雌虫群集树干和嫩梢上刺吸汁液,少数在叶和果实上为害,削弱树势,重者引起枯枝死树。

(二)形态特征

1. 成虫 雌介壳长2.5～3.9毫米,长牡蛎形,前尖逐渐向后加宽,微弯曲,中央有1纵脊。褐色至暗褐色,被一层灰白色蜡粉。壳点2个,黄褐色,在头端突出。雌成虫体长2～3毫米,长卵圆形,分节明显。触角前无短刺。腹节侧缘圆形,第二至第四腹节侧缘硬化齿。臀板橙黄色，背腺小，约有160个。臀叶2对，中臀叶宽大。雄虫介壳小，约为雌介壳的1/3大。壳点1个于头顶端突出，长卵圆形。雄虫体长给0.5毫米，翅展13毫米，淡紫色，胸部淡褐色，触角和足淡黄色被细毛，前翅发达透明，后翅为平衡棒，交尾器长针状(彩图60)。

2. 卵 椭圆形，0.27～0.37毫米。白色。在雌介壳内静伏。

3. 若虫 初孵化一龄若虫体扁平椭圆形，体长0.33～0.4毫米，白色至淡黄色，头与尾色浓。触角与足发达，善爬行。固定后体背分泌白色绵状蜡丝。蜕1次皮后体呈琥珀色，足和触角退化消失，逐渐形成蜡质介壳。

(三)发生规律

每年发生1代，以卵在雌虫介壳下过冬。翌年5月下旬至6月中旬卵孵化，初孵化若虫爬出母体介壳，分散爬向新枝、叶片和幼果上固定，口针刺入植物组织吸食汁液，不再转移，约经60余天取食发育，雄虫约在7月下旬羽化，寻找雌成虫交尾。2天雄虫死亡。雄虫数量少，有的雌虫不经交尾，进行孤雌生殖。一般8月中旬开始产卵，每雌蚧可产卵40～150余粒，一般产卵70～80余粒。产卵于雌虫腹部下方，产卵雌虫体干缩死亡。以卵在雌虫介壳下过冬。此虫喜于荫蔽枝条上，不受太阳照射和雨淋的枝干群集为害。一般上部重于下部枝条，枝条重于主干，阴面重于阳面。5月下旬至6月上旬，卵孵化若虫分散爬行期，若遇大雨或暴雨，大量若虫会被雨水淋洗落地死亡，虫口密度将会大大降低。

榆蛎盾蚧的天敌有蒙古光瓢虫、方斑瓢虫和桑盾蚧黄金蚜小蜂等。

(四)防治技术

1. 人工防治 春季发芽后结合树体管理，剪除蚧虫为害重枝

（注意核桃休眠期不能剪枝条，以防伤流），或人工刮除过冬卵。

2. 化学防治　5～6 月若虫卵化期，喷 50%马拉硫磷乳剂，或 80%敌敌畏乳油 1000 倍液，或 2.5%溴氰菊酯，或 2.5%高效氯氟氰菊酯 2000 倍液。

3. 生物防治　为了保护自然天敌，在若虫孵化期，可喷洗衣粉 200 倍液。

九、柳蛎盾蚧

柳蛎盾蚧 *Lepidosaphes salicina* Borchs，属同翅目，盾蚧科。

（一）分布为害

柳蛎盾蚧分布于东北、华北、内蒙古、西北至新疆一带。主要的寄主植物有杨、柳、核桃、白蜡、卫矛、丁香、枣、银柳、胡颓子、桦、稠李和红端木等。是我国北部的一种严重枝干害虫。若虫、雌成虫在枝干上刺吸为害，引起植株枝干畸形和枯萎；幼树受害后在 3～5 年内全株死亡，以致引起幼株成片枯死。该虫被列为我国林木检疫害虫。

（二）形态特征

1. 介壳　雌介壳前端尖，向后渐宽，呈牡蛎形，直或弯曲，长 3.2～4.3 毫米，栗褐色，边缘灰白色，外被薄层灰色蜡粉，背部突起，表面粗糙，有鳞片横向轮纹。腹壳完全，平面黄白色，近末端分裂成“∧”形。壳点 2 个，淡褐色突出于前端。第一次蜕皮壳圆形，长 0.6 毫米，其后部覆盖在第二次蜕皮前部。第二次脱皮壳椭圆形，长 1 毫米左右，雄介壳的形状、颜色和质地等均和雌介壳相同，仅体型小，壳点 1 个，淡褐色。

2. 成虫　雌虫黄白色，长纺锤形，前狭后宽，长 1.45～1.8 毫米，宽0.68～0.88毫米。第二至第四腹节两侧呈叶状突出，第七腹节有背腺。雄虫黄白色，体长约1毫米，头小，眼黑色，触角10节念珠状，淡黄色，中胸黄褐色，盾片五角形，翅透明，翅长0.7毫米，腹部狭，交配器0.3毫米。

3. 卵 椭圆形，黄白色，长0.25毫米。

4. 若虫 一龄若虫椭圆形，扁平。触角6节，柄节较粗，末节细长有横纹，生有长毛。侧单眼1对。口器发达。有3对发达的胸足，腿节粗大。有臀板，具臀叶两对，中臀叶小，侧臀叶大。二龄若虫体纺锤形。腹部第四至第七节每侧有1缘腺，亚缘及亚中管腺较小。臀板在肛门侧后方各有一个亚中管腺。雄性若虫常狭于雌性。

5. 雄蛹 黄白色，长近1毫米，口器消失，具成虫器官的雏形。

（三）发生规律

据徐公天(1979年)研究，该虫在沈阳地区1年发生1代，以卵在雌虫介壳内越冬。翌年5月中旬越冬卵开始孵化为若虫，6月初为孵化盛期，孵化率几乎高达100%。早孵化的少数若虫固定在雌介壳下，后孵化的大量若虫爬出介壳沿树干、枝条向上迁移，爬行1～2天后寻找到适当枝条固定为害。6月上旬末，除未孵化若虫外，多已固定在枝条上，分泌白色蜡丝将虫体覆盖，将口针刺入表皮组织内刺吸养分，一龄若虫到6月中旬开始蜕皮进入二龄。整个若虫期30～40天。二龄若虫性分化。二龄雌若虫于7月上旬经第二次蜕皮变为雌虫。二龄雄若虫到了后期，蜕皮变为预蛹，口器及消化器官等消失，生长出触角、复眼、翅、足及交尾器官，不食不动，经7～10天进入蛹期，于7月上旬羽化为雄虫。雄虫羽化后，在枝条上爬行或飞翔，寻找雌虫交尾，历时1～3分钟，以傍晚为交尾盛期，雌雄性比为7.3∶1。交尾后不久雄虫死亡。雌虫交尾后于8月初开始产卵，产卵前雌虫腺体分泌蜡丝，虫体做摇摆运动，形成背膜和腹膜，产卵和藏卵其中，雌虫边产卵边向前端收缩，卵藏于虫体收缩后腾出的空间部位，每一雌虫产卵77～137粒，产完卵后雌虫死去。卵期290～300天。

柳蛎盾蚧发生的严重程度与环境密切相关。纯林重于混交林，杨树重于其他树种，树冠上部重于下部，枝条重于树干，阴面重于阳面。卵抗逆性强，过冬存活率可达98%以上。5月下旬至6月上旬卵孵化期，遇到大雨或暴雨，将若虫冲洗落地，虫口数量将显著下降，该虫天敌主要有桑盾蚧黄金蚜小蜂(体外寄生)、蒙古光瓢虫、方斑瓢虫等。

(四)防治技术

参考榆蛎盾蚧防治技术。

十、杨长白蚧

杨长白蚧 *Lophoeucaspis japonica* Ckll 又名梨白片盾蚧，杨白片盾蚧，日本长白蚧。属同翅目，盾蚧科。

(一)分布为害

杨长白蚧分布于华北、东北、华东、华中及华南地区。为害梨、苹果、核桃、柑橘、山楂、小叶女贞、杨树、槐、榆、皂角、花椒、樱花和卫矛等。受害严重的树枝干布满介壳不见树皮，引起枯株死树。

(二)形态特征

1. 介壳 雌介壳暗棕色，纺锤形。长1.68～1.80毫米，其上有一厚层不透明的白蜡，壳点1个在头端突出，介壳直或略弯。雄介壳长形，白色，壳点在头端突出，比雌介壳略小。

2. 成虫 雌虫体长纺锤形,长 1.2 毫米左右。浅紫色,体节明显,腹末黄色。体两侧各有 1 列圆锥状齿突。臀叶 2 对发达,呈尖锥状。臀栉细长刷状,臀板上有 8 对硬化斑,围阴腺 5 群。雄虫体长约 1 毫米,翅展 2 毫米,全体紫褐色,触角淡紫色,翅白色透明,性刺黄色。

3. 若虫 长椭圆形,略扁平,长约 0.3 毫米,宽约 0.1 毫米。两端较钝,体淡紫色。足和触角白色。

4. 蛹 长形、淡紫棕色。

(三)发生规律

北京 1 年发生 2 代,以若虫在寄主枝干上越冬。翌年 4 月初,杨树发芽期间雄若虫开始化蛹,4 月中旬羽化出雄虫,多在枝干上爬动,寻找雌虫交尾。5 月上旬雌虫产卵于介壳下,每雌虫产卵 30 余粒。产卵期长。5 月下旬至 6 月上旬卵孵化。初孵化若虫爬向枝干,选择适宜处固定不动,吸取枝干养分,并分泌蜡毛逐渐形成介壳。树皮布满白色介壳或灰色介壳。雄若虫于 6 月下旬化蛹,7 月下旬 8 月上旬羽化雄虫。雌雄交配后,于 8、9 月份产卵,8 月底 9 月初第二代若虫孵化为害,10 月末以若虫于介壳下越冬。产卵期较长,各虫态不整齐。

浙江、湖南 1 年发生 3 代,以若虫和预蛹在枝干上过冬。1 年 3 代的,各代若虫期分别为 5 月上旬,7 月上旬和 8 月下旬,盛期分别为 5 月下旬、7 月下旬、9 月中旬和 10 月上旬。

(四)防治技术

参考榆蛎盾蚧防治技术。

十一、桑盾蚧

桑盾蚧 *Pseudaulacaspis pentagona* Targini 又名桃白蚧，属同翅目，盾蚧科。

(一)分布为害

桑盾蚧分布于浙江、湖南、广东、广西、云南、四川、台湾、江苏、福建、河南、山东、山西、河北、陕西和辽宁等地。寄主植物有桑、桃、杏、李、梅、核桃、樱花、油桐，丁香、合欢、苹果和梨等。以雌虫和若虫群体枝干上，刺吸皮层汁液，引起枯枝死树。

(二)形态特征

1. 雌虫　体长约1毫米，宽卵圆形，体扁平，触角短小退化呈瘤状，上有1根刚毛。腹部分节明显，臀板较宽，臀叶3对，中叶最大近三角形，第二、第三对臀叶均分为2瓣，内瓣明显，外瓣较小。第三臀叶退化很短。肛门位于臀板中央。围绕生殖孔5群盘状围阴腺孔，上群12～20个，上侧群27～48个，下侧群25～55个。雌虫介壳圆形，直径2～2.6毫米，略隆起有螺旋纹，灰白色至灰褐色。壳点黄褐色，在介壳中央偏旁(彩图56)。

2. 雄虫　体长0.65～0.7毫米，翅展1.32毫米，橙色至橘红色，体纺锤形，眼黑色，触角10节念珠状，上生毛。胸部发达，仅有1对前翅，被有细毛，中间1条纵脉2分杈。后翅为平衡棒。胸足3对。腹末尖削，具一性刺交配器。雄介壳约长1毫米，细长白色，有3条纵脊，壳点橙黄色，位于介壳前端。

3. 卵　椭圆形，长0.25～0.3毫米，宽0.1～0.12毫米。初产粉红色，渐变淡黄褐色。孵化前为橘红色。

4. 若虫　初孵化若虫淡黄褐色，扁卵圆形，3对胸足，触角5

节，腹末端有尾毛两根，两眼间有2个腺孔，分泌绵毛状物遮盖身体。蜕皮之后眼、触角、足、尾毛退化消失，开始分泌介壳，第一次蜕的皮覆于介壳上，偏一方称壳点。

（三）发生规律

桑盾蚧每年发生代数因地理位置不同而异，均以末代受精雌成虫在枝上过冬。在广东1年发生5代，各代若虫出现期分别在2月、5月、7月、8月和10月下旬。在江苏、浙江及华中地区1年发生3代，若虫发生期分别在4～5月份、6～7月份和8～9月份。在华北、山东、河北、山西及陕西1年发生2代，第一代若虫出现在5月上旬至6月上旬，第二代若虫出现在7～8月间。

雄成虫寿命很短，羽化后便寻找雌虫交尾，多在午间活动，交尾4～5分钟，不久便死亡。雌虫平时介壳与树体接触紧密，交尾产卵期较为松动，介壳略翘起有缝隙。产卵于介壳下，常连成念珠状，产完卵后，雌虫腹部收缩变深色，不久即死亡。越冬代产卵量较多，平均每雌虫产卵120粒，最多产183粒，最少54粒。第一代雌虫产卵量较少，平均每雌产卵46粒，最多114粒，最少20粒。

卵期10天左右。若虫孵化后在雌介壳下停留数小时后，陆续爬出介壳分散活动，爬行1天左右，多爬向2～5年枝条上固定取食，以枝条分杈处和阴面密度大。经5～7天刺吸取食后开始分泌绵毛状白蜡粉覆盖于体上，逐渐加厚，不久开始第一次蜕皮，继续分泌蜡质形成介壳，雌若虫蜕2次皮羽化为雌虫，雄虫蜕2次皮化蛹。

一般新感染植株，雌虫数量大，感染已久的树雄虫数量逐增。若虫刚孵出爬行期，如遇暴雨降临 ，将大量淋洗掉若虫，从而减轻为害。夏、秋高温，干旱不利桑盾蚧的发生，有利桑盾蚧蚜小蜂发生。管理粗放，树冠郁闭通风不良的果园发生重。越冬期雌虫死亡率在北京高达10%～35%，山西太谷雌虫过冬死亡率4%～

6%。枝干北面的死亡率高于南面的，向阳面枝条上的较背阴面高。

桑盾蚧的天敌很多，国内已记载的有32种，在捕食敌中，日本方头甲最重要(彩图57)，成虫和幼虫均能捕食桑盾蚧的卵、若虫和成虫。据调查，1头成虫每天可捕食食桑盾蚧的卵66～138粒，二龄若虫15～35头，雌成虫1～2头。在四川发现桑盾蚧盗瘿蚊，自然捕食率达24.4%。红点唇瓢虫也是常见重要天敌，成虫每天捕食卵20～158粒，捕若虫35～70头，捕食雌成虫10～25头。三龄红点唇瓢虫幼虫，每天可捕桑盾蚧若虫65～81头。桑盾蚧褐黄蚜小蜂和桑盾蚜小蜂等也是重要寄生天敌。在不大量使用广谱杀虫剂的果园，桑盾蚧一般不会大发生。

(四)防治技术

1. 人工防治 结合修剪，剪除虫害严重枝条。用硬刷或细铜、铁丝刷刷掉枝条虫体。

2. 化学防治 若虫孵化分散期，喷90%敌百虫或80%敌敌畏乳油800～1 000倍液、0.2～0.3波美度石硫合剂等。低龄若虫期，0.2%～0.4%柴油黏土乳剂，或0.2%柴油黏土乳剂混合80%敌敌畏或50%马拉硫磷1 000倍液。成虫期可喷3%有效氯漂白粉悬浊液或20%洗衣粉用水稀释10～20倍。也可用排笔或油刷在枝干涂抹桐油，粘住爬行的若虫。

3. 生物防治 尽量少喷广谱杀虫剂，保护自然天敌。引进捕食性、寄生性天敌，扩大繁殖释放。

十二、梨圆蚧

梨圆蚧 *Quadraspidiotus perniciousus* Comstock 又名梨笠圆蚧、梨齿盾蚧，属同翅目，盾蚧科。

（一）分布为害

梨圆蚧原产我国，国内分布普遍。20 世纪 80 年代传入新疆、造成红枣严重灾害，减产 1/2～4/5。后从内地引进天敌，科学防治，才控制为害。1952 年 12 月第五届国际植物检疫及植物保护会议把梨圆蚧列为危险性害虫。我国和许多国家将其列为植物检疫对象。梨圆蚧寄主植物达 150 余种，主要有梨、苹果、杨、核桃、枣、杏、李、梅、樱桃、榅桲、柿、山楂、葡萄和柑橘等。若虫、雌虫密布枝干、叶片和果实上刺吸汁液，削弱树势，引起枯枝和死树，降低果树产量，降低果品质量，是核桃上的重要害虫。

（二）形态特征

1. 雌虫　体背覆盖近圆形介壳，直径约 1.8 毫米，灰白色或灰褐色，有同心轮纹，壳点脐状黄色或黄褐色，位于介壳中央突起。虫体扁椭圆形，橙黄色，体长 0.91～1.48 毫米，宽 0.75～1.23 毫米。口器丝状位于腹面中央，眼及足退化。臀板约有 20 个长管形圆柱腺，中臀叶发达，外侧明显凹陷，第二臀叶小，外缘倾斜凹陷，第三臀叶退化为突起物。

2. 雄虫　介壳长圆形，灰白色，一端隆起，一端扁平，壳点位于一端，长 0.75～0.95 毫米，宽 0.35～0.5 毫米。雄虫体长 0.6～0.8 毫米，宽 0.25 毫米，前翅展 1.3 毫米，触角念珠状 11 节，翅脉 1 条 2 分杈，交尾器细长剑状（彩图 61）。

3. 若虫　初龄若虫橙黄色，椭圆形，3 对胸足发达，触角 5 节，体长 0.25～0.27 毫米，体宽 0.18～0.19 毫米，腹末有 1 对白色尾毛。固定后分泌蜡毛和蜕皮形成介壳，雌若虫蜕皮 3 次，介壳圆形。雄若虫蜕皮 2 次，介壳长椭圆形，化蛹于介壳下，预蛹体梭形，橘黄色，触角、翅和足刚形成，眼点紫色。再蜕皮为蛹，触角分节，足分节，体段翅芽明显，眼点黑色，体长 0.6～0.8 毫米。

(三)发生规律

梨圆蚧在我国南方发生4～5代,在北方苹果上发生3代,在梨和其他寄主上发生2代。以二龄若虫过冬,翌年梨树萌芽时,若虫继续刺吸为害,4月上旬梨树开花期,可以分辨出梨圆蚧雌、雄若虫,4月中旬雄若虫化蛹,5月上旬雄虫羽化,寻找雌虫交尾,交尾后不久雄虫陆续死亡。雌虫继续发育孕卵,6月上中旬雌虫产仔,可延续到7月上旬;当年第一代雌虫产仔期7月下旬至9月上旬;第二代雌产仔期自9月至10月。世代很不整齐。

梨圆蚧两性生殖,未受精雌虫体扁平。各代雌雄比,越冬代2.5∶1,第一代1.4∶1,第二代1.1∶1。各代雌虫产仔数54～108头,最多一雌虫产仔362头。其中第二代产仔数较多。初孵化若虫在1～2天内爬向嫩枝、叶片、果实等处,找到合适部位,将口器插入寄主组织内,固定不再移动,分泌蜡丝缠绕体背和蜕皮形成介壳。群落主要集中到2～5年枝阳面。有部分若虫爬到果实上为害,在红色果实上介壳形成黄色斑,在黄色果实下形成许多红色晕圈。还有部分若虫爬到叶片背面为害,多随落叶死亡。若虫孵化如遇到高温干旱,或遇到暴雨,常造成若虫大量死亡。梨圆蚧若虫的空间分布属聚集分布型,成蚧在林中分布量呈片状分布。越冬死亡率36.4%。梨圆蚧远距离传播主要靠苗木和接穗及果品调运。

梨圆蚧的自然天敌有50多种,对梨圆蚧种群数量有很好的控制作用。孙益知(1976)在陕西杨凌观察到梨圆蚧跳小蜂产卵于梨圆蚧一龄若虫一直到成蚧期,寄生率达60%～89%。短缘毛姬小蜂寄生梨圆蚧虫体外,寄生率在17.6%。在捕食天敌虫中红点唇瓢虫,每头成虫1天可捕食梨圆蚧成虫46头,一生可捕梨圆蚧1 000～2 300头。每头幼虫一生可捕食梨圆1 000余头。还有李斑瓢虫、肾斑瓢虫、黑背唇瓢虫都是重要天敌。

(四)防治技术

1. 人工防治　结合修剪,剪除蚧虫密集衰弱枝。冬季人工用硬毛刷除枝条蚧虫。

2. 化学防治　在冬季树萌芽前,树体喷 3～5 波美度石硫合剂。在雌虫产仔期,对一龄若虫爬行扩散树体喷洗衣粉 300 倍液 1～3 次。

3. 生物防治　在梨圆蚧发生严重地,暂停使用广谱杀虫剂化学农药,或尽量少用化学农药,引进捕食性、寄生性天敌。

十三、扁平球坚蚧

扁平球坚蚧 *Parthenolecanium orientalis* Borchs 又名东方盔蚧,水木坚蚧,糖槭蚧,属同翅目,蚧科。

(一)分布为害

扁平球坚蚧分布于我国东北、华北、华东、华南、西北地区。已知双子叶植物寄主在 100 种以上,主要有白蜡、糖槭、白榆、核桃、刺槐、桑、杨树类、桃、杏、李、苹果、梨、山楂和葡萄等。刺吸植物汁液,削弱树势,分泌蜜露污染叶片,可引发烟霉病发生。

(二)形态特征

1. 成虫　雌虫成熟后体背隆起,体椭圆形,头盔状,体长 3.5～6.5 毫米,宽 3～5.5 毫米,体壁硬化,红褐色,背中央部分有 4 纵列断续的凹陷,中间 2 列凹陷较大,背边缘有排列规则横皱襞,臀裂明显,肛板较小,体壁近边缘处周生 15～19 个双筒腺,分泌透明细蜡丝呈放射状,雄虫体长 1.2～1.5 毫米,翅展 3～3.5 毫米,体红褐色。头黑色,前翅透明土黄色,外缘色淡,触角丝状,腹末有细长的蜡丝。

2. 卵　长椭圆形，两端较尖，长0.2～0.5毫米，宽0.1～0.15毫米，初产乳白色，近孵化时黄褐色。

3. 若虫　一龄若虫体扁平椭圆形，长0.4～0.6毫米，宽0.25～0.3毫米。淡黄色，眼黑色，触角丝状6节。腹末有2根白色细长的尾毛。二龄若虫体长0.8～1毫米，宽0.5～0.6毫米，体背缘内方共有12个突起蜡腺，分泌出放射状排列的长蜡丝，臀列深裂。

4. 蛹　体长1.2～1.7毫米，暗红色。腹末有明显的“叉”字形交尾器，雄虫若虫二龄后化蛹。

（三）发生规律

在糖槭、核桃、葡萄上1年发生2代，在其他寄主上1年发生1代。在新疆吐鲁番地区和南方地区1年发生3代。以二龄若虫在嫩枝条芽缝、枝干树皮裂缝内越冬。翌年当日平均气温达到9.1℃，3月中下旬过冬若虫开始活动，寻找1～2年枝条上固定刺吸为害，并分泌蜜露洒满枝条叶片，4月中旬雌虫开始产卵，4月下旬为产卵盛期，5月上旬为末期。卵产于母体下，随着产卵增多和卵的发育，虫体腹面凹陷处逐渐加深，并向体前皱缩，直至腹壁与背壁相贴在一起，卵粒则充满母体下凹窝内。单雌产卵867～165粒，卵壳上盖有薄的白色蜡粉，卵粒相互挤在一起形成块状。

卵经过20天开始孵化，经2～3天后先后自雌虫介壳臀裂处爬出，爬行到嫩枝和叶片背面固定刺吸为害，在发育中蜕皮为二龄，于10月间恢复爬行能力，爬到枝条皮缝等处固定越冬。在糖槭、葡萄上刺吸若虫于6月中旬蜕皮为二龄，并迁回到嫩枝上发育为成虫，7月中旬产卵发生第二代，8月中旬为若虫孵化盛期，该代若虫爬到叶背为害，到10月间以二龄若虫再迁回到枝干皮缝等隐蔽处过冬。在东北、华北各地均行孤雌生殖。

在新疆石河子地区，发现两性生殖，雄虫只占雌虫的3.5%，大多数仍为孤雌生殖，卵的发育速度与温度、湿度、降水有很大关系。4、5月份气温18℃时，须经过30天卵才能孵化。7月中下旬气温30℃时，卵经过20天即孵化。在若虫孵化时如遇干旱少雨，若虫常大量在雌介壳下死亡。孵化期如气候湿润，则孵化率高。如遇到狂风暴雨，孵化若虫多被雨水淋落地面死亡。平均气温19.5℃～23℃、空气相对湿度41%～50%时孵化率高。气温超过25.4℃，平均空气相对湿度在38%以下，卵的孵化率降低89.3%。

扁平球坚蚧的主要天敌有黑缘红瓢虫、红点唇瓢虫、蒙古光瓢虫、草蛉、小黄蚂蚁等。有3种寄生蜂，二龄若虫寄生率32%。黑缘红瓢虫1年发生1代，以成虫在树皮裂缝落叶过冬，1头成虫一生可捕食扁平球坚蚧2000头。

(四)防治技术

1. 药剂防治

(1)休眠期防治　在落叶后和早春树芽萌动前，树上喷3～5波美度石硫合剂或3%～5%柴油乳剂，防治效果好。

(2)生长期防治　在过冬若虫体开始膨大时，一般为4月上中旬，喷0.5波美度石硫合剂，或50%敌敌畏乳油1500倍液。在卵孵化盛期，一龄若虫扩散爬行时，喷0.1～0.5波美度石硫合剂，或50%杀螟松乳油1000倍液。

2. 生物防治　尽量减少广谱杀虫剂的使用，保护自然天敌，必要时引进释放天敌，控制扁平球坚蚧。

十四、皱大球蚧

皱大球蚧 *Eulecanium kuwanai* (Kanda)又名槐花球蚧，瘤坚大球蚧，属同翅目，蚧科。

(一)分布为害

皱大球蚧分布于黑龙江、吉林、辽宁、内蒙古、宁夏、甘肃、青海、陕西、河北、山西、山东、河南、江苏、安徽、江西、贵州、四川和云南等地。寄主植物有中槐、杨树、枣、核桃、苹果、梨、柳、榆、悬铃木和桃等。1976年在宁夏的中卫、银川市林场和市区行道树受害株率达95%。吉林省长春市山杏行道树,受害株率达100%。甘肃有的地方杨树受害很重。山东省的槐树、合欢等也受害重,受害树长势衰弱,甚至导致死亡。

(二)形态特征

1. 成虫 雌成虫半球形,体长6～18毫米,体宽6～15毫米,体高5.5～11毫米,体红褐色,产卵前体灰黑色,背中带和锯齿状缘带间有8对灰黑色斑,体覆毛绒蜡被,产卵后体壁硬化,棕褐色,斑纹和蜡被均消失。触角7节,气门路由20个五格腺组成,体缘有大管腺形成的宽带,臀裂浅、肛板2块,长三角形,肛环有孔纹,肛环毛8根左右。

雄虫体长1.8～2毫米,头部黑褐色,胸腹部褐色。触角10节,单眼5对,前翅膜质乳白色,翅前缘色深,后翅小棍棒状。腹末有2条长毛,交配器细长。

2. 卵 长圆形,乳白色或粉红色。长0.4～0.5毫米,宽0.2毫米。附有白色蜡粉。

3. 若虫 初孵化若虫椭圆形,体长0.3～0.5毫米,触角6节,3对胸足发达,腹末有2根长刺毛。固定后若虫体扁平,淡黄褐色,体长0.6～0.72毫米,体壁白色透明蜡质。二龄若虫体长1～1.3毫米,椭圆形,体黄褐色至栗褐色,体被一层灰白色半透明龟裂状蜡质,外附有少量白色蜡丝。二龄若虫体背一层污白色毛玻璃状蜡壳。

4. 雄蛹 预蛹近梭形，长 1.5 毫米，宽 0.5 毫米，黄褐色。触角、足、翅芽锥形。蛹体长 1.7 毫米，宽 0.6 毫米，触角、足可见分节、翅芽和交配器明显。

(三)发生规律

皱大球蚧 1 年发生 1 代，以二龄若虫固定在当年生枝条上群聚过冬。翌年春天，继续刺吸为害。4 月中旬二龄若虫雌雄分化。雌虫蜕皮为成虫，雄虫经预蛹，14 天蛹期于 5 月羽化为成虫，在光照差或高温低湿时雄虫不羽化。雄虫寿命 2～3 天，雄虫在每天 7～9 时羽化，静止少许向前爬行，起飞后寻找雌虫交尾。雌虫寿命 20～26 天，交配后于 5 月中下旬孕卵，卵期 20～25 天。一般于 6 月上中旬卵从母体孵化，初孵化若虫爬行到叶片和嫩枝上刺吸为害，10 月份叶片上的若虫再转移到新枝上过冬。全年为害严重期为 4 月中旬至 5 月下旬。若虫过冬死亡率 26.8%。

雌成虫产卵前，腹部下方分泌白色蜡粉，粘在产出卵的表面。随着卵粒产出，雌体腹面向背面收缩，最后与体背黏在一起，整个腹腔充满卵粒。体大的光滑型个体产卵多，3 241～6 367 粒，体小皱缩型产卵量 885～3 250 粒。前者卵呈粉红色，孵化率高，后者呈乳白色，孵化率低，平均卵孵化率 87%。雌雄比，甘肃调查 1∶1.21，山东研究雌虫略高于雄虫。孤雌不能生殖。寄主单一的林区或果园受害重，混交林寄主多样化受害轻。

在甘肃，天敌主要有球蚧蓝绿跳小蜂，寄生若虫、蛹和雌成虫，若虫寄生率 41.5%，蛹寄生率 31.1%，雌虫寄生率 80.8%。北京举肢蛾幼虫捕食雌成虫产下的卵，捕食率为 27.5%。宁夏发现黑缘红瓢虫捕食卵和若虫。

(四)防治技术

1. 人工防治 在夏季雌虫膨大孕卵前期，人工刮除雌虫体。

2. 化学防治 在落叶后和萌芽前树体喷5波美度石硫合剂，或5%柴油乳剂。在6月上中旬卵孵化期，树体喷50%敌敌畏乳油或50%马拉硫磷1000倍液1～2次。

3. 生物防治 保护自然天敌，引进释放天敌，尽量少用广谱杀虫剂，保护天敌。

十五、大青叶蝉

大青叶蝉 *Cicadella viridis* (Linnaeus)又名青叶跳蝉，属同翅目，叶蝉科。

(一)分布为害

大青叶蝉广泛分布于黑龙江、吉林、辽宁、内蒙古、河北、山东、山西、河南、江苏、安徽、浙江、江西、台湾、福建、湖北、湖南、广东、海南、贵州、四川、陕西、甘肃、宁夏、青海和新疆等地。寄主植物有杨、柳、刺槐、核桃、枣、苹果、梨、桃、李及各种蔬菜和禾本科农作物等。以成虫、若虫刺吸汁液，冬季产卵刺伤树体枝干嫩皮，引起枝干失水，削弱树势，严重引起幼树死亡。

(二)形态特征

1. 成虫 雌虫体长9.4～10.1毫米，头宽2.4～2.7毫米。雄虫体长7.2～8.3毫米，头宽2.3～2.5毫米。头部部颜面淡褐色，两颊微青，在颊区近唇基缝处左右各有1小黑斑。复眼绿色，前胸背板淡黄绿色，后半部深青绿色。小盾片淡绿色，中间横刻痕较短，前翅绿色带有青蓝色泽，前缘淡白，端部透明，翅脉为青黄色，具有狭窄的淡黑色边缘。后翅烟黑色，半透明。腹部背面蓝黑色，两侧及末节色淡，为橙黄色带有烟黑色，胸、腹部腹面及足橙黄色，跗爪及后足胫节内侧细条纹，刺列的每一刺基部黑色(彩图

62、63)。

2. 卵 白色微黄,长卵圆形,长1.6毫米,宽0.4毫米。中间微弯曲,一端稍细,表面光滑。多数粒卵产在植物皮下。

3. 若虫 初孵化时白色,微带黄绿色,头大腹小,复眼红色。2～6小时后体渐变淡黄色、淡灰色或灰黑色。三龄后出现翅芽。老熟若虫体长6～7毫米,头冠有2个黑斑,胸背两侧有4条褐色纵纹直达腹端。

(三)发生规律

在甘肃、新疆、内蒙古的年发生2代,各代发生期为4月下旬至7月中旬,6月中旬至11月上旬。河北以南各省1年发生3代,各代发生期为4月上旬至7月上旬,6月上旬至8月中旬,7月中旬至11月中旬。均以卵在果树林木嫩枝干皮层内越冬。若虫近孵化时,卵的顶端常露出卵痕外。孵化时间均在早晨,以7时半至8时为孵化高峰。越冬卵的孵化与温度关系密切。孵化较早的卵块多在枝干的东南向。

若虫孵化后大约1小时开始刺吸,一天后跳跃能力逐渐增强,常群聚10～20头在叶上嫩茎上为害,受到惊动便横行逃避,惊动大时便跳跃而逃。若虫爬行一般由下而上,3天后多由原来寄主转移到矮小的农作物、蔬菜刺吸为害。第一代若虫43天左右,第二、第三代若虫期一般约24天。

成虫有强的趋光性,100瓦电灯一晚可诱2000多头。以6月中旬至9月下旬诱虫多。成虫夏季多喜潮湿背风处的农作物杂草刺吸为害,多喜在芦苇、野燕麦、佛子草、芨芨草、玉米、高粱、小麦禾本科植物茎秆叶鞘产卵,秋季转移为害蔬菜。过冬产卵均在果树、林木光滑幼嫩枝干上,以直径1.5～5厘米枝条上卵密度大,在1～2年苗木及幼树上,卵块多集中于地表至100厘米高主干上,越近地面卵块密度越大。夏、秋天卵期9～15天。越冬卵期长达

5个月以上。在果树建园初期、1～5年内，秋末冬初要观察大青叶蝉活动情况，如果虫口密度大，要在产卵过冬前进行防治，防止迁移到幼树上产卵过冬。

大青叶蝉的天敌有多种蜘蛛、猎蝽、异绒螨、寄生蜂等。寄生率一般2%～3%，多的高达15%。

（四）防治技术

1. 农业防治　在果园内，最好不要间种蔬菜以免引来大青叶蝉为害，如要种菜要加强秋菜的防治工作。

2. 灯火诱杀　夏天在果园点火，挂杀虫灯诱杀。

3. 药剂防治　在若虫期，喷50%敌敌畏乳油，或90%敌百虫，或50%辛硫磷乳油1 000倍液。

十六、斑衣蜡蝉

斑衣蜡蝉 *Lycorma delicatula* (White)又名斑衣、椿皮蜡蝉。属同翅目，蜡蝉科。

（一）分布为害

斑衣蜡蝉分布于陕西、四川、河北、山东、河南、山西、北京、江苏、浙江、台湾和广东等地。为害臭椿、香椿、刺槐、葡萄、核桃、苦楝、榆、五角枫、三角枫、女贞、李、桃、杏、海棠、合欢、杨、化香、青桐和悬铃木等。刺吸寄主嫩叶、枝干汁液，削弱树势，排泄蜜露可引起烟霉病。

（二）形态特征

1. 成虫　雌虫体长18～22毫米，翅展50～52毫米，体隆起、头部小。触虫在复眼下方鲜红色，歪锥状，柄节短圆柱形，梗节膨大卵形，鞭节细小。前翅长卵形，基部2/3淡褐色，布满黑色斑点10～20余个，端部1/3为黑色，翅脉白色。后翅膜质扇状，基部一半红色，有黑斑6～7个，翅中有倒三角形的白色区，翅端部及脉纹黑色(彩图64、65)。

2. 卵 呈块状，每块数十粒。卵长圆形，长3毫米，宽约1.5毫米。卵背面两侧有凹入线，中部隆起，隆起的前半部有卵孔盖，前端有角状突出。卵的前面平截或微凹。后面纯圆形，腹面平坦。卵块表面覆一层灰色粉状疏松的蜡质。

3. 若虫

(1)一龄若虫 体长4毫米，宽2毫米。体黑色，有许多白色斑点，头顶有脊起3条，中间1条较浅。触角黑色，具长形冠毛。足黑色，前足腿节端部有3白点。中后足有1个白点。

(2)二龄若虫 体长7毫米，宽3.5毫米。触角鞭节细小，冠毛短，略较触角的长度为长。

(3)三龄若虫 体形似2龄，白色斑点显著，体长10毫米，体宽4.5毫米。头部较二龄处长。触角鞭节细小。冠毛长度与触角3节的和相等。

(4)四龄若虫 体长13毫米，体宽6毫米。体背淡红色。头部尖角、两侧及复眼基部黑色。体足黑色，布有白色斑点。头部向前延伸，翅芽明显，向中后胸两侧延伸。

(三)发生规律

斑衣蜡蝉1年发生1代，以卵块在寄主枝干上过冬。翌年4月中旬后陆续孵化出若虫，开始活动刺吸为害，若虫多群集为害，蜕皮3次若虫期60余天。6月中旬变为成虫，至8月中旬开始交尾产卵，直到10月下旬，成虫寿命达120余天，成若虫为害期达半年之久。

成虫产卵多在寄主枝干阳面。特别喜产卵于臭椿、葡萄枝干上。产在臭椿树的卵块,孵化率高达80%,产于槐、榆树上的卵孵化率只有2%～3%。初孵化的若虫白色柔软,经30分钟后体变黑色,有白色斑点,体变硬后即开始刺吸为害。其他各龄若虫刚蜕皮后体呈粉红色,经过约半小时变黑色,出现白色、红色斑点。

新羽化的成虫经过伸展、硬化、颜色逐渐加深。成虫、若虫常数十头乃至数百头栖息枝干或叶片上,以叶柄基部、嫩枝上聚集多。受惊动,身体迅速向两侧横行,或跳跃、或飞翔。一次跳跃可达1米以上,一次飞翔一般3～4米。刺吸口针深入寄主组织颇深,伤口常流出汁液。刺吸汁液多消化不良,常从肛门排泄出大量蜜露,招引蝇类和蜜蜂取食,诱发烟霉病,影响寄主光合作用,削弱树势。

斑衣蜡蝉的发生与秋季气候关系甚大。秋季8、9月份雨水少,气温高,有利于产卵过冬,翌年常发生为害重。相反8、9月份降水多,气温低,寄主植物光合作用差,营养条件差,成虫产卵少,死亡率高,则下一年发生为害轻。

斑衣蜡蝉若虫,卵有3种寄生蜂,有一定控制作用。

(四)防治技术

1. 农业防治　建园规划设计,尽量不要和臭椿、苦楝等混合栽植或近距离建园。结合冬春树体管理,刮除卵块集中烧毁。

2. 化学防治　在一龄若虫孵化期,树冠喷2.5%溴氰菊酯4 000倍液,或50%敌敌畏乳油1 000倍液。在药液中混入0.3%～0.4%柴油乳剂可提高防治效果。

十七、麻皮蝽

麻皮蝽 *Erthesina fullo* Thumberg 又名黄霜蝽,黄斑蝽,属半翅目,蝽科。

(一)分布为害

麻皮蝽分布于东北、华北、华中、华东、华南、西南和陕西等地。寄主植物有苹果、梨、桃、柿 、核桃、枣、葡萄、柑橘、石榴、龙眼、杨、柳、榆和槐等。以成虫、若虫刺吸枝干、叶片及果实汁液,削弱树势,严重时枝叶枯萎,影响产量和质量。

(二)形态特征

1. 成虫 体长18～24毫米,翅展8～11毫米,体扁,略呈棕黑色,密布刻点和皱纹。头较长,向前渐尖。由头端至小盾片基部有一条黄白色纵线。复眼黑色,单眼多为红色。触角5节,黑色,第五节基部淡黄色。喙4节细长,伸达第三腹节。前胸背板和盾片均为棕黑色,有粗刻点,散生许多黄白色小斑点。前翅革质部棕褐色,膜质部黑色。胸部腹面黄白色,足基节棕黑色。腹部背面较平,黑色。侧缘黑白相间(彩图66)。

2. 卵 略呈鼓形,顶部有盖,周缘有齿,灰白色,常数十粒排成块状。

3. 若虫 体长16～22毫米,红褐色,触角4节。从头端至小盾片有1条黄色细纵线。腹部背面中部有3个纵列暗色大斑,各斑上各有1对臭腺孔。

(三)发生规律

麻皮蝽在东北、华北1年发生1代,长江以南2～3代。均以成虫在枯枝落叶下草丛中等处过冬。翌年春季寄主植物发芽后开始出蛰活动上树为害。在华北1代区,4～5月交尾产卵,卵多产于叶片背面,6月上旬为产卵盛期,数十粒卵产在一块。6月上旬开始孵化若虫。初孵化的若虫常群集卵壳附近,经过一段时间才分散活动取食。初孵化若虫为红色,二龄时为褐黑色。成虫和若虫喜于枝干上刺吸为害，也有刺吸果实的，引起果实畸形。成虫有假死性，于早晚温度低时受惊动假死落地。7～8月羽化成虫，一直为害到秋后，然后寻找过冬起场所陆续过冬。卵期有黑卵蜂寄生。

(四)防治技术

1. 人工防治 冬季清扫落叶消灭一部分过冬成虫。在成虫、若虫活动为害期，早晨振落捕杀。摘卵块集中烧毁。捕杀初孵化群集若虫。

2. 化学防治 在若虫、成虫为害期，树上喷药，80%敌敌畏乳油1 000倍液，或2.5%溴氰菊酯、20%甲氰菊酯乳油、20%氰戊菊酯乳油2 000倍液1～2次。

十八、山楂叶螨

山楂叶螨 *Tetranychus viennensis* Zacher 又名山楂红蜘蛛，属蛛形纲，蜱螨目，叶螨科。

(一)分布为害

山楂叶螨分布于黑龙江、吉林、辽宁、河北、北京、天津、山西、内蒙古、山东、河南、陕西、甘肃、宁夏、青海、四川、江苏、湖北和广西等地。寄主植物有苹果、梨、核桃、山楂、桃和毛白杨等。以成螨和幼、若螨刺吸嫩芽、叶片汁液，大发生时也为害幼果。受害严重时幼芽不能萌发枯死，叶片失绿焦黄脱落，不但影响当年产量，还影响翌年的产量。

(二)形态特征

1. 雌成螨 体长约0.5毫米，体宽约0.3毫米，体卵圆形，体密布浅的横皱纹，体背前方稍宽且隆起，体背刚毛 26 根，分成 6 排，刚毛细长。足淡黄色，较体短。跗节末端无爪，有 4 根粘毛，中垫弯曲端部分裂成 3 对尖齿。雌螨分冬、夏型，冬型体色鲜红，略有光泽；夏型雌螨初蜕皮时体红色，取食后变暗红色（彩图 67）。

2. 雄成螨 体长 0.4 毫米，宽 0.25 毫米，身体末端较尖削。初蜕皮时浅黄绿色，后逐渐变为绿色及橙黄色。体背两侧有黑绿色斑纹 2 条。

3. 卵 圆球形，橙红色，后期的卵色变为橙黄色或黄白色。

4. 幼螨 有足 3 对，体圆形，黄白色，取食后变为淡绿色，体背两侧出现深绿色长型斑纹。

5. 若螨 幼螨蜕皮 1 次足 4 对，称前期若虫，体卵圆形，体淡绿色或浅黄色，体背开始出现刚毛，体背两侧有深绿色斑纹。再蜕 1 次皮为后期若虫，可分出雌、雄。雌若螨体长 0.4 毫米，雄若螨 0.3 毫米。

（三）发生规律

山楂叶螨每年数代，受气候影响有差异。辽宁 1 年发生 3～6 代，山东发生 7～9 代，河南、陕西 1 年发生 7～10 代。以受精雌螨在寄主枝干粗皮裂缝、根颈附近土缝、落叶等处过冬。翌年气温升到 10℃，即开始始出蛰，核桃芽绽开后即转到芽上为害，展叶后即迁移叶片上刺吸为害，为害嫩叶 7～10 天后，4 月上旬开始产卵，多在叶背面主脉两侧产第一代卵，卵经 8～10 天孵化幼螨。5 月开始产第二代卵，在 15.7℃时完成 1 代须 37 天，温度 26℃时 37 天可完成 3 代。春季在树冠内膛叶为害，夏季逐渐转移树冠外围叶片为害。6～7 月份温度高繁殖快，8 月降雨量多不利繁殖。9 月温度下降，山楂叶螨数量开始下降，10 月下旬开始过冬。

山楂叶螨两性生殖，后代雌螨占 64%～85%。孤雌生殖，后代均为雄螨。每雌产卵 52～112 粒，卵产在叶背或丝网上。

山楂叶螨自然天敌很多，比较重要的天敌有深点食螨瓢虫，成虫每天可捕食山楂叶螨成若螨 20～22 头，幼虫一生可捕成、若螨 136 头。中华草蛉幼虫 1 天可捕食山楂叶螨成螨 132～249 头。六点蓟马成、若虫均捕食山楂叶螨的卵、若螨和成螨。还有小花蝽、捕食螨等，在一般果树不喷广谱杀虫剂或少喷药时，山楂叶螨不会大发生。相反许多果树不合理使用杀虫剂，杀伤了天敌，诱发山楂叶螨大发生，轻者叶片提早发黄落叶，重者叶片整树焦枯，似火烧，不仅影响当年产量，还影响翌年的树势和产量。

防治山楂叶螨，要抓住休眠期、雌螨出蛰期、雄花序脱落和 6 月高温期，防治标准平均每芽或叶有 2 头雌螨(或 4～5 头幼、若螨)，天敌和叶螨数量比大于 1∶50，可由天敌控制叶螨。

(四)防治技术

1. 人工防治　当过冬雌螨数量大时，冬季可人工刮刷老树皮消灭过冬雌螨。

2. 化学防治　在发芽前夕枝干喷 3～5 波美度石硫合剂，防治过冬雌螨。在核桃萌芽雌螨出蛰活动期，可喷 0.5 波美度石硫合剂。在核桃雄花序脱落期，可喷 20%三唑锡悬浮液 2 000 倍液，或 1.8%阿维菌素乳油 5 000～8 000 倍液。

十九、榆全爪螨

榆全爪螨 *Panonychus ulmi* Koch 又名苹果红叶螨，苹果全爪螨。属蛛形纲，蜱螨目，叶螨科。

(一)分布为害

榆全爪螨分布于北京、河北、河南、山西、山东、辽宁、内蒙古、陕西、甘肃、宁夏、青海、湖北和江苏等地。寄主植物有榆、苹果、山楂、沙果、核桃、枫、刺槐、椴、朴、赤杨、栗、桑、核桃楸、梨、李、樱桃、葡萄、杏、海棠、樱花、玫瑰和月季等。一直是苹果上的重大害虫。

(二)形态特征

1. 成螨 雌螨体圆形或椭圆形,体长 381～446 微米,宽 268～292 微米,橘红色或暗红色。背毛 13 对,背毛刚毛状,上生有绒毛,背毛白色,着生在黄色疣突上。依次排为 2、4、6、4、4、4、2 根。第二对前足体背毛较长,为第一对前足体背毛 3 倍,比肛毛长 5 倍。雄螨体菱形,末端略尖,体长 270～300 微米,橘红色,阳具无端锤,钩部弯向背面,呈"S"形弯曲,末端较尖(彩图 68)。

2. 卵 近圆形,两端略呈扁平,直径 130～200 微米。夏卵色浅,为橘红色,冬卵色深,为暗红色。卵壳表面有放射状的细凹陷,卵顶部有 1 小茎,似洋葱状。

3. 幼、若螨 幼螨体长 180～200 微米,体色从柠檬黄到橙红色,足 3 对。第一若螨体长 200～250 微米,足 4 对。第二若螨体长 250～300 微米,橙红色。

(三)发生规律

榆全爪螨在辽宁兴城 1 年发生 6～7 代,山东莱阳 4～8 代,河北昌黎 9 代。以暗红色滞育卵在 2～4 年生枝条分杈处、果台短枝、叶痕等处过冬,过冬卵耐寒力强,致死低温－40℃～－45℃。

翌年 4 月下旬至 5 月上旬,月平均气温达到 8℃,有效积温达到 50～55 日度时,过冬卵开始孵化,5 天内孵化率可达 95%。越冬卵孵化后,幼螨陆续爬向新叶、嫩茎、花蕾、幼果上刺吸为害。发育起点温度 7℃,完成一代的有儿积温为 195.4 日度。在 15℃时完成一代约 24 天,夏季温度达到 24℃时,完成一代只需 11 天多。每年夏季高温,加上天旱少雨,榆全爪螨就会大发生,到了秋季气温降低,光照每天降至 15～16 小时,气温降至 10℃,雌螨就会产生滞育卵过冬。

榆全爪螨主要繁殖方式为两性生殖，雄螨可多次交尾。雌螨羽化后即可与雄螨交尾，产卵前期为3～5天，夏螨卵一般多产于叶背，少数将卵产在叶面。每头雌螨平均产卵45粒，最多可产150余粒卵。雌螨寿命15～20天，个别可活40天。榆全爪螨也能孤雌生殖，未交配雌螨产下的卵全部发育为雄螨。交配过的雌螨产下的卵，有的发育为雌螨，有的发育为雄螨。雌螨一生只交尾1次，不论雌螨和雄螨，均需经卵期，卵孵化后为幼螨期，蜕皮前为第一静止期，不取食不活动；蜕皮后足4对，为第一若虫期，取食活动数天后，不食不动为第二静止期；蜕皮后进入第二若虫期，取食活动数天后，第三次静止期，蜕皮后进入成螨期。每一世代静止期，雌虫占2.4%～29%天数，雄螨占21%～31%的天数。静止期抗药性强，喷药应错开静止期。

榆全爪螨天敌有30余种，重要天敌有深点食螨瓢虫、六点塔蓟马、小花蝽、中华草蛉、植绥螨、钝绥螨、盲走螨和虫霉菌等。对榆全爪螨自然控制作用很大。

（四）防治技术

1. 杀灭过冬卵　在核桃发芽前，枝干喷5%柴油乳剂杀死过冬卵。

2. 生殖期防治　参考山楂叶螨防治法。

第二篇　核桃病害防治

第一章　果实病害

一、核桃黑斑病

(一)分布危害

核桃黑斑病是世界性病害，在我国分布于辽宁、河北、山西、山东、河南、江苏、浙江、四川、云南、陕西和甘肃等地。

该病可危害胡桃属的许多种，一般株受害率60%～95%，果实受害率30%～70%，严重者达90%以上，核仁减重40%～50%，叶受害率80%～90%。2001年陕西洛南县核桃受害株率94.7%，果实受害率43.5%，叶片受害率20%～47%，枝条受害率8%～15%。

(二)症状病原

1. 症状　核桃黑斑病发生在核桃叶、嫩枝、花及果实上。叶片受害后，首先在叶脉上出现近圆形及多角形的小褐斑，严重时能互相愈合，病斑外围有水浸状晕圈，少数病叶在后期出现穿孔现象，病叶皱缩畸形，叶柄上的病斑长形褐色稍陷，严重时病斑扩展到嫩叶嫩枝，将枝条包围将近1圈时，病斑以上枝条即枯死。花序感病后，先产生黑色水渍状斑，不能展开，花轴变黑、弯曲，以至早落。病害在果实上先发生黑色斑点，呈水渍状，以后病班迅速扩大，致使果皮全部变黑，幼果受害侵入核仁，使核壳变黑引起早落果，后期侵害果实病斑只限于外果皮（彩图 69）。

2. 病原　核桃黑斑病病原为一种细菌 *Xanthomonas juglandis* Dowsen。菌体杆状，长 1.5～3 微米，宽 0.3～0.5 微米。一端生有 1 根鞭毛，有荚膜，革兰氏染色阴性，溶解明胶，在肉汁琼脂培养基上生长旺盛，凸起有光泽、平滑、淡黄色、黏稠、有闪光。能使乳酸慢慢消解，石蕊褪色，菌落生长的最适温度为 28℃～32℃，最高 37℃，最低 5℃～7℃，致死温度 53℃～55℃，生长酸碱度范围 pH 5.2～10.5，最适 pH 6～8。

（三）发病规律

据景耀（1982 年）报道，病菌主要在病枝、病果、病芽和昆虫体上越冬，借风、雨、昆虫、带病花粉及人为活动等传播，由气孔侵入。最初在细胞间，后到细胞中，主要侵害薄壁组织，偶尔也侵害维管束，通过酶的作用使细胞结构破坏，甚至死亡。

当年发病的严重程度，取决于初次侵染来源的数量多少。蚜虫、木蠹蛾、核桃举肢蛾、蚂蚁、蜜蜂等能携带细菌溢泌物和感病花粉到健康树上使之发病。从昆虫体上分离培养病原菌，接种后发病，证明昆虫是带菌体。

核桃黑斑病的发生与温湿度有密切关系，细菌侵染叶片的适温 4℃～30℃，侵染果实的温度 5℃～27℃。在核桃叶片，果实幼嫩，气孔开放，组织内水充分，侵染果实和叶片时间只需 5～15 分钟。在果实的潜育期 5～34 天，在叶片中为 8～18 天，在田间条件下，一般只需 15 天。在四川绵阳地区 5 月上旬日平均气温 18℃左右，叶片开始发病，6～7 月份气温升高，降雨多是发病高峰期，可多次侵染，常引起大量落果，落叶。北京地区发病盛期在 7 月下旬至 8 月中旬雨季，夏季多雨发病重，夏季干旱少雨年份发病轻。

核桃黑斑病能侵染普通核桃、黑核桃，不同品种、树龄、树势、生态环境，发病程度有明显差异。据陕西省洛南县调查，新疆核桃重于当地核桃，阴坡核桃重于阳坡树，弱树重于旺盛树，苗木、老树重于中年树，虫害严重树重于虫害轻的树。核桃发芽和初花期最易感病，其他时期较抗病。

(四)防治技术

1. 农业防治 选育抗病品种，加强综合管理，保持树势健壮生长，提高抗病力。及时清理病枝病叶病果减少病原，加强害虫防治。

2. 化学防治 发芽前喷 1 次 3～5 波美度石硫合剂，核桃展叶前喷一次波尔多液(1∶0.5∶200 倍比硫酸铜∶生石灰∶水)。5～6 月份花后喷 2～3 次，可选用 50%代森锌 1 000 倍液，或 50%甲基硫菌灵可湿粉 1 500 倍液，或 70%多菌灵 1 000 倍液，或 5%菌毒清水剂 1 000 倍液等，也可喷 0.4%硫酸铜液。

二、核桃炭疽病

(一)分布危害

核桃炭疽病分布于辽宁、河北、山西、山东、河南、江苏、陕西、四川、云南、新疆等地，主要危害核桃果实，还危害核桃的芽、叶片和嫩梢，一般病果率 20%～40%，严重时病果率高达 90%以上，引起早期落果，核仁干瘪，对核桃产量影响很大。在新疆核桃产区有的地方危害很严重。

(二)症状病原

1. 症状 果实发病后，先在绿色果皮上产生褐色病斑，后变黑色，病斑近圆形凹陷，病斑中央有黑褐色小点，有时呈轮纹排列，湿度大时，病斑上小黑点变为粉红色小突起，即病菌的分生孢子盘及分生孢子。1个果上常有多个病斑，病班连成片后，导致全果变黑腐烂，无食用价值，有的核仁腐烂发臭，引起早期落果。叶片感病后，病斑不规则，有病斑沿叶缘四周扩展枯黄，有的则沿主、侧脉两侧呈长条状枯黄，发病严重时，引起全叶枯黄。湿度大时，病斑小黑点上出现粉红色黏液，苗木和幼树的芽、嫩枝感病后，常从顶端向下枯萎，叶片呈焦黄色脱落(彩图70)。

2. 病原　病原菌无性阶段为半知菌类炭疽菌 *Colletotrichum qloesoporioides* Penz，分生孢子盘着生于果实表皮下2～3层细胞之下，成熟后突破表皮放出分生孢子。分生孢盘圆形，直径210～340微米，孢子梗短，分生孢子顶生，成串，单细胞，长椭圆形，无色，长14～19.8微米，宽3.3～6.6微米，其有性繁殖属子囊菌围小丛壳菌，子囊壳褐色，球形或梨形，具喙。子囊平行排列于子囊壳内，无色，棍棒状，长44～73微米，宽6～10微米，内含子囊孢子8个，无色，圆筒形，稍弯曲，单孢长12～17微米，宽4～6微米。核桃炭疽病还可侵染苹果、桃、杏和番茄等。

(三)发病规律

据陈燕君(1982年)报道，核桃炭疽病以菌丝体和分生孢子在病枝、病叶、病果及芽鳞中过冬。翌年4月下旬至5月上旬分生孢子借风雨，昆虫传播，从伤口或自然孔口侵入，在27℃～28℃温度、孢子水滴内有寄主物质条件下，6～7小时即可侵染，潜育期4～9天。核桃炭疽病开始发病时期，各地略有不同，四川翌年4月下旬5月上旬产生分生孢子，5月中旬开始发病，6～8月份为发病盛期。江苏、河南、山东等地6月下旬或7月发病。河北、辽宁8月开始发病。核桃炭疽病的发病早晚和轻重与当年降雨量有密切关系，一般是当年降雨早、降雨量多，湿度大，适合病菌孢子萌发侵染，病害得以迅速发展蔓延，发病早，发病重，反之，则发病轻。据在山东泰安观察，1971 年 6 月降雨量 203.8 毫米，则 7 月上旬果实发病普遍重，叶片也发病。1972 年和 1973 年 6 月份降雨量 20.2 和 62.6 毫米，则 7 月份发病果实极少；7 月份降雨量分别 118.4 和 287.8 毫米，果实发病才逐渐严重起来。新疆核桃有的栽于平原或地下水位较高的河滩地，株行距小、树冠稠密，通风透光不良，发病重。反之，栽于山坡，通风透光好，发病轻。

核桃不同类型感病性差异大，如山东当地品种抗病，引进的新疆核桃较感病，如“阿克苏”、“库车丰产薄壳”，但“隔年核桃”、“大果核桃”发病较轻。一般晚熟品种较早熟品抗病。核桃举肢蛾为害轻，病害也轻。

(四)防治技术

1. 农业防治 选用抗病品种，栽植密度不可太密，树冠通风透光。生长期及时清理病枯枝，病落果，清扫病叶，减少病原。

2. 化学防治 在发芽前喷 3～5 波美度石硫合剂 1 次，开花前后喷波尔多液 1 次（硫酸铜 1 份、生石灰 0.5 份、水 200 份）。6～7 月份轮换喷药 2～3 次，可选用 70％甲基硫菌灵 1 000～1 500 倍液，或 50％多菌灵可湿粉 1 000 倍液、75％百菌清 600 倍液等。

三、核桃日灼病

(一)分布危害

核桃日灼病各核桃产区均有发生，一般在夏季高温季节发生，特别是果实膨大期，向阳面的果实和枝干都不同程度发生。

(二)症状病原

1. 症状 夏季6、7月份如连日晴天,气温在37.7℃以上,阳光直射果面或枝干,常引起果实向阳面出现黄褐色圆形或梭形的大斑,严重的病斑可扩展果面的一半以上,逐渐凹陷,青皮干枯粘核壳上,重者引起核桃果实早期脱落减产。受日灼的枝干向阳皮层变褐色或灰黑色翘裂死亡,诱发核桃细菌黑斑病和炭疽病、溃疡病发生危害。严重时引起部分枝条枯死。

2. 病原 病原是夏季高温太阳直射晒果面,枝干局部温度高40℃以上,天气干旱,土壤缺水,受光照部分温度持续升高,蒸腾大量水分,水分供应不足。细胞遭受高温灼伤而死。

(三)防治技术

1. 涂白涂剂 枝干涂白涂剂降低阳光照射温度,使向阳面和背阳面温度差异不大。果面喷洒2%石灰乳。

2. 灌水、喷水 干旱高温时树下要及时灌水,供应根部吸引水分,树上喷水降温,也可降低树体果实水分蒸腾量。

四、核桃仁霉烂病

(一)分布为害

核桃仁霉烂病各地都有发生,是核桃采收贮存过程中常见病害,核桃仁霉烂轻的降低品质,严重的不能食用。

(二)症状病原

1. 症状 发病核桃仁,特别是胚乳上,长有绿色、黑色或红色等霉状物,种仁变褐腐烂或僵化,具有苦味和霉味,核桃壳外表症状不明显，但重量减轻，劈开核桃壳可见核桃仁变黑干缩。

2. 病原 病原为半知菌亚门的丛梗孢菌，有5种。

(1)粉红端孢霉菌 *Trichothecium roseum* (Bull) Link 核桃仁上产生粉红色霉层，为病菌的分生孢子和菌丝体聚集物。分生孢子梗直立，分生孢子自梗顶端单个向下连续形成，聚集成团，孢子双胞无色，履形，大小12～18×8～10微米，下端着生痕。

(2)青霉菌类 Penieillium spp. 受害核桃仁上生有蓝绿色或灰绿色粉层，边缘白色，为菌丝层。分生孢子梗直立，顶端一至多次分枝成扫帚状，分枝上生瓶状小梗，顶端生成串的分生孢子，近球形，大小3.1～6.2×2.9～6微米。

(3)黑曲霉菌 *Aspergzllus niger* Van Tiegh 受害种仁表面生有黑褐色或黑色大头针状霉状物，为曲霉菌的孢子穗。病菌的分生孢子梗直立，顶端膨大，上面有放射形排列的小梗，小梗两层，顶端串生球形，褐色的分生孢子，直径2.5～4微米。

(4)链隔孢菌 *Altermaria* spp. 受害种仁表面生有墨绿色段绒状霉层，边缘白色。病菌分生孢子梗褐色，上端链生淡褐色至深褐色砖格状分生孢子，为倒棒形、椭圆形或卵圆形，顶端有喙状细胞。

(5)镰孢菌 *Fusarium* spp. 分生孢子团散生或群生，暗橙色。分生孢子无色，镰刀形，直或略弯，3～5个隔膜。

(三)发病规律

上述5种类霉菌的分生孢子广泛散布于空气里、土壤中及种实表面。当种仁有创伤、虫蚀等损伤时，上述霉菌孢子萌发后即从伤口侵入。核桃采收后集中堆集，温度高、湿度大，或核桃含水量过高，贮藏温度高通风不良，均容易引起核桃种仁霉烂。

(四)防治技术

1. 适时采收　在核桃绿皮逐渐变黄绿色，部分核桃绿皮开裂时采收。采收核桃在通风阴凉处堆集2～3天，上面用草或塑料膜覆盖。及时脱青皮凉晒干，剔除病虫伤果。也可喷500倍乙烯催熟脱皮，注意尽量不要喷叶上，防引起早落，也可将采下核桃在200～500倍液乙烯浸泡半分钟，然后放在通风水泥地板上2～3天即可蜕皮，减少核桃霉烂。

2. 熏蒸消毒　贮藏库，果箱用硫黄点燃熏蒸或甲醛消毒。库房要干燥凉爽通风，温度15℃，相对湿度70%。

第二章 枝干病害

一、核桃烂皮病

(一)分布危害

核桃烂皮病又名核桃腐烂病,黑水病。该病主要分布北方地区有新疆、甘肃、山西、山东、安徽、河南和四川等地。野生核桃,人工栽培的核桃都可发生病害,在新疆人工栽培的核桃发病率在50%左右,严重的高达100%,新栽植的幼树发病率达8%~27%。

(二)症状病原

1. 症状 一般幼树主干及成年树大枝受害,患病皮层为暗灰色水渍状,微隆起,用手挤压流出泡沫液体,有酒糟味。后期病皮变褐色,失水皮层下陷,皮下出现散生小黑点。当病斑环绕树干一周,常引起枯枝甚至死树。成年树主干及主枝发病,由于皮层厚,往往在韧皮部腐烂而外部无明显病状,只见沿树干裂缝流黑水,主干大枝上病斑多呈梭形,长达20~30厘米,树皮纵裂,沿裂缝流出墨水,干后发亮好似刷了一层黑漆。

2. 病原 病原为真菌门中的半知菌亚门中的胡桃壳囊孢(*Cytospora juglandis* Sace)引起,病斑上出现的小黑点是子座。分生孢子器生于子座中。孢子器孔口突出于子座外,吸水放出橘红色卷发状孢子角,内含许多分生孢子。分生孢子无色单细胞,腊肠状,大小为长3.9~6.9微米,宽0.9~1.9微米(彩图71)。

(三)发病规律

据刘振坤等(1997 年)研究,每年从早春树液流动到树落叶过冬前,都是该病危害期。生长季节中,分生孢子器吸水后陆续放射孢子角,1 年可发生多次侵染。胡桃壳囊孢为弱寄生菌,散布出的分生孢子必须从伤口和多种自然孔口侵入,例如芽痕、皮孔、节疤、修剪伤口、嫁接伤口、机械伤口、冻伤等。一切导致树势衰弱的因素都有利胡桃壳囊孢的入侵和危害。凡核桃树生长在土地瘠薄、排水不良易积水处,地下水位高、盐碱化土地,核桃烂皮病危害严重。在土壤肥沃,排水良好,核桃树生长好,核桃烂皮病危害轻。冻害是烂皮病大发生的重要诱因。整形修剪,高接换头的伤口诱发烂皮病发生。应注意伤口消毒处理。

核桃树不同生长阶段抗病性有明显差异。幼树、生长旺盛树抗病性强,发病率低;进入大量结果期后,树体消耗大量养分,抗病性降低,往往引起烂皮病大发生。

在 1 年中 4 月中旬至 5 月下旬危害最严重,8 月中旬至 9 月中旬是第二次发病危害严重期。

(四)防治技术

1. 农业防治 增施肥料,适时灌水,控制结果数量,保持核桃树势强壮,提高抗病性。冬季树干涂白涂剂。经常检查刮除病斑。及时清理病死枯枝和死树,减少病原扩散及传播。

2. 化学防治 病斑刮除后,及时涂药消毒,可选用 50%甲基硫菌灵 50～100 倍液,或 10%多菌灵可湿粉 50～100 倍液,或 65%代森锌可湿粉 50～100 倍液。

二、核桃溃疡病

(一)分布危害

核桃溃疡病自1955年在北京发现以来,辽宁、河北、河南、陕西、江苏等地先后发现危害杨树、核桃、刺槐、苹果和梧桐。受害植株轻则影响生长,重则引起枯梢,严重时整株死亡。1977年9月内蒙古赤峰市郊林场和辽宁盖县等地调查,病株率高达70%～100%。1979年陕西省西安市7万多株防护林,死亡率达27%。主要危害幼树主干、嫩枝及果实,一般发病株率20%～40%,造成核桃树生长衰弱,甚至死亡。

(二)症状病原

1. 症状 据白玉英(1982年)报道,核桃溃疡病不仅危害苗木也危害大树。一般感病后在枝干皮孔的边缘形成小泡状溃疡病斑,初为圆形极小不易识别,其后水泡变大,直径0.5～1.5厘米。泡内充满褐色黏液,后水泡破裂,流出淡褐色液体,遇空气变为黑褐色,病斑周围也呈黑褐色,最后病斑干缩下陷,中央有一纵裂小缝,后期病斑上生出黑色针头小点,即为病菌的分生孢子器及子囊壳。潮湿时,小黑点上溢出白色或乳白色分生孢子角或子囊孢子,一般光滑树皮上水泡明显,粗皮枝干感病后皮下变褐色,腐烂,流出赤褐色液体,不形成水泡(彩图72)。

2. 病原 病原无性阶段为半知菌亚门的小穴壳菌属DOTHIORELLA GREGARIA SACC。春季发生的病斑上,当年秋季形成分生孢子器;秋季发生的病斑则在翌年春季形成孢子器。分生孢子器暗色球形,生于寄主表皮下,后外露,单生或集生,分生孢子大小为97～233×97～184微米。有明显子座,后期突破表皮，孔口外露，分生孢梗短不分枝。分生孢子单胞，无色，大小为19.4～29.1×5～7 微米。

病原有性阶段为子囊菌亚门的葡萄座腔菌 *Botryosphaeria dothidea* Ges et de not 。秋季形成子囊腔。子囊腔比分生孢子器稍大黑色粒状。子座埋于表皮下，后突破表皮外露，黑色近圆形，子囊生于子座中，散生或簇生，洋梨形乳头状孔口，黑褐色，大小116.4～175×107～165 微米，子囊内有孢子 8 个，逐步形成。子囊间有假侧丝，子囊孢子无色单胞，椭圆表，大小为 15～19 微米×7～11 微米。

(三)发病规律

核桃溃疡病主要以菌丝体、分生孢子和子囊孢子在病斑上越冬。翌年 4 月气温上升 11℃～15℃，病斑开始扩展，5～6 月份为发病高峰期，7～8 月份高温病势减缓，9 月份是第二次发病高峰期，借风雨传播，多从皮孔，伤口侵入。从侵入到发病潜育期 15～60 天，从发病到形成孢子器需要 60～90 天。

凡是土壤瘠薄，土质黏重，排水不良，地下水位高，管理粗放，不施肥，不修剪，冻害重，枝干虫害严重的果园，一般树势较弱，发病严重。核桃园周围栽植杨树、刺槐和苹果，病害相互传染，发病较单一核桃树重，华北绵核桃发病比新疆核桃重，同一株树阳面病斑多于阴面。

(四)防治技术

1. 农业防治　加强核桃树综合管理，增强树势。防旱排涝，改良土壤，增施肥料，科学修剪，防治好枝干病虫害，冬季树干涂白剂，防止冻伤日灼。

定期检查刮除病斑，刮后病斑枝干用 3 波美度石硫合剂或1%硫酸铜液消毒。

2. 化学防治 4、5、9月份各喷1次杀菌剂，可选用70%甲基硫菌灵200倍液，或50%多菌灵可湿粉200倍液，主要对主干大枝喷药或涂刷药液。

三、核桃干腐病

（一）分布危害

核桃干腐病分布于湖南、江西、安徽、云南和山东等地。20世纪60年代以来，南方各省区引进核桃在山区栽植。不少地方已成林结实，但有些地方，核桃干腐病危害严重。如湖南的几个引种造林区，1964年干腐病发病发病率在32%～100%之间，病情指数为8～61。成为核桃生产中重要病害。

（二）症状病原

1. 症状 干腐病主要危害3～7年幼树主干，也危害枝梢和果实。染病主干从根颈至2～3米高处，以及主枝向阳面，初期出现黑褐色近圆形微突起的病斑，直径0.5～2厘米，用手指按压，有汁液流出，病斑不断扩大，常数个病斑纵向连成梭形黑褐色大斑，后期可达半边或大半边树干和主枝，在大块病斑上表皮下散生或集生小点粒，后期突破表皮外露，为病原菌的分生孢子器，病斑下面木质变浅灰色，后期病斑连片树皮变褐色枯死（彩图73）。

果实感病初期病近圆形，暗褐色，病斑大小不等。后期病斑扩展整个果实，果面产生多数微突起的黑色点粒物，为病菌子实体。病果易脱落。

2. 病原 核桃干腐病由子囊菌亚门的核桃囊孢壳菌 *Physalospora juglandis* Syd et Hara 侵染所致。子囊壳球黑色，单个或多个聚生于树皮病斑组织内，后突破表皮而外露，直径为161～

179 微米。子囊无色棒状，上端钝圆，有短柄，大小为 68～93×10～19 微米，有侧丝。子囊孢子在子囊内双行排列，椭圆形，单胞，无色或淡黄色，大小为 21.1×10.3 微米。

核桃干腐病的无性阶段为半知菌亚门的大茎点属 Macrophoma 菌，分生孢子器生于枝干病斑表皮下，圆形或扁圆形，有孔口，黑褐色，大小为 289×190 微米。分生孢长椭圆形，无色，单细胞，大小为 19.4×22.1 微米。子座生于枝干病斑表皮下，分生孢子成熟后突破表外露。

(三)发病规律

据谢宝多等(1964 年)研究，核桃干腐病以菌丝和子囊壳在核桃病斑组织内过冬，翌年春夏气温回升，雨量充沛时，子囊孢子成熟。借风从枝干皮孔或伤口垂死组织侵入。菌丝在病皮韧皮部潜育扩展，形成病斑。夏秋之际，子囊孢子和分生孢子成熟，靠风雨传播蔓延。

核桃囊孢子菌是一种兼性寄生菌，当炎热夏季高温季节，幼树的主干和主枝向阳面受到灼伤，加上干旱失水，皮孔失去控制能力，病菌得以侵入。据在湖南省衡山地区调查，在 260 株核桃树中，总发病株率为 84.6％，其中向阳面发病率占总发病率的 90％。

核桃栽植在土层深厚，疏松肥沃，中性偏碱的土壤中，发病株率为 46.6％，病情指数 11.6 以下。而把核桃栽植在干旱瘠薄，过酸，黏重的红壤土上，发病株率高达 86.3％～100％，病情指数可达 42～61.5。可见生态条件对干腐病影响很大，移植树缓苗期树势弱，发病率高于留床树，咖啡木蠹蛾为害枝干严重树，伤口多利于病菌侵入，发病株率 10％～17％。

(四)防治技术

1. 农业防治　要选择土层深厚、疏松肥沃、中性偏碱的土地栽植核桃树。切忌在土层薄、酸性黏土地栽植核桃。增施肥料，加强综合管理，防治枝干病虫危害，增强树势，是抑制干腐病的基础。树干刷白涂剂防日灼。

发现病斑及时用刀刮治，然后用波尔多液保护伤口。枯枝、死树及时烧毁。

2. 化学防治 发芽前喷3～5波美度石硫合剂灭菌保护枝干。生长期5、6月份喷1∶2∶240倍波尔多液，或70%甲基硫菌灵可湿粉800倍液。

四、核桃枝枯病

(一)分布危害

核桃枝枯病分布于黑龙江、吉林、辽宁、河北、山东、山西、河南、陕西、江苏、四川和云南等地。危害核桃、核桃楸和枫杨。主要危害核桃枝条和较大枝干，引起枯枝，一般危害枝率20%左右，严重的可达90%枝受害，削弱树势诱发核桃小吉丁虫、黄须球小蠹虫的发生。

(二)症状病原

1. 症状 该病发生在枝梢、侧枝上，逐渐蔓延到主干。受害枝条皮层初呈暗灰褐色，后变为浅红褐色或深灰色，大枝病皮下陷，病皮死亡干燥纵裂有缝。病死皮层生出许多小黑点，为分生孢子盘，直径0.8～2毫米。遇下雨湿润后，分生孢子挤出成黑色短柱孢子角，再遇到降雨孢子角溶开，覆在病枝上，如同墨汁涂在枝干上。后期在黑色小点附近产生较大的黑色小丘，在小丘上生几根黑色毛状物，此为有性子囊壳。当枝条受害一侧有死皮后，上部叶片逐渐枯黄、萎蔫、脱落(彩图74)。

2. 病原 病原菌有性繁殖阶段为子囊菌亚门的核桃黑盘壳菌 *Melanconis juglandis*(ELL el Ev)Croves 。病死皮上带毛的黑色小点,是有性时代的子囊壳座,群生,初埋生皮下,后突破病斑皮层,露出近聚颈顶部,直径 2～5 毫米。子囊壳烧瓶状,具长颈,深埋于子座中,仅颈端分别伸出子座外,呈短柱状。子囊圆筒形,具短柄,大小 99～139×10～18 微米。子囊孢子单行或双行排列,梭形至椭圆形,双胞,无色,外有一层胶膜,大小 18～25×8～13 微米,侧丝线形,常早期消解。

病斑死皮上的小黑点是无性繁殖的分生孢子盘,短圆黑盘孢 *Melanconium oblongbum* Berk 与胡桃黑盘孢菌 *M. juglandinum* kunze。前者孢子小,后者孢子大。分生孢子盘初期埋于枝干病皮下,后突破表皮外露,黑色扁圆形或盘形,直径为 0.8～2 毫米。分生孢子初期无色,后变褐色,椭圆形,大小为 16～30×8～15 微米。分生孢子吸水从皮层挤出,堆积在分生孢子盘口,成黑色孢子堆或孢子角。分生孢子梗长 20～50×3～5 微米。多数单生,紧密排在分生孢子盘中。

病菌在马铃薯蔗糖琼脂培养基上,27℃生长良好,15 天后从老菌丝上散生深褐色分生孢子盘。

(三)发病规律

据项存悌等(1965 年)研究,核桃枝枯病为弱寄生菌,以分生孢子和子囊孢子在枝干病斑中过冬。翌年春天借雨水风力传播,昆虫也可传播。孢子产生芽管,由冻伤、日灼伤口、皮孔及各类机械伤口侵入皮层,经 8～12 天潜育期即发病,再经过 15～21 天在新病斑上产生分生孢子盘,产生分生孢子成为再侵染病原扩大传播,6～8 月份为发病危害盛期。8 月病斑上产生子囊壳座,和病斑上菌丝体一块过冬。分生孢子盘和子囊壳的孢子放射都必然有充足水分才能溶解,孢子产生芽管侵入也需要充分水分。孢子萌发伤口侵入后，先在老皮组织过一段腐生生活，再逐步向附近活组织延伸扩大危害。树势弱，病菌扩展快，易引起枯枝。树势强抗病力强，病菌不易扩展。降雨量多，湿度大，分生孢子和子囊孢子才能溶解放射，孢子才能发芽管侵入，干旱不利枝枯病发生，冬季严寒枝冻伤，夏天向阳枝干日灼伤处都易引起枝枯病侵入。

(四)防治技术

1. 农业防治 要适地栽植核桃，提高成活率，要加强水、肥综合管理，提高树势、增强抗病力。加强病虫害防治，减少伤口病害侵入。核桃树修剪应在落叶前和发芽后进行，防止伤流诱发枝枯病，枝干涂白涂剂防日灼和冻伤。

2. 药剂防治 在生长季发现病枝，主干病斑及时刮治或剪去病枝，伤口用3～5波美度石硫合剂涂抹消毒。也可对病斑用刀划几道伤口，涂抹10％蒽油。

五、核桃丛枝病

(一)分布危害

核桃丛枝病又名核桃粉霉病，核桃霜点病。分布于江苏、安徽、浙江、河南、山东、甘肃、四川、陕西和云南等地。危害核桃、山核桃和枫杨等。据在南京中山陵调查，1954年仅少数枫杨发病，1955年发病株率达到30％以上，1956年发病株率上升到43.2％，整齐的行道树已残败不堪。1954年安徽芜湖狮山近百株大枫杨树无一幸免，在云南、吉林、陕西等危害核桃已很普遍，河南省新县、信阳等地枫杨、核桃发病。

(二)症状病原

1. 症 状　据李传道等研究(1984年),病害一般发生在侧枝,幼树主干的萌蘖枝上也有发生,病枝簇生,茎部稍肿大。病枝上的叶片小,边缘微卷曲,初生的新叶带红色。每年5月间病叶出现不规则褪绿黄斑,病叶背面密生霜霉状白粉,有时叶正面也有白粉,即病原菌的分生孢子梗和分生孢子。这些病叶枝到秋末会形成较多的侧芽,翌年表现簇生症状。6月后病叶大部分边缘焦枯脱落,当年才发新叶,又生病长出白粉。这部分枝条过冬多冻死,数年后整个树冠变成大小不等的簇生丛枝,树逐渐死亡。

2. 病 原　病原菌为半知菌亚门中的核桃微座孢菌 *Microstroma juglandis* Sace。该菌在叶片的气孔下形成子座圆形或圆锥形,结构疏松,由许多平行的菌构成,大小45～60×25～39微米。分生孢子梗密集成丛,生于子座顶部,突出寄主组织表面,棍棒状,大小12～18×5～7毫米。分生孢子6～8个,着生于分生孢梗顶端,长椭圆形,单细胞,无色,大小6.5～8.2×3.3～4微米(彩图75)。

(三)发病规律

每年5月病叶背面产生霜霉状白粉,6月以后病叶边缘开始枯焦脱落,翌年发芽时丛枝继续扩展。普通核桃、核桃楸均感病。江苏的核桃叶片也发病,但不引起丛枝病状。

目前,病菌侵染规律尚不了解,常见相邻一病树一健树,二树枝叶交错,经过几年,健树不发病。苗木幼树病重,大树感病轻。

(四)防治技术

病害发病初期,将病枝连着的大枝及时砍除,可防止进一步蔓延。

发病初期喷69%代森锌可湿粉400～500倍液，防治效果好。

六、核桃木腐病

（一）分布危害

核桃木腐病分布于河北、河南、山西、北京、陕西等地。危害核桃、杨、柳、椿、苹果等。危害严重引起死树。

（二）症状病原

1. 症状 危害核桃等树木质部，造成木质腐烂，受害处长出覆瓦状、灰白色小型子实体，引起树体枯死（彩图76）。

2. 病原 病原菌为担子菌亚门普通裂褶菌 *Schizophyllum commune* Fr. 子实体群生或散生死树皮上，一年生灰白色，扇形，质韧，宽6～42毫米，菌盖有灰白色毛，菌褶呈辐射状，其边缘纵裂反卷，担子孢子无色，大小4～6×2～3微米。

（三）发病规律

病菌以菌丝体在受害枝干部越冬，翌年产生担孢子，借风雨传播，自日灼树皮裂缝处、锯口中、枯枝等处侵入，主要侵染生长势衰弱的树木，危害树皮和边材，引起枝枯死树，干旱、贫瘠的土地，病虫害严重，伤口多，发病重。

（四）防治技术

1. 农业防治 加强栽培管理，增施肥料，灌水松土保墒，防治病虫害，增强树势，提高抗病能力。

2. 药剂防治 及时挖除死树，锯除病枯枝，伤口涂1%～2%硫酸铜溶液，或50%多菌灵200倍液消毒杀菌，最后对伤口涂波尔多浆液保护。

七、核桃膏药病

（一）分布危害

核桃膏药病又名树木膏药病。分布于江苏、浙江、福建、台湾、湖南、江西、贵州、四川、云南、广东和广西等地。寄主植物除核桃外，还有女贞、构树、油桐、楠木、金合欢、枫香、桑树等。轻者枝干生长不良，重者死亡。

（二）症状病原

1. 症状　在核桃枝干上或枝杈处产生一团平贴的圆形或椭圆形厚膜菌体，紫褐色，边缘白色。后变鼠灰色，似膏药状贴在树上，即为病原菌的担子果（彩图 77）。

2. 病原　病原真菌为担子菌亚门的茂物隔担耳菌 *Septobasidium bogoriense* Dat。担子果平伏革质，长 3～12 厘米，棕灰色至浅粉灰色，边缘初期近白色，质地疏松，海绵状，厚 650～1 200 微米，基层为较薄的菌丝层，其上有直立的菌丝柱，柱粗 50～110 微米，油褐色，粗为 3～3.5 微米的菌丝组成，柱上部与子实层相连。近子实层表面的菌丝产生原担子，原担子梨形或球形，大小 10～12×8～10 微米。担子长形，有横隔，由原担子顶端发出，孢子腊肠形，光滑无色，大小 14～18×3～4 微米。此外，我国尚发现有白隔担子菌 *S. albidum* Pat.，金合欢隔担子菌 *S. acaciae* Saw.，田中隔担子菌 *S. tanakae* (Miyabe) Boed. et Steinm.，赖金隔担子菌 S. reinkingii Pat 等多种，生活在阔叶树枝干上，引起膏药病。

(三)发病规律

膏药病菌常与蚧类共生，菌体以蚧虫的分泌物为养料，蚧类常由于菌膜覆盖而得到保护。病原菌的菌丝体在枝干的表面生长发育，逐渐扩大形成膏药状薄膜，菌丝也能伸入寄主树木皮层吸收营养，担孢子通过蚧虫的一龄若虫爬行进行传播蔓延，以菌膜在树木枝干皮层过冬，土壤黏重，排水不良，林间阴湿，通风透光不良，容易发生膏药病。

(四)防治技术

1. 农业防治 及时排水防止树盘长期积水，降低林间湿度，通过整形修剪，改善林间通风透光条件。结合修剪剪除病弱枝，刮除枝干上的子实体和菌膜。

2. 药剂防治 枝干喷1∶1∶100倍波尔多液或20%的石灰乳，或喷松脂合剂。冬季使用时每500克松脂合剂原液，加水4～5升；春季加水5～6升；夏季加水6～12升，防治介壳虫。

八、桑寄生害

(一)分布危害

桑寄生植物在我国分布很广，以热带及亚热带最为普遍，如福建、台湾、广东、广西、湖南、云南、贵州、四川、河北、山西、陕西和甘肃等。寄主植物广泛，包括针叶树和阔叶树数10科植物，受害重的引起受害植物枯死。受害轻的引起早落叶、早落果，或不开花不结果。

(二)症状病原

1. 症状　受害核桃枝条或主干上，出现常绿的桑寄生小灌丛，株高50～100厘米。被寄生处肿胀，木质部纹理紊乱，出现裂缝或空心，易风折。被寄生的核桃树叶变小，落叶早，翌年发芽迟，不开花或开花迟，不结果或易落果。受害严重树病斑肿瘤20～30个，部分枝条枯死，严重时全树枯死(彩图78)。

2. 病原　病害由桑寄生科中的桑寄生植物引起的，我国记载有35种，寄生核桃的桑寄生 *Loranthus parasiticus* (Linn.) Merr.，丛生小灌木，高可达1米，小枝粗而脆，直立或斜生，因寄主不同变异性大，根出条甚发达，皮孔多而清晰，嫩枝顶端约4厘米处有黄褐色星状短绒毛。叶椭圆形，对生，幼叶两面被黄褐色星状绒毛，成长叶两面无毛，全缘，有短柄。叶长4.5～6厘米，宽2.5～3.5厘米，纸质。花期9～10月开始，筒状花冠，长2.3～2.7厘米，花色淡红，亦被有一些短毛，浆果椭圆形，长约8毫米，宽约7毫米，具小疣状突起，翌年1～2月成熟。

(三)发病规律

据周仲铭研究(1984年)，桑寄生在核桃枝干上生长，9～10月开花，浆果于翌年1～2月成熟，招引各种鸟类啄食。主要有寒雀、麻雀、画眉、斑鸠等，将桑寄生的种子传播至核桃树枝干上，靠果皮外胶质物黏固在枝条上。在适宜温度、湿度条件下，3天左右种子萌发，长出胚根。胚根先端与寄主接触产生吸盘，其下伸出一初生吸根，分泌对寄主树皮有消解作用的酶，并强力从伤口、芽部、幼嫩树皮钻入，逐步伸达木质部，有的钻入木质部的数个年轮之内，历时约15天左右。初生吸根先端生许多小突起，发育成不定根状的次生吸根。次生吸根相互愈合成片状或掌状，伸向枝条木质部，吸根片的末端分生出许多细小吸根，与寄主的输导组织相连，从中吸收水分和无机盐，以自身的绿叶制造所需的有机物，也吸收寄主的有机物质。胚叶在胚根形成后数日才开始发育，胚茎发育直立或斜生的茎，以后长出叶和花，根出条是其无性繁殖器官，在寄主体表延伸，与寄主树皮接触处形成的吸收根，再钻入树皮定植，在一定条件下发育成新植株。根出条愈发达，危害性愈大，愈难根除。

桑寄生对寄主核桃树的破坏过程很缓慢，枝条受害最初都在幼嫩时期，受害处稍肿大，随着枝条生长，受害处形成肿瘤。瘤以上枝条逐渐衰弱、枯死。严重时一树上常有数十个肿瘤。寄主枝条枯死，其上的桑寄生也随之枯死，枝条自受侵染危害至完全枯死，往往历时 5 年，甚至 10 年、20 年。

生长在山坡的中上部的核桃树，管理粗放则受害比较重。

(四)防治技术

1. 人工防治 秋季结合采收核桃果实，每年认真检查，发现桑寄生及时连枝条一起剪除，对大枝上的桑寄生只除去寄生枝、根出条和吸盘，对附近其他寄主上的桑寄生也要进行清除。

2. 化学防治 利用硫酸铜液，2. 4-D 液、氯化苯等也有一定效果。

九、槲寄生害

(一)分布危害

槲寄生害主要分布于我国北方及中部地区的黑龙江、吉林、辽宁、山东、山西、河北、陕西、甘肃、四川、湖北、河南、浙江等地。寄主植物范围很广，主要有核桃、板栗、杨、柳、枫杨、桦木、槭、松、柏等。受害树木质部割裂，树势变弱，造成枯枝，严重危害引起死树。

(二)症状病原

1. 症状　被槲寄生侵害的核桃树上，从生黄绿色灌木非常显著。由于核桃枝干一部分水分与无机盐被槲寄生夺走，并受毒害，发芽开花迟，易落果或不结果，嫩枝受害处肿大，后成瘤状，最后成鸡腿状瘤(彩图 79)。

2. 病原　病原为绿色寄生性小灌木槲寄生 *Viscum album* L.，高约 1 米，枝圆筒形，为整齐二杈分枝，叶倒卵形至长椭圆形，先端钝，近于无柄，长绿、革质、对生。花带黄色顶生，无柄，雄花 3～5 朵，雌花 1～3 朵。浆果球形，直径约 8 毫米，白色半透明，着生于叉状小枝之角隅，果有黏性。雌雄异株。

(三)发病规律

据周仲铭研究(1984 年)，鸟类喜食槲寄生成熟后的果实，将种子随粪便排泄出来，粘固在寄主枝干上。遇适宜温度，湿度条件下萌发，胚轴延伸突破种皮，胚根尖端与寄主皮层接触处形成吸盘。吸盘中央生出小吸根，为初生吸根。初生吸根可以直接穿透嫩枝条的皮层而达于木质部，但槲寄生的初生吸根不直接钻入木质部，而是沿皮层下方生出侧根，环抱木质部，然后逐年从侧根分生出次生吸根钻入皮层和木质部的表层。随着枝干的年轮增加，初生及次生吸根陷入深层的木质部中。后期受害寄主枝干的断面上，有相当均匀的、与木射线平行的次生吸根。枝干木质部被吸收根分割开，但不出现明显的年轮偏心现象。陷在木质部深处的老吸根往往自行死亡，留下一些小沟。吸收根吸盘伸到木质部导管，吸取水分和矿物质，数日后开始形成胚叶，发展茎叶生长，每年开花结果，靠鸟类取食种子传播危害。

(四)防治技术

秋天在核桃落叶前,人工砍除槲寄生植株,同时将皮下内生吸根一并刮除干净,不宜在核桃休眠期砍除,以防伤口伤流。

第三章　叶部病害

一、核桃褐斑病

(一)分布危害

核桃褐斑病又名胡桃白星病。分布于吉林、河北、陕西、河南和四川等地。危害叶片、嫩梢和果实。危害严重时常引起早期落叶，影响核桃树势和生长。

(二)症状病原

1. 症状　核桃褐斑病主要危害叶片，其次危害果实和嫩梢，叶片感病后，起初在叶面上呈现出小褐斑，扩大后，叶片上的病斑近圆形或不规则形，直径 0.3～0.7 厘米，病斑中间灰褐色，边缘暗黄绿色或紫褐色，与周围健康部分界线不清楚。病斑上有略呈同心轮纹排列的黑褐色小点，即病菌的分生孢子盘及分生孢子。病叶上的病斑逐渐增多后，常常造成大片的枯花斑，严重时全叶枯焦，引起早期落叶。病果上的病斑较叶片小，凹陷。病斑扩展连成片后，果实变黑腐烂，成为核桃黑。病梢的病斑长椭圆形，或不规则形，黑褐色，病斑稍凹陷，病斑边缘褐色，病斑中央常有纵向裂纹。发病后期病斑上散生黑色小点，即分生孢子盘和分生孢子(彩图 80)。

2. 病原　病原菌属半知菌亚门的核桃盘二孢 *Marssoning juglandis* (Lib)Magn 。分生孢子盘直径 106～213 微米。分生孢子梗无色，密集于盘内，大小为 8～12×1.2～18 微米。分生孢子镰刀形，无色，双胞，上部细胞顶端有的弯成钩状，大小 20.2～29.4×2.6～6.2 微米。

(三)发病规律

核桃褐斑病的病原菌在病落叶或病枝条过冬。翌年春天形成分生孢子，借风雨或昆虫等传播，开始从皮孔或直接侵入叶片、嫩梢和果实。此病在陕西 5 月中旬至 6 月上旬开始发病，7～8 月份为发病盛期。一般夏季降雨多年份，气温高湿度大的情况下，适合分生孢子侵染，核桃褐斑病迅速发展蔓延，常引起大量病叶早期脱落，严重影响树势，降低果实产量，降低了果实品质。

(四)防治技术

1. 人工防治 冬季清扫落叶集中烧毁，结合修剪剪除病梢，减少侵染病原。

2. 化学防治 在 5 月至 6 月各喷 1 次 200 倍液石灰倍量式波尔多液，或 50%甲基硫菌灵，或 50%多菌灵 800～1 000 倍液。

二、核桃白粉病

(一)分布危害

核桃白粉病在我国分布普遍，是一种遍布各核桃产区的病害。不论核桃大树还是核桃苗木，均遭受白粉病的危害。引起早期落叶和苗木死亡，除叶片外，还危害嫩芽和新梢，一般叶片受害率为 10%～30%，干旱季节病叶率可 90%，影响树势和产量。

(二)症状病原

1. 症状 发病初期叶面产生褪绿或黄色斑块，严重时叶片变形扭曲皱缩,嫩芽不能展开,叶正面或背面出现白色圆形粉层,即病原菌的分生孢子梗和分生孢子。后期在白粉层中产生褐色至黑色小粒为病菌的闭囊壳(彩图 81)。

2. 病原 病原菌属子囊菌亚门的山田叉丝壳菌核桃白粉病菌 *Microsphaera yamadai* (Salm)Syd,闭囊壳聚生或分散叶背面菌丝层中,球形,直径 73～130 微米,附属丝 5～10 根,坚硬直或微弯曲,基部褐色,顶部叉状分枝 2～3 次,末端反卷。子囊 4～6 个,无色椭圆形,大小 49～73×38～44 微米,内有子囊孢子 4～8 个,无色椭圆形,单胞,大小 16～23×10～15 微米。

另一种病原菌为子囊菌亚门的桑果白粉病菌 *Phyllacfinia corylea* (pers)Kerst,危害核桃、桑、梨、柿、君迁子、椿树和皂角等 30 种树木的叶、新梢。闭囊壳扁球形,直径 140～290 微米,具针状附属丝 5～18 根,闭囊壳内有子囊 5～45 个,子囊短圆形或倒卵形,有短柄,大小 60～105×25～40 微米,含子囊孢子 2～3 个。子囊孢子单细胞,椭圆形,大小为 27～40×19～25 微米。

(三)发病规律

核桃两种白粉病,均以闭囊壳在病落叶上过冬。翌年生长季节,借雨水释放出子囊孢子,依赖风力传播到寄主植物叶片和嫩梢上,进行初次侵染。5～6 月份发病盛期,以后不断产生分生孢子,进行多次再侵染,从气孔侵入,在夏季潜育期 7～8 天,蔓延危害。9～10 月份开始在白粉层中出现小黑颗粒,产生有性阶段的闭囊壳,随病落叶过冬。

桑白粉病主要在核桃叶背面危害,白粉层较厚,叉丝壳属核桃白粉病主要分布叶片正面,也有在叶背面的,白粉层一般较薄。

温暖而干燥的气候条件有利白粉病的发生,氮肥施得多、钾肥施得少的苗木和大树受害重。金龟甲、蚜虫为害后的新梢嫩叶最易受侵染。

(四)防治技术

1. 农业防治 合理施肥,增施磷、钾肥,提高抗病力,不要偏施氮肥。冬季彻底清扫落叶,集中烧毁。

2. 化学防治 发病初期喷 0.2～0.3 波美度石硫合剂。夏季喷 50%甲基硫菌灵可湿粉 800～1 000 倍液,或 15%粉锈宁可湿粉 1 500 倍液。

三、核桃灰斑病

(一)分布危害

核桃灰斑病又名核桃圆斑病,分布于陕西、山东、四川、河北、甘肃和吉林等地。是一种常见叶部病害,8～9 月间盛发病,一般危害轻。

(二)症状病原

1. 症状 主要危害叶片,叶片上病斑圆形,直径 3～8 毫米,初暗褐色,边缘黑褐色,后病斑灰白色,上生黑色小点,即病菌的分生孢子器(彩图 82)。

2. 病原 病原为半知菌亚门的核桃叶点霉菌 *Phyllosticta juglandis* (DC.)Sacc。分生孢子器扁球形,直径 80～96 微米,分生孢子卵圆形或短圆柱形,无色、单胞,有时含 2 个油球,大小为 5～7×2.5～3 微米。

(三)发病规律

病菌以分生孢子器在病枝梢、病落叶上过冬。翌年生长期,5～6 份月开始发病,分生孢子借雨水,风力进行传播,主要侵染叶片，引起具有明显边缘的圆斑，病斑不易扩大，发病严重时，一个叶片有多个圆形病斑。在病斑中产生分生孢子器，借雨水，风力可进行多次再侵染，夏季雨水多，湿度大常引发病害大发生，引起早落叶。

（四）防治技术

1. 农业防治 冬季清扫落叶，集中烧毁减少病害侵染源，控制树冠密度。

2. 化学防治 生长期可喷 80%代森锌可湿粉 500～800 倍液，或 25%多菌灵可湿粉 600 倍液，或 20%甲基硫菌灵湿粉剂 1 000 倍液。每次喷药间隔 10～15 天。

四、核桃缺素病

核桃正常生长发育需要氮、磷、钾等 16 种营养元素，当营养元素缺乏时，核桃就不能正常生长发育，就会生病，表现为缺素病。造成植物营养元素缺乏的原因有多种，一是土壤中缺乏某种元素；二是土壤营养元素比例不当，元素间拮抗作用影响植物吸收，如土壤中铵离子量高时，可抑制植物对钾的吸收；三是土壤的物理性质不适，如温度过低，水分过少，pH 值过高等都影响植物对营养元素的吸收，常见的核桃缺素病有 4 种。

（一）缺 锌 症

核桃缺锌病又称核桃小叶病，典型的症状是簇叶和小叶，叶片硬化，枝条顶端枯死。主要原因石灰性土壤中锌盐常转化为难溶于水的状态，不能被核桃吸收。另外，在瘠薄山地土壤冲刷较严重，锌流失大。当叶片中含锌量为百万分之十至十五时，即表现缺锌症状。

防治小叶病的措施，增施有机肥料，改良土壤，加强水土保护工作。发芽前 20～40 天喷 4%～5%硫酸锌液，或在叶片伸展后喷 0.3%硫酸锌液，每隔 15～20 天喷 1 次，共喷 2～3 次。

(二)缺 铁 症

缺铁症又称黄叶病，主要症状在新梢幼叶上，开始叶肉发黄，叶脉两侧保持绿色，使叶面呈绿色网纹状失绿，随后叶片失绿加重，甚至全叶呈黄白色至白色，病叶边缘焦枯，最后全叶枯死早落，严重时新梢顶端枯死(彩图 83)。

黄叶病的原因是缺铁。在碱性土壤中，大量可溶性二价铁盐被转化为不溶解的三价铁盐而沉淀，不能被核桃吸收利用引起的。因此，在盐碱地和含钙质高的核桃园内容易发生黄叶病。从季节上看，黄叶往往在干旱和生长旺季的时候容易发生，这是由于地下水蒸发，表土层含盐量增加的缘故，进入雨季后，表土盐分下降，黄叶病也相应减轻或者消失。

防治黄叶病的技术。首先核桃建园不要在 pH 7.3～8.25 土壤建园，在中性土壤建园。增施有机肥料，种植绿肥，增加土壤腐殖质，改良结构。地下水位高的，要排水降低水位，在生长季开始时，喷 0.3%～0.5%倍液硫酸亚铁(黑矾)溶液，或黄腐酸二胺铁 100～300 倍液可控制发病。另外，用 0.05%～0.5%硫酸亚铁进行树干注射或用 0.5%～3%硫酸亚铁灌注核桃树下土壤也有效。

(三)缺 硼 症

主要表现在小枝梢枯死，小叶脉间出现棕色斑点。幼果容易脱落，病果表面凹凸不平，表皮木栓化。7～9 月份发病盛期。当土壤中硼的含量低于百万分之十时，即表现缺硼。山地或河滩地核桃土壤中的硼容易淋溶流失。

防治缺硼病的基本方法，增施有机肥料，改良土壤，还要增施硼肥。雄花落花后喷0.3％硼砂溶液2～3次。结合根部施肥每株成年树，施入土中硼砂150～200克，施硼后土壤灌水。

(四)缺铜症

核桃初期叶片出现褐色斑点，引起叶片变黄早落，核桃仁萎缩，小枝的表皮产生黑色斑点，严重时枝条枯死。发病原因，在于碱性土壤和沙性土壤，铜的有效性较低。

防治措施，春季展叶后结合防治其他病害，喷施石灰倍量或200倍波尔多液，或喷0.3％～0.5％硫酸铜液，或在树盘距根颈70厘米处，开20厘米深的沟，灌注硫酸铜液。

第四章　根部病害

一、白　绢　病

(一)分布危害

白绢病又称菌核性根腐病，主要发生在热带亚热带地区，我国南方各省都有分布，北方的陕西、山东、河南等果产区也有分布危害。该病危害范围很广，计 38 科 128 种植物。木本植物有油茶、核桃、泡桐、梧桐、楸树、苹果、梓树和乌桕等树木。在四川的宜宾、乐山、汶川和云南的漾濞为核桃苗木的重病害，发病率达 10%～15%。

(二)症状病原

1. 症状　多发生于接近地表的苗木基部和根颈部，先是皮层变褐腐烂，上部枯死，子叶脱落，光干直立，最后全株枯死，一拔即起。根部皮层腐烂，表面有白色菌丝层及褐色油菜籽大小颗粒物，此为菌核。菌核为白色，后变淡褐色至棕褐色(彩图 84)。

2. 病原　病原菌有性阶段为担子菌亚门伏革菌属的白绢伏革菌 *Corticium rolfsii* (Sacc) West。有性世代不常发生，担子棍棒形，形成在分枝丝的尖端，9～20×5～9 微米，顶生小梗 2～4 个，长 3～7 微米，微弯，上生担孢子，无色单胞，倒卵圆形，7×4.6 微米(图 2-8)。

无性世代为半知菌亚门罗氏小核菌 *Sclerotium rolfsii* Sacc 。菌核球形或椭圆形，直径 1～2.5 毫米，平滑而有光泽，初为白色，后变为茶黄褐色，内部灰白色，菌核萌发与菌丝生长温度范围为10℃～42℃，最适温度分别为25℃～35℃和30℃～35℃。在pH 4～7.2时菌核萌发最多，菌丝生长最好。pH 4～6.4时菌核萌发最快。菌核萌发最适土壤含水量20%～40%。菌丝生长最适土壤含水量为50%～60%。土壤含水量35%时白绢病死苗率最高。

(三)发病规律

病菌主要以菌核在土壤中过冬，也可以菌丝体随病残遗留在土壤中过冬。翌年春天在适宜的温湿度下，菌核萌发产生的菌丝从寄主植物的根部或近地面的茎基部，从伤口或直接侵入，进行初侵染。田间近距离传播主要靠菌核通过雨水、昆虫、中耕、灌溉等近距离扩散。远距离传播通过苗木带病传播。

菌核抗逆性很强，在室内可存活10年。在田间干燥的土壤中也能存活5～6年。在灌水条件下，菌核经3～4个月即死亡。菌核通过牲畜消化道仍能存活，施未成熟的厩肥也可传播病。

发病最适温度为25℃～35℃，多雨高湿发病重。山东烟台苹果产区，白绢病从4月上中旬至10月底都可发病，7～9月份雨季发病高峰。在四川乐山4～5月份开始发病，6月下旬至8月上旬，夏季多雨高湿为发病盛期，有时核桃苗成片死亡，9～10月份基本停止发病。

土壤瘠薄、黏重、过酸、过湿一般发病重。连茬育苗发病重。苗圃排水不畅积水发病重。地势低洼，地下水位高苗圃病害重。

(四)防治技术

1. 农业防治 苗圃地要定期种植禾本科农作物轮换种植，一般须间隔3～5年。施用腐熟厩肥。及时排水，不要积水。及时清理病株，防止扩大蔓延。

2. 药剂防治 种子消毒，播种种子用4%福尔马林液1份加水80份，喷洒种子，堆积闷种2小时，也可用50%多菌灵粉剂0.3%拌种。发病初期，及时喷50%克菌丹可湿粉剂400～500倍液。或1%硫酸铜液，50%代森铵水剂1000倍液灌根。

3. 生物防治 利用哈茨水霉、粉红黏帚霉的分生孢子拌种，有47%～65%防治效果。

二、核桃根朽病

(一)分布危害

核桃根朽病在河北、山东、江苏、河南、陕西和四川等地均有发生，一般幼树很少发病，成年树特别是老树受害较多。发病后常引起起全树枯死，在局部地区对果树生产影响很大。根朽病寄主很多，如苹果、核桃、桃、杏、山楂、枣、杨、榆、桑、刺槐和松树等。根部腐朽，地上部枯萎，叶片发黄早落。

(二)症状病原

1. 症状 受害树木的根及根颈部皮层腐烂，木质部呈海绵状腐朽，病组织有浓烈的蘑菇味，夏秋季在根朽处及地面上长出成丛蜜黄色小蘑菇。发病后地上叶片变小变薄，从下向上发黄早落，新梢变短，结的果变小，品质变劣。

2. 病原 病原属担子菌亚门的蜜环菌 *Armilliriella tabesceus* Singer。在病皮部长有白色菌丝层，呈扇状，初生时在暗处显浅蓝色荧光，老熟后病皮变黄褐色至棕褐色，不发光。子实体由病皮菌丝层直接形成，丛生，一般6～7个蘑菇，多者达20～50个以上。菌盖浅蜜黄色或较深，直径一般2.6～8厘米，最大11厘米，初呈扁球形，逐渐平展，后期中部下凹，有较密的毛状小鳞片。菌肉白色，菌褶诞生，不等长，浅蜜黄色。菌柄浅杏黄色，柄长 4～9 厘米，柄粗 0.3～1.1 厘米，有毛状鳞片，菌柄上没有菌环。孢子白色，担孢子椭圆形，单胞，无色、光滑、大小 7.3～11.8×3.6～5.8 微米(彩图 85)。

(三)发病规律

根朽病以菌丝体在病树根部或随病残体在土壤中过冬。病菌寄生性不强，只要病残不腐烂分解，病菌可长期存活，条件适宜时产生子实体蘑菇，产生大量担孢子，随气流传播，从伤口侵入。另外，依靠病根与健根接触，病残体与健根接触后分泌果胶酶，分解纤维素的胶质，使皮层分离为多层的薄片。发病初期皮层腐烂，后期木质部也腐朽。高温多雨季节，在潮湿的病树根颈或露出地面的病根，常有丛生的蜜黄色蘑菇长出，一般树势弱，树下积水有利根朽病发生。

(四)防治技术

1. 农业防治　夏季雨多时及时排水，树盘下不能积水。发现病根及时截除，危害严重应连根彻底挖除。夏季经常检查，发现黄色小蘑菇及时挖除，防止担孢子传播侵入。

3. 药剂防治　病轻时，可灌注 50%甲基硫菌灵可湿粉 500～1 000 倍液，大树每株灌注 15～25 千克，或 50%代森铵水剂 500 倍液等。病树挖除后，病残根要全部拾净烧毁。用 40%甲醛 100 倍液或五氯酚钠 100 倍液消毒土壤，也可用火烧土灭菌。

三、圆斑根腐病

(一)分布危害

圆斑根腐病分布于陕西、山西、河南和辽宁等地。主要危害苹果、梨、核桃、桃、杏、葡萄、柿和枣等果树。还危害桑、刺槐、柳、臭椿、苦楝、五角枫、杨、榆、花椒和梧桐等。局部地区危害严重，引起大面积死树。

(二)症状病原

1. 症状 圆斑根腐病危害树体地下根部，地上的症状一般在4～5月份才表现出来。

(1)萎蔫型 病树在萌芽后整株或部分枝条生长衰弱，叶簇萎蔫，叶片向上卷缩，叶小色淡，新梢抽生困难，有时花蕾皱缩不能开放，有的开花后不坐果，枝条失水皮层皱缩或干死。

(2)叶片青干型 病株或病枝叶片骤然失水青干，多从叶缘向内发展，也有从叶脉向外扩展的。在青干叶与健叶组织分界处，有明显的红褐色晕带，青干严重的叶片即早落。

(3)叶缘焦枯型 病叶的尖端或边缘枯焦，而叶的中央部分保持正常，病叶不会很快脱落。

(4)枝枯型 病株与烂根对应的少数骨干枝发生坏死，皮层变褐下陷，并沿枝干向下蔓延。后期坏死皮层崩裂剥离。

病树地下部的症状，先从须根(吸收根)开始，病根变褐枯死，后延及上部的肉质根，围绕须根的基部形成1个红褐色的圆斑。病斑进一步扩大，并相互连片深达木质部，致使整段根变黑死亡。在发病过程中，病根反复产生愈伤组织和再生新根。因此，最后病根皮层凹凸不平，病健组织彼此交错，最终病害侵害大部分根皮，引起树上部病症变化。

2. 病原　魏宁生等在20世纪70年代初，通过分离培养，接种及再分离多次试验，初步肯定属半知菌亚门的3种镰刀菌为该病病原。

(1)尖镰孢菌 *Fusarium oxysporum* schlecht　大孢子两端较尖，足胞明显，中段较直，仅两端弯曲。孢子的最大宽度在中部，以3～4分隔为多，大小为16.3～50×3.8～7.5微米。小孢子卵形至椭圆形，大小为3.8～12.5×2.3×5.6微米。

(2)腐皮镰孢菌 *Fuasarium solani* （Mart.）App. et wollenw　大孢子两端较圆，足胞不明显，整个形状较为弯曲，孢子的最大宽度在中部，有3～9个分隔。三分隔孢子大小为30～50×0.5～7.5微米。五分隔孢子大小32.5～51.3×6～10微米。小孢子长圆形、椭圆形或卵圆形，单胞或双胞；单胞孢子大小为7.5～22.5×3～7.5微米；双胞孢子大小为12.5～25×2.8～7.5微米。

(3)弯角镰孢菌 *Fusarium camptoceras* Wollenw et Reink　大孢子需经过长期培养后才能少量产生，孢子大都平直，少数稍弯曲，长圆形，基部较圆，顶部较尖，最大宽度在离基部的2/5处，有1～3个分隔，无足胞，三分隔孢子大小为17.5～28.8×4.5～5微米。小孢子易大量产生，长圆形至椭圆形，单胞或双胞，单胞孢子大小为6.3～12.5×2.5～4微米，双胞孢子大小为11.3～17.5×3.5～5微米。

(三)发病规律

引起圆斑根腐病的几种镰刀菌都是土壤习居者，可在土壤中长期营腐生生活。只有在果树根系生长衰弱时，它们才能侵染致病。干旱，缺肥，土壤盐碱化，水土流失严重，土壤板结通气不良，果树结果过多，果园杂草丛生及其他病虫害严重危害等，这些导致果树根系生长衰弱的种种因素，都是诱发圆斑根腐病发生的重要条件。

(四)防治技术

1. 农业防治 增施有机肥料，干旱缺水时及时灌溉，加强松土保墒，加强病虫害综合防治，合理修剪，控制大小年。

2. 药剂防治 结合开沟施肥，灌硫酸铜 100 倍液，或 70%甲基硫菌灵 500～1 000 倍液，或 40%甲醛 100 倍液。每株树灌 50～75 千克药液。

四、核桃根癌病

(一)分布危害

核桃根癌病又名根头癌肿病、冠瘿病。分布于吉林，辽宁、河北、北京、内蒙古、山西、山东、河南、湖北、陕西、甘肃、江苏、安徽、上海和浙江等地。寄主植物有桃、樱桃、李、杏、葡萄、苹果、梨、核桃、海棠、山楂和毛白杨等。感病后树势弱，生长迟缓，产量减少，寿命缩短，甚至引起树体死亡，严重影响果品质量，一些重茬苗圃育苗，发病株率常在 20%～100%。

(二)症状病原

1. 症状 根癌病主要发生在根颈部，也发生在侧根和支根上，嫁接伤口处等。在根上形成大小不一的癌瘤，初期幼嫩，后期癌瘤木质化。木质寄主上根癌瘤大而硬，多木质化。癌瘤多为球形或扁球形，1 株树少则 1～2 个癌瘤，多的 10 多个不等。癌瘤大小差异很大，小的如豆粒，大的如核桃和拳头，最大的可达数十厘米。苗木上的多为核桃大小，初期乳白色或略带红色，柔软，后期变为褐色、深褐色，木质化坚硬，表面粗糙凹凸不平(彩图 86)。

2. 病原 病原为土壤杆菌 *Agrobacterium tumefaciena* Conn 短杆状细菌，单生或链生，大小为1～3×0.4～0.8微米，具1～6根周生鞭毛，有荚膜，无芽孢，革兰氏染色阴性反应；在琼脂培养基上菌落白色，圆形光亮透明，在液体培养液里微呈云状浑浊，表面有一层薄膜。不能使明胶液化，不能分解淀粉。发育最适温度为25℃～28℃，最高温度37℃，最低温度0℃。致死温度51℃ 10分钟。发育酸碱度pH 7.3，耐酸碱范围pH 5.7～9.2。

(三)发病规律

病原细菌在癌瘤组织的皮层内过冬，或在癌瘤破裂脱皮时进入土壤中越冬。细菌在土壤中存活1年以上，雨水和灌溉水是传染的主要媒介，地下害虫蛴螬、蝼蛄、线虫等也有一定的传播作用。嫁接或人为造成的伤口，是病菌侵入植物的主要通道。苗木带菌是远距离传播的主要途径。

该病菌的致病机制是，病菌通过伤口侵入寄主后，将其诱癌质粒基因上的一段产生植物生长激素T－DNA整合到植物的染色体DNA上，随着植物本身的代谢生长，刺激植物细胞异常分裂和增生，形成癌瘤，而病原细菌的菌体并不进入植物的细胞，从病菌侵入到显现癌瘤的时间，一般要经过几周至一年以上。

据在番茄上接种试验，癌瘤形成以22℃为最适温度，18℃或26℃时形成的癌瘤细小，28℃～30℃时不易形成癌瘤，30℃以上几乎不能形成。内蒙古在葡萄上观察，葡萄根癌瘤在5月中旬前和9月下旬后，旬平均气温低于17℃，癌瘤不发生。当旬气温达到20℃～23.5℃时，癌瘤大量发生。在pH 6.2～8范围内病菌保持致病力，当pH 5或更低时土壤带菌但不发病。土壤黏重，排水不良果园发病多。土壤疏松，排水良好的沙质壤土发病少。苗木切接伤口大愈合较慢，加之嫁接后要培土，伤口与土壤接触时染病机会多，发病率高。耕作不慎导致创伤，地下害虫、线虫为害有利于病菌侵入。

(四)防治技术

1. 加强苗木检疫　调运苗木要进行检查,禁止调运患根癌病的苗木。

2. 农业防治　育苗地不要在老果园、老林地建苗圃,应选择种植禾本作物的土地育苗,苗圃地要有浇水排水设施。嫁接苗木时尽量用芽接,少用地面切接法。嫁接工具要用75%酒精消毒灭菌。移栽、定植和播种时,对种子和苗木用1%硫酸铜液浸根5分钟,再放入2%石灰水中浸1分钟,或用抗根癌菌剂处理。

3. 药剂防治　发现苗木根上有癌瘤,用刀切除癌瘤,然后用80%抗菌剂402的100～200倍液涂抹,再外涂843康复剂或波乐多浆保护。切口用抗根癌菌剂浸沾最好。

4. 生物防治　利用放射土壤杆菌K84,在植物根部生长繁殖,产生特殊的抗生素抑制根癌细菌生长。王慧敏等2 000年研制成抗根癌菌剂已获农药登记和工厂化生产,对多种果树根癌病防治取得了显著的效果。

五、核桃根结线虫病

(一)分布危害

核桃根结线虫病是一种分布比较广泛的根部病,主要分布在华北地区,南方较少。主要危害苗木根部幼嫩组织,严重时根上长满结瘤,根部不能正常吸收矿物质和水分,地上部生长矮小甚至发黄枯死,除危害核桃外,还危害苹果、桃、花生、茄子、甘蓝、豌豆、大麦、玉米、瓜类、柑橘等330多种植物。

（二）症状病原

1. 症状　核桃苗木根部先在须根及根尖处产生小米粒大小或绿豆大小的瘤状物，随后在侧根上也出现大小不等的近圆形根结状物。褐色至深褐色，表面粗糙，内部有白色颗粒状物1至数粒，即为病原线虫的雌虫。严重发生时，根结腐烂，根系减少，地上部叶片发黄，严重时植株枯死，田间多呈片发生，夏季中午炎热干旱时病株如同缺水呈萎蔫状。

2. 病原　病原属于线形动物门中的根结线虫属的花生根结线虫 *Meloidogyne avenaria* (Neal) Chitwood，雌虫梨形乳白色，口针基部球稍向后倾斜，会阴花纹圆至卵圆，背弓低平，侧区的线纹无波折，有线纹延至阴门角，排泄孔位于距头端2口针长处。口针一般长12～15微米。每雌虫产卵500～1 000粒，常产在体后处的胶质卵囊中。雄虫线状圆筒形，无色透明，大小1 000～2 000微米，精巢1～2个，交接刺长25～33微米，主要生活在土中。二龄幼虫呈线状，无色透明，口针12～15微米，二龄幼虫为侵染期，体长398～605微米。三龄和四龄幼虫膨大成囊状，固定寄主植物根内，卵长椭圆形，肾形，大小12～66×34～44微米（彩图87）。

（三）发生规律

花生根结线虫，以二龄幼虫在土壤中过冬，或雌虫产的卵当年未孵化，留在卵囊中随同病根在土壤里过冬。翌年当土壤温度平均达到11.3℃时，过冬卵孵化为一龄幼虫，蜕1次皮变为二龄幼虫出卵壳入土。线虫在土中蠕动20～30厘米，主要通过耕作、灌水、农具及人畜活动传播。自嫩根尖侵入为害。一旦侵入根后就固定不动，不断取食，虫体逐渐膨大为豆荚状。随后第二、第三次蜕皮，至四龄时就分出雌雄虫，口针和中食道球明显可见，生殖腺趋于成熟，雄虫从根部钻出，在土壤中自由生活，寻找雌虫交尾，雌虫成梨形开始产卵，在27℃条件完成1代需25～30天。在华北1年发生3代，在华南1年发生3～4代。

土壤温湿度对线虫侵染活动影响很大，侵染的土温为11.3℃～34℃，最适温度20℃～26℃。适于线虫侵染的最大土壤持水量为70％左右，持水量低于20％、或高于90％都不利于线虫的侵染。线虫随地下水位上下移动。温暖少雨年份线虫病害重。雨水多，雨季早或及进灌水发病轻，土质瘠瘦的砂壤土或砂土易发病。连作地，管理粗放，杂草丛生，病残体多的田块发病重。线虫口针不断穿刺寄主植物根尖嫩根细胞壁，并分泌唾液，引起寄主根皮层薄壁细胞过度生长，形成巨型细胞，同时线虫头部周围的细胞大量增生，引起根的膨大，最后形成明显的根结，影响根的吸收，导致地上部叶黄早落，重者引起死树。

(四)防治技术

1. 加强检疫 不要从病区向外调运种苗，严格检查苗木，发现有根结害状的要彻底烧毁。

2. 农业防治 与禾本科农作物轮作2～3年，彻底将病株烧毁。灌足水，断绝空气灭杀线虫。

3. 药剂防治 在播种前15～21天，对表土15～25厘米进行药剂处理，每667平方米用98％必速灭5～10千克拌细土沟施后覆土。也可用10％涕灭威(铁灭克)颗粒剂2.5～5千克沟施覆土，或用5％克线磷颗粒剂8～12千克。

第三篇 核桃病虫害综合防治

第一章 病虫害综合防治原理

一、病虫害综合治理

近代研究认为,植物病虫害综合防治是对有害生物的综合治理(简称 IPM),是从生态学的观点出发,全面考虑生态平衡、社会安全、经济利益和防治效果,提出的最合理最有益的治理措施。核桃是多年生树木,寿命长,生态系统相对稳定。以核桃树为中心,危害核桃的害虫、病害及其天敌形成许多生态分系统。防治病虫害不是灭绝病虫(对境外传入的检疫病虫要彻底消灭),甚至要保留一点害虫存在,以便保护害虫的天敌存在。

二、病虫危害的经济水平

核桃有害虫 180 余种,病害 30 多种,它们都会造成一定的损害,但真正对核桃造成经济损失的并不多。可把众多的病虫分为 3 类:①次要病虫。这类病虫占大多数,它们平均发生密度在高峰时,都不会超过经济受害水平。②偶发性病虫。这类病虫平均发生密度在经济受害水平以下,但发生高峰时会达到经济允许水平,要加强对其监测,如蚜虫、蚧虫、叶螨等。③严重危害病虫。它们的发生密度经常在经济允许水平以上,经常会造成重大经济损失,是防治的主要对象。在一个核桃园里通常只有3～5种严重危害病虫，一般很少超过10种。这些严重为害病虫在一个地方不是一成不变的，随着树龄增长，管理水平的提高，时有变动。要及时调整病虫防治对象。

防治病虫害挽回的损失应当大于防治的投资。Chiang(1979)提出的病虫害防治经济阈值(防治指标)的一般公式ET为：

$$ET=\frac{CC}{Y\times P\times YR\times EC\times SC}\times CF$$

注：ET：经济阈值(防治指标)；CC：防治费用(包括农药费用、人工费及机械磨损费)；Y：产量；P：产品价值，产品单价；YR：产量降低百分率；EC：防治效果；SC：害虫生存率；CF：临界因子，即调整防治费用，进一步确定经济阈值范围界限的因子。

如果将上述公式简化，可以理解为：当一种病虫发生一定数量，对核桃树造成一定经济损失，如果采取防治措施的投资和挽回的收益相当，那就没有防治的必要；只有挽回的收益大于防治费用，才有防治的经济意义；收益大于投资费用比例越高，防治效益愈显著。

三、综合防治措施的协调

在一个核桃园里往往有几种重要害虫，数种重要病害，先对每一种重要病虫害制定出综合防治措施，然后再统筹这些重要病虫防治措施，做到经济、有效、安全、实用。同时考虑防治措施，对偶发性、次要常发性病虫有无副作用。

要协调化学防治和生物防治的矛盾，必须查清核桃害虫及其天敌种类，控制作用大小，发生规律。在制定综合防治计划，尽量选择对天敌杀伤小的农药，少用广谱性杀虫剂，杜绝使用剧毒、高残留农药。选择对天敌影响最少、防治效果最好时用药。改变施药方法，改普遍喷药为重点挑选施药，经常轮换用药，科学混用农药，不要随意提高农药浓度及使用量。

核桃树寿命长，树冠高大，许多地方分散栽植，要重视人工防治、单株防治法。

第二章　病虫害防治基本方法

一、植物检疫

植物检疫是由国家颁布的条例和法令，对植物及其产品，特别是苗木、接穗、插条、种子等繁殖材料，果品的调运与贸易进行管理与控制，防止危险性病虫害、杂草人为传播蔓延的措施。近一百多年来，先后有葡萄根瘤蚜、苹果绵蚜、柑橘大实蝇、美国白蛾等危险害虫传入我国。2006 年 8 月 16 日，我国召开的防控外来有害生物高级论坛会上，国家林业局报告，1980 年前有 10 种外来病虫，2006 年增加到 26 种，每年经济损失 560 亿元。

植物检疫分为国际检疫和国内检疫。国际检疫又称对外检疫，是我国和有关国家签订的植物检疫条例，规定双方防止传入和传出检疫对象，由国家设在港口、机场、邮局、海关的检疫机关执行。

国内检疫又称对内检疫，是对外检疫的基础，是防止危害性大、靠人为传播，只局限部分地区发生的危险性病虫、杂草。对内检疫工作由各省（市、区）的检疫机关，会同邮局、铁路、民航和农业、林业有关部门执行。首先通过调查划分疫区（已发生的地区），保护区（没有发生的地区）。在疫区和保护区之间，严格执行检疫制度。对从疫区调出的苗木、接穗、插条、果品、种子等实行严格检疫，防止检疫对象向外扩散蔓延。美国白蛾喜食核桃，要注意不要引入。

二、农业防治法

农业防治法是通过核桃建园，栽培管理技术措施，促使核桃健壮生长发育，优质丰产，提高核桃抗病虫能力，抑制病虫害生长繁殖，直接或间接消灭病虫。农业防治法多结合核桃树栽培管理进行，多具有预防意义，经常收到事半功倍的效果。

(一)园地选择

应选择土壤疏松，有效土层在1.5米以上，地块面积大于成龄树冠的1倍以上，以含钙的微碱性土最好，pH 7～8.2，土壤含盐量不超过0.25%。不论山地、丘陵、平原都可建园。不能在土层瘠薄、红胶泥土、黄泥巴土、白干土上建园。核桃生长发育最适宜的气候条件，年平均气温9℃～16℃，极端最低气温不超过－25℃，年降水量500～700毫米，年日照2 000小时，无霜期150～240天，空气相对湿度40%～70%。坚决制止核桃盲目上高山。不少地方在山顶土层瘠薄处大搞核桃造林，核桃生长衰弱，核桃小黑吉丁虫、黄须球小蠹等大发生，在核桃树还未结果时，陆续毁园。有的地方开核桃会，在荒山顶栽核桃树，建纪念林，也没有逃脱虫害毁园的残局。

核桃园建防风林，不宜栽刺槐和加杨类，以减轻对球坚蚧、天牛和炭疽病的交互传播危害。

(二)栽植无病虫苗木

购进核桃苗木、接穗时要严格检查，不要带检疫病虫害及杂草。不要有带根癌病、紫纹羽病和白纹羽病等病菌的苗木。

(三)搞好园地卫生

落叶后要集中清扫落叶,摘除病虫果、病叶、病虫枝,刮除枝干病疤、虫卵虫茧,清除杂草。减少越冬病虫数量。

(四)人工防治

利用害虫假死习性,振树捕杀害虫,如天牛、金龟甲等。病虫发生初期,人工捕杀害虫,摘除病叶,铲除过冬场所。核桃树树冠高大栽植分散,人工防治很重要。

(五)土壤管理

冬季深翻树盘,破坏举肢蛾等害虫的土壤生态环境,可大大降低过冬虫口数量,有很好防治效果。山坡地修鱼鳞坑可积蓄土壤水分;低洼地、地下水位高的要注意排水,减轻根病危害。合理施肥灌水,可增强核桃树势,提高树体抗病力。

(六)适时采收

结合采收核桃果实,可摘除病虫枯枝集中烧毁。摘下的黄绿核桃,堆积时不要温度过高,避免引起核桃仁霉烂等。

三、物理机械防治

利用光照、温度、辐射等物理简单器械的防治法。

(一)诱集捕杀害虫

1. 灯光诱杀 利用害虫趋光性,可利用黑光灯,光电生物灭虫灯,太阳能杀虫灯,诱杀害虫,一般诱捕距离 100～170 米,最好安装自动开关。

2. 食饵诱杀　利用害虫对食物的趋化性诱杀害虫，如利用糖醋液诱捕桃蛀螟等。

3. 潜所诱杀　利用害虫过冬隐蔽性，人工造成潜所，将害虫诱集在一起，集中杀死。如在核桃树干束草可诱集叶螨等多种害虫。

(二)阻隔保护

1. 树干扎塑料裙　利用春尺蠖在土壤里过冬，雌虫无翅，必须经过主干爬到树上交尾产卵。主干扎塑料裙光滑可阻止雌蛾上树。

2. 涂粘虫胶　树干涂粘虫胶、凡士林、黄油等，可粘住上树的害虫。

3. 树干涂白　可防树干夏季日灼、冬季冻裂，还可阻止天牛、芳香木蠹蛾产卵。

4. 果实套袋　为防蛀果害虫为害，果实套袋可阻止害虫在果面产卵为害。

(三)利用温度灭菌

新建核桃园，夏季三伏天将土壤深翻曝晒，可杀死土壤中多种根腐病菌和多种地下害虫。

(四)辐射防虫

利用钴-60 丙种射线，用 25 万～32 万伦琴高剂量照射可直接杀死害虫，用低剂量 6 万～12 万伦琴照射，可破坏雄虫生殖器官功能，将人工饲养的雄虫低剂量处理后，释放到田间，与雌虫可交尾，但不能受精，达到防虫目的。

四、生物防治法

生物防治法是利用生物或生物的代谢产物防治核桃病虫害，该方法不污染环境，不破坏生态平衡，有利于生态可持续发展。

(一)害虫天敌的利用

1. 捕食性天敌昆虫保护利用 在核桃树上经常看到多种瓢虫、草蛉、食蚜蝇等在捕食蚜虫、蚧虫等，维持着昆虫生态平衡。

2. 寄生性天敌昆虫的保护利用 在为害核桃的多种鳞翅目害虫的卵、幼虫和蛹期，都有多种寄生蜂在寄生，蚜虫、蚧虫的寄生率经常达50%以上(在没有喷化学农药时)。

3. 食虫鸟的保护利用 在果园有50多种食虫鸟，其中啄木鸟、沼山雀、大杜鹃等可捕食刺蛾类、毛虫类、天牛和吉丁虫。据报道山东省平邑县招引2对啄木鸟，经过3个冬季，控制了星天牛为害。

4. 害虫天敌昆虫引进和释放 吹绵蚧为害柑橘等250余种植物，美国1888年从澳大利亚引进澳洲瓢虫，逐渐控制了吹绵蚧。我国1955年引入澳洲瓢虫，逐渐增殖扩散，也控制了吹绵蚧的蔓延危害。有些天敌昆虫数量少，又总是赶不上害虫数量的迅速增长，故很难控制害虫的为害，需要人工大量饲养繁殖天敌，在害虫大发生时释放出去，以弥补自然天敌昆虫的不足。

(二)病原微生物的利用

1. 昆虫病原细菌的利用 寄生昆虫的细菌有10余种，最重要的苏云金杆菌有34个变种，形成芽孢和伴孢晶体，对鳞翅目、膜翅目、双翅目幼虫有很强致病性，苏云金杆菌在全世界已工业化生产。

金龟子芽孢杆菌，专性寄生 50 余种蛴螬使其致病死亡。利用无致病的放射土壤杆菌 K84 可防治果树根癌病。杀菌防虫的链霉菌，如阿维菌素、浏阳霉素、华光霉素可防治害虫、叶螨。防治果树病害的有多抗霉素、抗霉菌素 120、中生霉素等。

2. 病原真菌的利用　侵染天牛幼虫、金龟幼虫蛴螬的有白僵菌、绿僵菌。侵染介壳虫、蚜虫、粉虱等有轮枝霉菌。利用哈茨木霉重寄生菌防治果树根白绢病等。

3. 昆虫病毒的利用　桑毛虫多角体病毒和舞毒蛾多角体病毒等已在生产上使用。

4. 昆虫病原线虫利用　在核桃树盘土壤喷洒每平方米 11 万条斯氏线虫，对核桃举肢蛾幼虫有 80%防治效果。

(三)昆虫激素的利用

1. 昆虫保幼激素的利用　昆虫咽侧体分泌的内激素，控制昆虫生长发育变态蜕皮。根据内激素化学结构，已人工生产出灭幼脲、除虫脲和氟虫脲等 10 余种农药。为减少污染环境，多用在鳞翅目幼虫期，作用较慢。

2. 昆虫性信息素的利用　昆虫雌虫腹末分泌腺体向外释放引诱雄虫的化学物质，根据性外激素的化学结构，已人工合成出多种昆虫性外激素吸附到塑料管、橡皮塞凹处，挂到田间树上引诱雄虫，测报成虫期指导防治工作。

(四)植物源农药

在一些植物体含有某种杀虫或杀菌的活性物质。通过一定程序将活性物质提取出来，制成的制剂为植物源农药，如苦楝素、除虫菊粉等，具有低毒、低残留、无污染等特点。

生物防治是综合防治植物病虫害的重要防治方法之一。但防治效果较慢，有些病虫还没找到生物防治的有效方法；生物防治受气候、地理条件限制，防治效果不稳定，大批生产繁殖有益生物及产品还很少；对一些要求防治水平较高的病虫害，较难达到防治目标。

五、化学药剂防治

化学药剂目前已广泛应用到果树病虫害的防治上，它的优点是速效、高效和特效，使用方法简便。但长期使用化学农药后，也出现了一些问题。一是病虫长期使用农药，会逐渐产生抗药性，导致农药用量逐渐加大；二是杀伤天敌，破坏自然平衡，诱发病虫再猖獗；三是一些农药性质稳定，分解慢，对生态环境造成污染，对人、畜造成伤害。如何科学使用农药，是广大果农应关注的问题。

(一)对症用药

农药种类很多，每一种农药都有一定的防治对象、使用方法，只有准确掌握防治对象，才能对症用药。一种害虫或一种病害，都有几种农药可以防治，要进行选择，要本着有效、经济和方便的原则选择农药，不要把防虫的农药用到防病上。要掌握农药稀释度，浓度过低防治效果差，浓度过高会出现药害。树冠喷药要先喷上部后喷下部，先内膛后外围。防果实病虫害，把药喷到果实上，防叶部病虫害，重点把药喷到叶片上，喷药应均匀周到。

(二)适时用药

防治病虫对象诊断清楚后，还有一个防治时机问题，只有搞好病虫测报，才能准确掌握病虫防治时机。特别是防治蛀果害虫，必须抓成虫在果上产卵未孵化期。喷药早了，成虫还未上树；喷药迟了，幼虫已钻入果内，防治无效。防治病害要在病菌侵染前喷药保护，病菌已侵入再喷保护农药就已经迟了，要改喷内吸性杀菌剂。

(三)安全用药

生产无公害果品，必须选择无公害农药，要选用低毒、低残留农药，对天敌、对环境负面影响小的农药。还要注意选用耐雨水冲刷，药效稳定持久的农药。新用农药要先做防治试验，取得经验，再大面积使用，以防发生药害。

第三章 果园常用农药

一、果园常用杀虫杀螨剂

(一)果园常用有机磷杀虫剂

1. 敌百虫 又称DEP。

(1)性状 本品油剂为黄棕色油状液体,粉剂为淡褐色粉末。工业品为白色块状固体。可溶于水,易溶于有机溶剂,但不溶于石油。挥发性小。固体状态化学性质稳定,但易吸湿受潮,配成的水溶液会逐渐分解。在碱性溶液中可转化为毒性更强的敌敌畏,再进一步分解失效。对人、畜急性,毒性小,对鱼类、蜜蜂毒性也低。

(2)剂型 剂型有2.5%粉剂,80%可溶性粉剂,50%可湿性粉剂和乳油,90%晶体,25%油剂和20%烟剂。

(3)使用方法 敌百虫是高效、低毒、低残留的广谱性杀虫剂。对害虫主要是胃毒作用,兼有触杀作用,主要用于防治咀嚼式口器害虫。它是神经毒剂,进入虫体后通过抑制其胆碱酯酶活性,引起神经过分冲动,使内脏器官、肌肉与腺体过分兴奋与活动,生理失常而死亡。在果树上用90%晶体1 000~1 500倍液(最好再加入0.1%的洗衣粉)喷雾或每株成龄树用25%油剂20毫升进行超低容量喷雾,可有效地防治椿象、食叶害虫、刺蛾、袋蛾、金龟子和象甲等害虫。由于其残效期短,在接近果实采收期也可使用。敌百虫对蚜虫和螨类防治效果差。

2. 敌敌畏 又称DDVP。

(1)性状 工业品为淡黄色油状液体,乳油制剂为浅黄色至黄棕色透明液体。微溶于水，可溶于大多数有机溶剂。挥发性强，略带香味。对热稳定。长期密闭贮存不易分解。但配好的药液不能久放，在碱性液中水解更快。对人、畜急性胃毒毒性较大，对鱼类高毒，对蜜蜂剧毒。药效期短，在一般浓度下对植物安全。

(2)剂型　剂型有40%、50%、80%乳油，50%油剂，2%烟剂，20%塑料块缓释剂。

(3)使用方法　敌敌畏对害虫具有胃毒、触杀和熏蒸作用。触杀作用比敌百虫大7倍。蒸气压较高，熏蒸作用强，对害虫击倒速度快，吸收气化的敌敌畏后害虫几分钟便中毒死亡。它是神经毒剂，通过抑制害虫的胆碱酯酶使其中毒。该药无内吸作用，田间残效期仅3～5天，可在果实采收前10天使用而无残毒，适于防治发生期集中的害虫。用80%乳油1000～1500倍液喷雾可防治苹果巢蛾、卷叶虫、刺蛾、毛虫、蚜虫、尺蠖和网蝽等。用50%乳油600～800倍液喷雾防治介壳虫，用棉花吸少量50倍液塞入树干蛀孔内防治天牛等都有好的效果。本药还常用来防治蚊、蝇、臭虫等卫生害虫。

3. 马拉硫磷　又名马拉松、马拉塞昂等。

(1)性状　本品乳油制剂为淡黄色至棕色油状透明液体，油剂为棕色油状液体，粉剂为灰白色粉末。具有强烈的大蒜臭味。微溶于水，易溶于多种有机溶剂。在中性和弱酸性液中比较稳定，但在碱性和强酸性液中迅速分解失效。遇铜、铁、铝、锡、铅等金属会促使分解。对光稳定，对热稳定性较差，在水中能缓慢分解。对人、畜的急性胃毒毒性较小，皮肤接触的毒性更小；对鱼类和蜜蜂的毒性较大。对植物比较安全。

(2)剂型　剂型有3%、5%粉剂，25%、50%乳油，25%油剂。

(3)使用方法　马拉硫磷对害虫具有较强的触杀和胃毒作用，杀虫谱广。杀虫效果随气温升高而增大，如气温从16℃升至32℃，毒力可提高一倍。此药对大部分叶面害虫防治效果较好，对叶蝉类有特效，而对螨类，钻蛀性害虫和地下害虫防效差。它的杀虫机制是抑制胆碱酯酶活性，可用于防治果树、茶、桑等作物上的多种害虫。防治蚜虫、金龟子、食心虫、刺蛾、蓑蛾等用50%乳油1 000～1 500倍液喷雾。该药还常用于防治贮粮害虫、家畜体内寄生虫和多种卫生害虫。

4. 乐果 又名乐戈。

(1)性状 乳油制剂为黄棕色透明油状液体，有大蒜臭味。工业品微溶于水，易溶于苯、二甲苯、丙酮等多种有机溶剂。对日光和在中性、酸性液中稳定，遇热、受潮和在碱性条件下易分解失效。对人、畜毒性较低，对鱼类毒性也低，但对蜜蜂、寄生蜂和瓢虫高毒。

(2)剂型 剂型有1.5%、2%粉剂，60%可溶性粉剂，40%、50%乳油、25%油剂。

(3)使用方法 乐果是一种内吸性杀虫杀螨剂，杀虫谱广，对害虫有极强的触杀和内吸作用，并有一定的胃毒杀虫作用，它是一种有机磷神经毒剂。通过抑制胆碱酯酶使虫中毒死亡。用40%乳油1 500～2 000倍液喷雾，可防治果树介壳虫、蚜虫、螨类、叶蝉、蓟马、椿象、木虱等刺吸式口器害虫，对鳞翅目幼虫也有防治效果。除喷雾外，防治蚜虫等还常用乐果的高浓度液涂茎或灌根。果树采收前10～14天停止使用。

5. 辛硫磷 又名肟硫磷、倍腈松。

(1)性状 本品的乳油制剂为棕褐色油状液体。原油微溶于水，易溶于苯、甲苯、二甲苯等有机溶剂。在中性和酸性介质中稳定，遇碱易分解。对阳光，特别是紫外线很敏感，直接曝光易光解失效。它在微生物作用下也易分解，不留残毒，是取代六六六、滴滴涕等高残留农药的主要品种。该药施入土壤中持效期可长达1～2个月，适于防治地下害虫。辛硫磷对人、畜的急性胃毒毒性低，对鱼类的毒性也较低。在一般使用浓度下对植物安全。

(2)剂型　剂型有3%、5%颗粒剂,50%乳油,25%微胶囊和油剂。

(3)使用方法　辛硫磷是一种高效、低毒、低残留的广谱性杀虫剂,对害虫有很强的胃毒作用和触杀作用,也有一定的熏蒸作用。其杀虫机制是抑制胆碱酯酶的活性。可用于防治果树、蔬菜、茶和桑等作物上的多种害虫,对地下害虫、贮粮害虫、家畜体内外寄生虫和卫生害虫都有良好的防效,尤其对鳞翅目幼虫效果显著,对虫卵也有一定的杀伤作用。用50%乳油1500～2000倍液喷雾可防治卷叶蛾、毛虫、毒蛾、刺蛾、叶蝉、粉虱、蚜虫、螨类和金龟子等。防治苗圃的地下害虫,每公顷可用7～8千克25%微胶囊,掺和约350千克细土撒于地面锄下。

6. 毒死蜱　又名氯吡硫磷、乐斯本。

(1)性状　本品的乳油制剂为草黄色液体,有硫醇臭味;颗粒剂为蓝色颗粒。原药为白色颗粒状结晶,一般情况下稳定。微溶于水,易溶于多种有机溶剂。在碱性介质中易分解,对铜和黄铜有腐蚀性。对人、畜毒性中等,对鱼类等水生动物和蜜蜂毒性较高。

(2)使用方法　该药对害虫具触杀、胃毒和熏蒸作用,是一种广谱性的杀虫剂,其在土壤中持效期为60～120天,挥发性强,可用于防治地下害虫和多种食叶害虫、蛀果害虫、卷叶害虫、梨网蝽等40.7%乳油1000～2000倍液喷雾。防蝼蛄、蛴槽,每公顷用乳油2.25升拌干细土200～300千克,配成毒土撒施。

(二)果园常用拟除虫菊酯类杀虫剂

1. 溴氰菊酯　又名敌杀死、凯素灵等。

(1)性状　本品的乳油为透明的浅黄色液体,可湿性粉剂为白色粉末。难溶于水,易溶于丙酮、二甲苯、甲苯、乙醇等多种有机溶剂。对光、酸和中性溶液稳定,遇碱分解,对塑料制品有腐蚀性。亲脂性强、耐雨水冲刷,能很好地接触昆虫表皮和附着在植物叶面。在土壤中分解较快，在动物体内分解更快，且可排出体外，无积累毒性。对人、畜较安全，对温血动物毒性低，但对鱼类、蜜蜂、家蚕毒性较大。

(2)剂型　剂型有2.5%可湿性粉剂，0.6%增效乳油，2.5%、10%乳油，1%超低容量制剂。

(3)使用方法　溴氰菊酯对害虫具有强烈的触杀和胃毒作用，并有一定的驱避拒食和杀卵作用。击倒速度快，用药量少，持效期长，其杀虫机制主要是改变昆虫神经膜的渗透性，影响离子的通过，因而抑制神经传导，使虫体运动失调、痉挛、麻痹以至死亡。可用于防治果树、蔬菜、茶树、烟草、观赏植物等的害虫及卫生害虫，但对螨类效果差。用2.5%乳油3 000～4 000倍液甚至更高倍数的药液喷雾，可防治各种食心虫、卷叶虫、潜叶蛾、尺蠖、巢蛾、叶蝉和蚜虫等，持效期10天左右。用2.5%乳油1份加上敌敌畏乳油2～3份对水5 000倍，在果树初花期待大量苹毛金龟子爬向树冠时及时喷药，可集中歼灭为害蕾、花的金龟子。

2. 三氟氯氰菊酯　也叫功夫。

(1)性状　本品的乳油制剂为淡黄色透明液体，工业品为米黄色固体，无特殊气味，微溶于水，可溶于多种有机溶剂，化学性质稳定，在15℃～25℃时至少6个月不分解。因它能渗入作物叶部蜡质表皮，所以耐雨水冲刷。对人、畜毒性中等，对作物安全。

(2)剂型　剂型有2.5%、5%乳油，0.8%超低容量制剂。

(3)使用方法　该药为广谱性杀虫剂，对害虫具触杀和胃毒作用，对螨类也有一定的杀伤作用。药效迅速，但不宜做土壤处理。用2.5%乳油3 000～4 000倍液喷雾可防治桃蛀果蛾、梨星毛虫、舟形毛虫、卷叶虫和蚜虫，还可兼治螨类，防治桃蛀果蛾时加渗透剂或展着剂效果更好。

3. 甲氰菊酯　又名灭扫利。

(1)性状　本品的乳油制剂为棕黄色液体，工业品为白色结晶固体，可与丙酮、环乙酮、二甲苯、氯仿等有机溶剂混溶，微溶于水，可溶于甲醇和正乙烷。对光、热稳定。除甲醇和乙基纤维素外，在大多数有机溶剂、矿物质填料和载体中稳定，是一种高效、中毒、低残留和杀虫谱广的药剂，对人，畜安全。对蜜蜂和鱼类高毒。

(2)剂型　剂型有10%、20%和30%乳油。

(3)使用方法　甲氰菊酯对害虫和害螨具有触杀、胃毒和一定的驱避、拒食作用，用以防治果树、蔬菜、茶树、烟草和棉花等多种作物上害虫，并能兼治螨类。用20%乳油2 000～3 000倍液喷雾可防治桃蛀果蛾、梨小食心虫、山楂叶螨、苹果全爪螨、潜叶蛾和多种食叶害虫。对螨类需药后10天再喷1次，可彻底控制其为害。

4. 联苯菊酯　又名天王星、虫螨灵。

(1)性状　本品的乳油制剂为淡褐色固体，具微弱香味。可溶于氯仿、丙酮、乙醚和甲苯等有机溶剂，难溶于水。在土壤中贮存性能稳定。对人、畜和鱼类毒性高，对蜜蜂毒性中等。

(2)剂型　剂型有2.5%和10%乳油。

(3)使用方法　联苯菊酯是一种新型高效的杀虫螨剂，具有触杀和胃毒作用，杀虫谱广，作用迅速，持效期长。对植食螨的幼螨、若螨和成螨均有效，适用于防治果树、蔬菜、棉花、茶树等作物上的多种害虫及害螨。用10%乳油3 500～10 000倍液喷雾可防治食心虫、叶螨、蚜虫、卷叶虫、潜叶蛾和尺蠖等，持效期10天以上。果树落花后喷洒，此时为螨类幼、若、成螨集中发生期，防治效果最佳。

5. 氰戊菊酯　又名敌虫菊酯、杀灭菊酯、速灭菊酯。

(1)性状　本品的乳油制剂为黄褐色透明液体。工业品为黄色油状液，可溶于多种有机溶剂，不溶于水。对光、热和在酸性溶液中稳定，遇碱分解。高温、高湿对药剂的稳定性无影响。亲脂性强、耐雨水冲刷。对人、畜毒性低，对蚕、蜜蜂、鱼类毒性大。

(2)剂型　剂型有10%和20%乳油。

(3)使用方法　氰戊菊酯是一种高效、低毒、低残留的广谱性杀虫剂，对害虫主要具有触杀作用，也有胃毒和一定的拒食、杀蛹效果。杀虫机制同溴氰菊酯。该药的特点是毒力强、击倒快，用药少，持效长，在作物体内残留少，适于防治果树、蔬菜、茶树、烟草等作物的多种害虫。果树上用20%乳油3000～5000倍液喷雾防治绣线菊蚜、桃蚜、桔蚜、梨星毛虫、天幕毛虫、刺蛾类等；用其2500～3000倍液可防治桃蛀果蛾、梨小食心虫、苹果小食心虫、卷叶虫和潜叶蛾等。持效期一般7～10天。

(三)苯甲酰脲类杀虫剂

1. 灭幼脲

(1)性状　灭幼脲类，成药有灭幼脲Ⅰ号(也叫除虫脲)、灭幼脲Ⅱ号、灭幼脉Ⅲ号(也叫苏脲Ⅰ号)等。它的杀虫作用是抑制昆虫表皮几丁质的形成，使其不能正常蜕皮或变态而死亡；还能抑制胚胎发育中几丁质的形成，使卵不能正常孵化。此外，对昆虫生殖力也有一定影响。其胶悬剂为白色乳状悬浊液，纯品为白色结晶，几乎不溶于水，也难溶于大多数有机溶剂。对光、热稳定，耐雨水冲刷。在酸性和中性介质中稳定，在碱性介质中易分解。对人、畜安全，对鱼类和有益生物无害，但对蟹、虾、蜜蜂有一定毒性。

(2)剂型　剂型有灭幼脲Ⅰ号，25%可湿性粉剂，25%胶悬剂，2%乳油，1%油剂；灭幼脲Ⅲ号25%、50%胶悬剂。

(3)使用方法　灭幼脲对昆虫主要是胃毒作用，对一些敏感的昆虫也有一定的触杀作用，对鳞翅目幼虫有特效，可用于防治果树、蔬菜、粮食、棉花、森林、仓库及卫生害虫。幼虫吃进药剂后即不再取食农作物。一般喷药后3天害虫开始死亡，5天左右达死亡高峰。成虫不蜕皮，所以该药对成虫无效。用灭幼脲Ⅲ号1000倍液对天幕毛虫效果显著。用1000倍液喷雾可防治桃蛀果蛾、梨小食心虫、蓑蛾、尺蠖和黄刺蛾等。防治检疫对象美国白蛾用灭幼脲Ⅰ号1 000～2 000倍液消灭各龄幼虫，毒杀美国白蛾卵效果都很好。一般3～4天才显效果。

2. 定虫隆　又名抑太保、IKI-7899。

(1)性状　本品的乳油制剂为棕色液体，常温下稳定。属苯甲酰脲类杀虫剂，对人、畜低毒。剂型有5%乳油。

(2)使用方法　定虫隆是一种昆虫生长发育抑制剂，可阻碍幼虫蜕皮，对多种鳞翅目害虫以及直翅目、鞘翅目、双翅目和膜翅目等害虫有很高的活性，但作用速度缓慢，一般在施药后5～7天才能充分发挥作用。它适于防治果树、蔬菜、棉花、茶树等作物害虫，对已对有机磷、氨基甲酸酯和拟除虫菊酯等杀虫剂产生抗性的害虫有良好的防效，而对蚜虫、叶蝉、飞虱等无效。对桃蛀果蛾卵初孵期喷施5%乳油1 000～2 000倍液可有效地控制苹果受害率。喷药要周到、均匀。因药效发挥缓慢，应较一般杀虫剂提前3天左右使用。

3. 噻嗪酮　别名优乐得、灭幼酮，代号NNI-750。

本品为日本开发的一种新型高效昆虫生长调节剂，其可湿性粉剂为灰白色。不溶于水，易溶于有机溶剂，在酸碱液中均稳定。对人、畜低毒，对天敌无害。剂型有25%可湿性粉剂。噻嗪酮属具有选择性的特异性杀虫剂，对果树介壳虫、飞虱、叶蝉、粉虱等有良好的防效。对害虫以触杀作用为主，也有胃毒作用。其杀虫原理是抑制昆虫几丁质合成，干扰新陈代谢，致使若虫不能正常蜕皮而缓慢死亡，一般施药后3～7天才能看出效果，但持效期较长(30～40天)。防治以上害虫，可于若虫盛孵期用25%可湿性粉剂1 500～2 000倍液喷雾，15天后再喷1次。

(四)常用熏蒸杀虫剂

1. 溴甲烷　别名甲基溴，溴代甲烷。

(1)性状　本品为无色或带有淡黄色的液体，略带香甜气味，难溶于水，可溶于乙醇、乙醚、氯仿、二硫化碳、苯等有机溶剂。溴甲烷在常温常压下为无色气体，略有甜味，比空气重，一般情况下都压缩成液体装在钢筒内。气态溴甲烷对金属、棉花、丝、毛织品无不良影响，但液态溴甲烷易溶解脂肪、树脂、橡胶、颜料和亮漆等。在一般熏蒸所用浓度下(空气中含溴甲烷体积约0.8%)不易燃、不爆炸、渗透力强。对温度、湿度、压力都稳定，但在碱性液中易分解。对植物比较安全，对含水分量较多的食物和水果熏蒸时能影响品质。对人有麻醉作用，空气中含有百万分之五十至一百时经30分钟以上可使人严重中毒以致死亡。溴甲烷液体与皮肤接触可引起烧伤或裂口。

(2)剂型　剂型有液化后装入钢瓶中的液体，纯度98%以上。为了防止中毒，加入2%催泪剂作警戒剂。

(3)使用方法　溴甲烷具有强烈的熏蒸杀虫作用，能毒杀各种害虫的卵、幼虫、蛹和成虫，其主要作用部位是昆虫的神经系统。沸点低、气化快，在冬季低温下渗透能力仍很强，可用于对粮仓、加工食品、种子、苗木中多种害虫害螨的熏蒸处理。在冬季或初春熏蒸果树苗木，每立方米用药液36～40毫升，熏蒸4小时。熏蒸温度以10℃～15℃为宜。如果气温高于20℃，药量可减少1/5。熏蒸时钢瓶阀或长管喷头应高于被熏蒸材料的堆面。

(4)注意事项　①溴甲烷对人、畜剧毒，严格按照操作规程施药，并戴有效的防毒面具。②根据气候变化测定堆垛内温度，以确定施药时间、施药量及密闭时间。③本品应贮存于干燥、通风良好的库房中，严防受热。轻拿、轻放，防止剧烈震荡和日晒。

2. 磷化铝　又称磷毒、费斯毒净。

(1)性状　本品的片剂为灰色或灰绿色圆片，粉剂为灰绿色或黄棕色粉末，无臭。干燥条件下稳定，吸潮易分解放出剧毒气体磷化氢，具有大蒜异臭味。在25℃和相对湿度75%～80%时；12～15小时即可完全分解。空气含量达到0.14毫克/升，就会使人感到呼吸困难，以致死亡。

（2）剂型　剂型有56%片剂、丸剂、粉剂。

（3）使用方法　磷化铝用量少，药效快，穿透力强，使用方法简便等特点。主要用于仓库粮食、食品熏蒸杀死害虫。板栗栗苞、栗实用磷化熏蒸杀灭栗实害虫。栗苞21克/米^3，栗实18克/米^3，用塑料帐（袋）密闭24小时，温度要在20℃以上。如果温度低于20℃，要适当延长熏蒸时间。还可以将磷化铝片塞入天牛隧道内，外用泥土封闭洞口，消灭天牛。

（五）微生物杀虫剂

1. 苏云金杆菌　是一种细菌杀虫剂，该种细菌属好气性，体芽孢杆菌群。目前国内外筛选出的新品系较多，如蜡螟菌变种（也叫青虫菌）、杀螟杆菌、松毛虫杆菌等。

（1）性状　苏云金杆菌的可湿性粉剂为浅灰色粉末，每克菌粉含细菌活孢子100亿～300亿个。乳剂简称Bt乳剂，每毫升含孢子120亿个，并含0.2%拟除虫菊酯类杀虫剂。该种杀虫剂对人、畜、蜜蜂无毒，对害虫天敌安全，对作物无药害，但对家蚕、柞蚕、蓖麻蚕毒力很强。性质稳定，贮藏1年后杀虫效果不减。

（2）剂型　剂型有可湿性粉剂，Bt乳剂。

（3）使用方法　苏云金杆菌对害虫仅有胃毒作用。药剂喷射到作物上被害虫取食后，细菌的伴孢晶体能破坏肠道组织，引起瘫痪、停食、中毒致死，药剂中含的芽孢萌发侵入昆虫体内大量繁殖，引起败血症死亡。害虫只有取食了喷药的植物体才能中毒。可用其防治食叶的多种鳞翅目幼虫，如刺蛾、尺蛾、毒蛾、枯叶蛾、巢蛾和夜蛾幼虫。用Bt乳剂一般600倍液，药液中加入0.1%洗衣粉，可提防治效果。

2. 阿维菌素　又名齐螨素，海正灭虫灵。

（1）性状　该剂是微生物多种代谢物及其复合体杀虫剂、杀螨剂。主要干扰害虫神经生理活动，使其麻痹中毒而死亡。还有触杀和胃毒作用。有较强的渗透作用，并在植物体内传导、杀虫杀螨活性高。残效期10天以上。具有高效、广谱，对天敌安全等特点。

(2)剂型　剂型有1.8%阿维菌素乳油、2%阿维菌素乳油、0.6%阿维菌素乳油。

(3)使用方法　防治桃蛀果蛾、潜叶蛾，木虱和叶螨类害虫。防治山楂叶螨、二斑叶螨发生初期用1.8%阿维菌素乳油4000～6000倍液。防治潜叶蛾、桃蛀果蛾等，用1.8%阿维菌素2000～4000倍液。不能和碱性药混用。喷药避开中午高温时喷药。

(六)其他杀虫剂

1. 吡虫啉　又名蚜虱净。

(1)性状　是新一代氯代尼古丁杀虫剂，具有广谱、高效、低毒、低残留。具有触杀、胃毒和内吸多重药效。主要用于防治刺吸式口器害虫，害虫接触药剂后，神经正常传导受阻，麻痹死亡，速效性好。残效期长达25天左右。温度高杀虫效果好。是一种硝基亚甲基化合物。

(2)剂型　剂型有2.5%吡虫啉可湿性粉剂，10%吡虫啉可湿性粉剂，5%吡虫啉乳油等。

(3)使用方法　防治果树蚜虫类，在发生初期虫口上升时喷10%吡虫啉可湿性粉2500～5000倍液。防梨木虱可用10%可湿粉4000～6000倍液。防治卷叶蛾在害虫为害盛期喷5%吡虫啉乳油2000～3000倍液。不能和碱性药混用。果品采收前15天停止喷药。

2. 柴油乳剂　是豆浆色液体，对果树介壳虫杀伤作用显著，对人、畜基本无毒，在正常浓度下对作物安全。

(1)配制方法　用轻柴油0.5千克，水0.5升，中性皂50克配合煎制而成。先将中性皂切碎放入水中加热溶化至沸腾。同时将轻柴油放在另一只锅内也加热到 50℃～60℃，然后用单管喷雾器把柴油直接喷到肥皂水中，此时火力要猛，并不断搅拌，以帮助充分乳化，即成含油量 50%的柴油乳剂母液。

(2)使用方法　柴油乳剂的杀虫机制是窒息杀虫作用，这是由于喷洒在动植物体上形成持久稳定的油膜所致。防治介壳虫越冬成虫，可用 5%稀释液喷雾(即将 50%母液用温水稀释 10 倍)。防治越冬若虫用 1%稀释液喷雾。在稀释液中加入 0.1%洗衣粉可明显延缓油和水的分离时间，增强杀虫效果。稀释母液一定要用温水(因为冷水会使油剂凝结)，随配随用。应在果树休眠期或萌芽时施用，否则会产生药害，使芽、叶受损。喷过柴油乳剂后要隔 10～15 天才能喷石硫合剂，以免引起药害。不能和石硫合剂、松脂合剂、石灰和波尔多液等混用。

3. 烟碱

(1)性状　烟草杀虫的有效成分主要是烟碱。纯烟碱为无色无气味的油状液体，有挥发性，性质不稳定。能溶于水和有机溶剂。遇光和空气变成褐色，发黏，具有奇臭和强烈刺激性。烟草中烟碱的含量因品种和产地而有不同，烟草各部位含烟碱量也不同。卷烟厂的下脚料(烟草粉末)约含烟碱 1%～2%，烟茎和烟筋约含烟碱 1%，人们吸过的香烟头含烟碱 3%左右。烟碱为强碱性物质。对人、畜有毒性，对植物安全。

(2)使用方法　烟碱对害虫具有触杀、胃毒和熏蒸作用。药效速度快，但持效期较短，其杀虫机制是麻痹害虫的神经。它的杀虫范围广，主要用于防治果树、蔬菜、茶叶、棉花等作物的蚜虫、蓟马、椿象、卷叶虫、潜叶蛾和菜青虫等。①每公顷用卷烟厂的烟草粉末 50～60 千克直接喷粉，可防治椿象、跳甲和一些蛾子。将烟草粉末和捣碎的烟茎、烟筋加清水浸泡一天(气温较高时浸半天)，滤去烟渣。按每千克烟草粉末加水 5～10 升，或每千克烟茎、烟筋加水 6～8 升的比例稀释，直接喷雾。

(七)有机锡杀螨剂

1. 苯丁锡 也叫托尔克、螨完锡。

(1)性状 本品的可湿性粉剂为浅红色粉末,属有机锡杀螨剂。正常情况下贮存2年不变质。原药为白色晶体,在水中和大多数有机溶剂中均很难溶解。对人、畜低毒,对害虫天敌和有益昆虫毒性也很低,但对鱼类高毒。

(2)剂型 有50%可湿性粉剂。

(3)使用方法 苯丁锡对叶螨的成、幼、若螨都有较强的触杀作用。药效较迟缓,一般药后2星期才能达到高峰,但持效期长,对因施用有机磷、有机氯农药而产生抗性的螨类也有较好效果。当气温在22℃以上时,药效会随温度增加而提高,因此夏季使用效果更好。防治果树上的各种叶螨一般用50%可湿性粉剂1 000~1 500倍液喷雾。不能和碱性药混用。

2. 三唑锡 又叫三唑环锡、倍乐霸。

(1)性状 三唑锡的可湿性粉剂为白色或淡黄色粉末。属有机锡杀螨剂。原药为无色粉末,不溶于水,微溶于甲苯、二氯甲烷等有机溶剂。对日光和雨水较稳定,但易在水中扩散。在酸性介质中不稳定。对人、畜毒性中等,对蜜蜂和害螨天敌安全,但对鱼类毒性高。

(2)剂型 有25%可湿性粉剂,20%悬浮剂。

(3)使用方法 该种药剂对螨类具有触杀作用和胃毒作用,对敏感性和具抗性的成螨、若螨和夏卵均有较强的毒杀作用,但对冬卵无效。在稀释1 250~2 000倍液浓度下对作物安全。防治果树、柑橘上各种害螨均可在其为害初期用25%可湿性粉剂1 000~1 500倍液喷雾,持效期30天以上。安全间隔期14天。

3. 三环锡 又叫普特丹、杀螨锡。

(1)性状 工业品为浅褐色粉末。属有机锡杀螨剂。难溶于水，在大多数有机溶剂中溶解度也很低。在微酸性、中性和碱性介质中稳定，遇强酸可形成盐。室温下稳定。在光照下易分解，稍有气味。对人、畜毒性低，对害虫天敌较安全，对蜜蜂近乎无毒。

（2）剂型　有50%可湿性粉剂。

（3）使用方法　三环锡属广谱性杀螨剂，具有触杀、胃毒和拒食作用，可用于防治果树以及花卉上的多种螨类，对卵、若螨和成螨都有效。在螨卵孵化高峰期用50%可湿性粉剂2 000～4 000倍液喷雾，有效控制期可达25～30天。对有机磷农药产生抗性的螨类改用此药防效很好。收获前15天停止使用。

（八）其他杀螨剂

1. 噻螨酮　又名尼索朗、已噻唑。

（1）性状　本品的乳油为淡黄色或浅棕色液体，可湿性粉剂为灰白色。属噻唑烷酮类专性杀螨剂。原药为无气味的白色结晶固体，微溶于水，易溶于二甲苯、丙酮、三氯甲烷等有机溶剂。对光、热稳定性好。在酸性和中性介质中稳定，遇碱可缓慢分解。对人、畜和害虫天敌毒性低，对植物安全。

（2）剂型　有5%可湿性粉剂和乳油。

（3）使用方法　该药主要具有杀螨卵作用，也可杀幼螨、若螨，对成螨无效，但对接触药液的雌成螨产的卵有抑制孵化作用。虽然药效发挥较慢，但持效期长，可保持50天左右。在螨类发生初期用5%可湿性粉剂或乳油1 000～2 000倍液喷雾，可防治果树上害螨。喷药要均匀周到。

2. 速螨酮　又名灭螨灵、达螨净等。

（1）性状　纯品为白色晶体，略有气味，不溶于水，能溶于多种有机溶剂，化学性质稳定。是一种高效、广谱有机磷杀螨杀虫剂。对害虫有触杀，对叶螨的卵、幼螨、若螨和成螨均有较强的杀伤作用。对锈螨防治效果也较好。药效迅速，药效期长达30～50天。

耐雨水冲刷。杀螨效果不受温度影响。毒性中等。对天敌安全。对鱼毒性高。

(2)剂型　有10%和15%速螨酮乳油,20%速螨酮可湿性粉剂。

(3)使用方法　防治对象有山楂叶螨、苹果全爪螨、柑橘全爪螨。20%速螨酮可湿粉3 000～4 000倍液,持效期30～50天。防治叶蝉、蚜虫和蓟马,用1 000～2 000倍液。

3. 溴螨酯　又名螨代治、纽郎、溴丙螨醇。

(1)性状　本品的乳油制剂为棕色透明液体,工业品为褐色液体或无色结晶。在水中溶解度极小,易溶于大多数有机溶剂。在中性和微酸性介质中性质稳定,但在碱性和酸性条件下易分解,对人、畜、鸟类、蜜蜂毒性低,对鱼类有毒。

(2)剂型　剂型有50%乳油。

(3)使用方法　该种药剂为广谱性杀螨剂,对果树、蔬菜、茶树等作物的叶螨、瘿螨、须螨、线螨均有较好的防效,且可防治那些对有机磷、有机氯类农药已产生抗性的害螨。溴螨酯对螨类的卵、幼螨和成螨均有较强的触杀作用,持效期3～6周。防治果树的害螨可用50%乳油1 000～1 500倍液喷雾,开花前喷1次,平均螨量0.2头/叶时再喷1次,共喷2～3次。喷雾时要均匀周到。果实采收前21天停用。

二、果园常用杀菌剂

(一)无机杀菌剂

1. 石硫合剂

(1)性状　石硫合剂是用石灰、硫黄和水熬制而成的红褐色透明液体,有臭鸡蛋气味。为无机硫制剂。呈碱性,遇酸易分解。对铜、铝等金属有腐蚀性。石硫合剂的有效成分多硫化钙具有渗透及侵蚀病菌细胞壁和害虫体壁的能力，可直接灭菌杀虫。另外，在喷洒到作物表面后受氧、二氧化碳和水等作用可发生一系列化学变化，形成微细的硫黄沉淀，并放出少量硫化氢，也起到杀虫杀菌和保护植物的作用。对人、畜毒性中等，对眼睛、鼻黏膜、皮肤有腐蚀和刺激作用。

(2)熬制方法　原料为优质生石灰、细硫黄粉和水，三者的最佳配比为1∶1.4～1.5∶13。先将生石灰和水调成石灰乳，加足水后加热到沸腾，然后将硫黄粉用少量水调成糊状，缓慢倒入煮沸的石灰乳中，同时不断中速搅拌，继续熬煮50分钟左右，熬成红褐色即可停火。在熬制过程中要随时用开水补充蒸发的水量。待药液冷却后滤去渣子，即成透明酱油色的石硫合剂原液。用波美比重计测量其浓度(一般自行熬制的石硫合剂可达20～28波美度)，贮藏于陶器内密闭，或在液面滴一层矿物油备用。商品石硫合剂可达32波美度以上，含多硫化钙27.5%以上。

(3)使用方法　石硫合剂是一种优良的兼具杀菌、杀虫和杀螨作用的古老药剂，可用来防治多种真菌病害，对锈菌和白粉菌引起的病害防效尤好。对叶螨、锈螨也有较好的防治效果。对介壳虫及一些虫卵也有效。果树冬季休眠期和早春萌芽前喷洒3～5波美度药液，可防治果树腐烂病、炭疽病、白粉病等，同时可杀伤苹果全爪螨的卵及山楂叶螨的成螨。在果树生长季节喷洒0.2～0.5波美度药液，可防治果树花腐病、白粉病、轮纹病、锈病、叶螨等。石硫合剂原液可用作果树的伤口消毒，防治果树腐烂病、根病等。稀释石硫合剂时需要加水的倍数可用公式计算：

$$\text{加水稀释倍数}=\frac{\text{原液波美度}}{\text{需要稀释的波美度}}-1$$

(4)注意事项　①不能使用铜、铝器具熬制和贮藏。熬制的原料必须选用优质生石灰块和细硫黄粉。②不能和忌碱药、肥混用，也不能和波尔多液、松脂合剂等混用。温度在32℃以上或4℃以下时均不宜使用石硫合剂。③石硫合剂对某些作物易引起药害，特别是叶组织幼嫩的作物最易发生药害。桃、李、梅、梨、葡萄、黄瓜、番茄和豆类等对石硫合剂较敏感。

2. 波尔多液

(1)性状　波尔多液是由硫酸铜和石灰乳配制成的天蓝色悬浮液，呈碱性。为无机铜制剂。其有效成分是碱式硫酸铜，几乎不溶于水，而形成极细小的蓝色颗粒悬浮在药液中，喷洒后以微粒状附着在植物表面和病菌表面，经空气、水分及作物、病菌分泌物的作用慢慢转化为可溶性铜化物而起杀菌作用。波尔多液黏着性好，喷洒在植物表面后可形成一层薄膜而防止病菌侵入植物体，为一种古老的保护性防病药剂。由于它具有杀菌力强、应用范围广、药效持久、容易配制等优点，所以至今仍被广泛应用。它对人、畜基本无毒，但对蚕有毒。

(2)配制方法　根据硫酸铜和生石灰用量多少，波尔多液可有多种不同配制式，在果树上一般用以下3种(表4)：

表4　果树常用波尔多液浓度和配比

配制式	硫酸铜	生石灰	水
160～200倍石灰等量式	1	1	160～200
160～200倍石灰过量式	1	1.5	160～200
200倍石灰多量式	1	2～3	200

配制时可根据果树不同的发育阶段和不同的树种选用不同配比。易发生药害的品种或幼嫩阶段生石灰的用量宜加大，用水倍数也应增加，这样配成的药液对果树安全，附着性好，效力持久，但杀菌作用较慢。

配制波尔多液的方法有多种，一般采用“两液法”。以等量式加水160倍为例，先将1份硫酸铜（碾碎后用少量热水化开）和1份生石灰（若用消解不久的消石灰时用量需增加30%～50%）分别在80份水中化开，滤去渣子，制成硫酸铜液和石灰液，然后同时倒入第三个容器中，边倒入边用木棒搅拌均匀即成。也可用90%的水量溶解硫酸铜，用10%的水量溶化生石灰，然后将硫酸铜液慢慢倒入石灰乳中，不断搅拌即成。但不能把石灰乳倒入硫酸铜液中，否则配成的波尔多液质量不好，防病效果差。为了增加黏着性能，使用前还可以加入药液量千分之一的展着剂或豆汁、皮胶等。

（3）*使用方法*　波尔多液可防治多种果树、蔬菜、大田作物和观赏植物的病害。此外，波尔多液对很多昆虫有驱避作用，也有一定的杀卵活性。防治果树根腐病，用160倍石灰过量式液浇灌根部和周围土壤。防治果树叶部病害如褐腐病可在9月上旬和10月上旬喷2次200倍石灰过量式液，其中第二次药应用硫酸锌代替30%～50%的硫酸铜，即配制成锌铜波尔多液喷洒，以减轻果面药痕。对于果树苗立枯病，可在发病初期用200～240倍石灰倍量式液均匀喷洒。用15倍石灰多量式配制成的叫波尔多浆，常用来涂抹果树伤口，保护其不受病菌侵染。

（4）*注意事项*　①配制时不能用金属容器。喷过波尔多液的喷雾器要及时洗净，否则会腐蚀损坏。②雨天、雾天及早晨露水未干时不要喷药，以免产生药害。③要随配随用，并注意使用时不断搅拌。④不能和忌碱药、肥混用，也不能和石硫合剂、松脂合剂混用。施用波尔多液后至少隔15～20天才能喷施上述药物。

（二）有机合成的杀菌剂

1. 代森锌

（1）*性状*　本品的可湿性粉剂为灰白色或浅黄色粉末。属二硫化氨基甲酸盐类保护性杀菌剂。工业品有臭鸡蛋味，不溶于水和大多数有机溶剂。有较强的吸湿性，吸潮后发黏结团，遇热、见光和吸潮后减效。碱性介质下或遇铜盐能加速分解。对人、畜低毒，但对鼻腔、咽喉等黏膜及皮肤有刺激作用。对作物一般无药害。

(2)剂型　剂型有65％和80％可湿性粉剂，4％粉剂。

(3)使用方法　代森锌的有效成分化学性质较活泼，在水中易被氧化为异硫氰化合物，对病原菌体内含有－SH基的酶有强烈的抑制作用，并能直接杀死病原孢子，或抑制孢子的萌发，阻止病菌侵入植物体内。它的药效范围很广。防治果树落叶病、花腐病、锈病、炭疽病、黑星病等，用65％可湿性粉剂400～500倍液于开花期或发病盛期前每隔10～15天喷洒1次，连喷3～4次。

该药剂不能与碱性药及铜、汞药剂混用，可以和尿素、过磷酸钙等肥料混用。

2. 代森铵　又名阿巴姆。

(1)性状　水剂为黄色透明液体，带有氨的刺鼻气味。为二硫化氨基甲酸盐类杀菌剂。性质稳定，呈弱碱性。可溶于水，微溶于乙醇、丙酮，不溶于苯。在空气中不太稳定，温度高于40℃时易分解。对人、畜的急性毒性较小，但对人的皮肤有刺激性，对鱼类毒性也低。

(2)剂型　有45％和50％水剂。

(3)使用方法　代森铵水溶液能渗入植物组织，耐雨水冲刷，杀菌力强，在植物体内分解后还有肥效作用，不污染作物。它具有铲除、保护和一定的治疗作用，能防治多种作物病害。其作用机制为：与菌体细胞内正常代谢过程所需要的微量元素，如酶或辅酶中所含的铁等形成螯环化合物，而使物质代谢失常。它既可作叶面喷洒，又可作土壤和种子处理以及农用器材的消毒等。防治果树花腐病、黑星病、桃褐腐病等可用50％水剂800～1 000倍液喷雾。用该种水剂200～400倍液每平方米2～4升浇灌播种沟可防治果树苗立枯病。用500倍液浇灌果树根际，每株50～75升，可防治果树烂根病。不宜与碱性农药、化肥混合。

3. 百菌清　又称DAC2787。

(1)性状　本品的可湿性粉剂为白色至灰色疏松粉末，油剂为黄绿色油状均相液体，烟剂为乳白色粉状物。属取代苯类的广谱性杀菌剂。原药稍有刺激性气味，不溶于水，微溶于二甲苯、丙酮等有机溶剂。在常温下对光照稳定，在弱酸、弱碱介质中也稳定，但在强碱介质中分解。药效稳定，耐雨水冲刷，持效期长。对人、畜低毒，但对皮肤和黏膜有刺激。对鱼类毒性大。

(2)剂型　剂型有4%、5%粉剂，75%可湿性粉剂，10%油剂，50%烟雾片剂。

(3)使用方法　百菌清是高效、低毒、低残留的广谱性杀菌剂，几乎所有的果树、蔬菜病害都能防治，具有保护和治疗作用，还有一定的熏蒸作用。它的作用机制是能与真菌细胞中的3－磷酸甘油醛脱氧酶发生作用，破坏了酶的活力，使真菌细胞的新陈代谢受阻而丧失生命力。防治果树白粉病、炭疽病、黑星病、轮纹病、霜霉病、黑痘病、桃缩叶病等，可用75%可湿性粉剂600～1 000倍液，从发病起，连喷2～3次。幼果期不宜用。不能和碱性农药混用。

(三)杂环类内吸杀菌剂

1. 多菌灵　又名苯并咪唑44号、棉萎灵。

(1)性状　本品的可湿性粉剂为褐色疏松粉末，胶悬剂为淡褐色黏稠悬浮液。原药为棕色粉末。不溶于水，微溶于丙酮、氯仿、乙酸乙酯等有机溶剂，可溶于无机酸及醋酸等有机酸溶液并形成相应的盐。化学性质一般较稳定，原药在阴凉干燥处可贮藏2～3年。在碱性条件下不稳定。对人、畜和鱼类毒性较低，对蜜蜂无害。使用比较安全。

(2)剂型　有25%和50%可湿性粉剂，40%胶悬剂，80%超微可湿性粉剂。

(3)作用机制　多菌灵对真菌中的子囊菌纲、担子菌纲和半知菌类中的大多数病菌都有很强的抑制能力，所以对多种果树病害有保护和治疗作用。其作用机制是抑制病原真菌菌丝、芽管或吸器的正常生长，阻碍细胞有丝分裂中纺锤丝的形成，也能干扰菌体核酸的合成。它能通过作物叶子和种子渗入植物体内，耐雨水冲刷，持效期长，可作叶面喷雾、种苗处理或土壤处理，还可用于贮藏期保鲜。

(4)使用方法　防治苹果霉心病、果锈病、白粉病、花腐病、早期落叶病、炭疽病、轮纹病、黑星病、白粉病、白腐病、黑痘病、炭疽病、疮痂病等可用50%可湿性粉剂1 000倍液在发病初期喷雾，隔10～15天1次，共喷2～3次。贮藏期间的青霉病、柑橘绿霉病可用上述药剂1 000～2 000倍液浸果预防。对果树枝干部分的病害也可用刀纵横刻划，涂10～20倍40%胶悬液。用多菌灵1 000倍水悬液浸渍果实，晾干后装筐，对降低运输过程中苹果腐烂指数效果很好。

不能与碱性药、肥和含铜、汞制剂混用。

2. 三唑酮　又称粉锈宁、百菌通、百里通。

(1)性状　本品可湿性粉剂为白色至浅黄色粉末，乳油制剂为黄棕色油状液体，烟雾剂为棕红色透明状液体。属于三唑类杀菌剂。有挥发性，微臭味。难溶于水，易溶于一般有机溶剂。在酸性、微碱性介质中稳定。对人、畜低毒，对鱼、蜜蜂也为低毒，一般使用情况无药害。

(2)剂型　有15%、25%可湿性粉剂，20%乳油，15%烟雾剂。

(3)作用机制　三唑酮为高效的内吸保护和治疗性杀菌剂，被吸入植物体后能上下传导。其作用机制是抑制病原真菌麦角甾醇的生物合成，破坏细胞膜的结构，从而抑制或干扰菌体附着胞及吸器的发育、菌丝的生长和孢子的形成。

(4)使用方法　该药一般作叶面喷雾与种子处理，也可做土壤处理，对各种作物的白粉病、锈病等具有明显的防效。防治果树白粉病、黑星病、锈病、花腐病，用20%乳油3 000～4 000倍液于花前喷雾1～2次，花后2～3次，每次间隔15天。防治白粉病用4 000倍液于发芽前喷雾防治1次，发芽后1次。对葡萄炭疽病，可用4 000倍液于果实成熟前喷雾3～4次，每次间隔15天。采收前15～20天停止使用。

3. 苯菌灵　别名苯来特、苯拉特。

(1)性状　纯品为白色结晶，略有刺激性气味，不易挥发。属苯并咪唑类杀菌剂。不溶于水，微溶于乙醇，可溶于丙酮、氯仿和二甲基甲酰胺。在干燥状况下稳定，在水溶液或作物体内可转变为多菌灵。作用机制同多菌灵，为一种高效、低毒、广谱性的内吸杀菌剂，具有保护、铲除和治疗作用，并可兼杀螨卵。苯菌灵持效期长，可在土壤中保持6个月。对人、畜低毒，对作物安全，不污染环境。

(2)剂型　有50%可湿性粉剂。

(3)使用方法　该药防治对象同多菌灵，但药效好于多菌灵，可用来防治果树、蔬菜、棉花、烟草及禾谷类作物病害。防治果树白粉病、黑星病、轮纹病、葡萄白腐病、炭疽病、褐斑病和柑橘疮痂病等，可在发病初期用50%可湿性粉剂1 500～2 000倍液喷雾，每半月1次，共2～3次。用1 000倍液灌根可防治果树烂根病。防治贮藏病害如疮痂病、青霉病和绿霉病等用2 000～4 000倍液于采果前喷雾或采果后浸渍果实。

(四)其他有机合成的内吸杀菌剂

1. 甲霜灵　别名瑞毒霉、甲霜安、雷多米尔、氨丙灵。

(1)性状　本品可湿性粉剂为白色至米色粉末，拌种剂为紫色粉末，有轻度挥发性。属酰基氨基丙酸类杀菌剂。可溶于多种有机溶剂。不易燃烧，可在水中悬浮。在中性或酸性条件下稳定，遇碱易分解失效。甲霜灵的渗透、内吸性极好，施药后30分钟即可通过根、茎、叶部进入植物体内，向顶和向基双向传导，因此施药后耐雨水冲刷。对人、畜低毒，对鱼类、蜜蜂基本无毒，是一种高效、低毒、安全的杀菌剂。

（2）剂型　有25%可湿性粉剂，5%颗粒剂，35%阿普隆拌种剂。

（3）使用方法　甲霜灵对卵菌如霜霉、疫霉、腐霉等病原真菌引起的病害具保护和治疗作用，且持效期较长。它主要抑制菌丝体内蛋白质的合成，使其营养缺乏，生长受到影响甚至死亡。用25%可湿性粉剂800～1 000倍液防治褐腐病、霜霉病和白腐病等。除喷雾外，防治葡萄霜霉病还可用1 000倍液灌根，方法是在距根部15～20厘米远处开深5～10厘米的环形沟。2～5年生树用药液0.3升。灌药后覆土盖严，防效93%以上，比喷施节省药费85%。

2. 硫菌灵和甲基硫菌灵

（1）性状　硫菌灵和甲基硫菌灵的工业品均为淡黄色固体。这是两种硫脲基甲酸酯类内吸性杀菌剂。难溶于水，可溶于某些有机溶剂。甲基硫菌灵的可湿性粉剂为灰棕色或灰紫色粉末，胶悬剂为淡褐色悬浊液体。化学性质稳定，但在碱性溶液中易分解。对人、畜低毒，对鱼类也安全。在作物体内水解为多菌灵而起抑菌作用，作用机制同多菌灵。

（2）剂型　有50%和70%可湿性粉剂，40%胶悬剂。

（3）使用方法　这两种农药对多种真菌病害有保护和治疗作用，药效持久。被吸入植物体内后进行向顶型传导。防治对象与多菌灵类似，能有效地防治果树、蔬菜和观赏植物的多种病害。甲基硫菌灵施用后，可改善叶片绿色，并对一些叶螨及植物病原线虫有抑制作用。用硫菌灵或甲基硫菌灵50%可湿性粉剂700～

1 000 倍液喷雾可防治果树白粉病、褐斑病、褐腐病、黑星病等，隔10～15 天复喷 1 次。用 300～500 倍液浸渍处理果实，可以预防褐腐病、青霉病、绿霉病等贮藏期病害。

相同浓度的甲基硫菌灵的防治效果一般比硫菌灵高 30%～50%。

3. 噻菌灵　又名涕必灵、特克多、硫苯唑等。

(1)*性状*　原药为白色粉末，属苯并咪唑类广谱性内吸杀菌剂。室温下不挥发，在水中溶解度随 pH 值不同而变化，25℃下 pH 2 时溶解度约 1%。可溶于二甲亚砜、二甲基乙酰胺、二甲基甲酰胺等有机溶剂。在中性、酸性及碱性介质中均稳定。对人、畜低毒，对皮肤有刺激性。对鱼类和野生动物安全，对蜜蜂无毒。正常使用下对作物无药害。

(2)*剂型*　有 40%、45%悬浮剂。

(3)*使用方法*　噻菌灵为高效的内吸杀菌剂，可作叶面喷雾，防治多种作物的真菌病害，兼具保护和治疗作用，持效期长。也可作为水果、蔬菜的采后防腐保鲜剂，具有高效、低毒、低残留、不影响果品风味、不易诱发病原菌抗药性、与其他苯并咪唑 类杀菌剂如多菌灵等无交互抗性等优点。苹果采收前，每公顷用 45%悬浮剂 200～400 毫升加水 1 500 升树上喷雾，可控制贮藏期间青霉病、炭疽病的发生与扩展。也可用于柑橘、香蕉的采后防腐保鲜。方法是果实采收后，用 500～1 000 倍药液浸果几秒钟，稍加晾干，使果实表面均匀黏附一层药膜即可。噻菌灵还可用作种苗处理，防治作物的苗期病害。不能与含铜农药混用。对鱼有毒，不可向池塘喷药。

主要参考文献

［1］ 中国农业科学院果树研究所，柑橘研究所主编．中国果树病虫志（第二版）．北京：中国农业出版社，1994．

［2］ 中国林业科学研究院主编．中国森林病害．北京：中国林业出版社，1984．

［3］ 萧刚柔主编．中国森林昆虫［增订本］．北京：中国林业出版社，1992．

［4］ 郑瑞亭编著．核桃害虫．西安：陕西科技出版社．1981

［5］ 景河铭编著．核桃病虫害防治．北京：中国林业出版社，1987．

［6］ 司胜利主编．核桃病虫害防治．北京：金盾出版社，1995．

［7］ 庞震，曹克诚主编．山楂害虫．太原：山西科学技术出版社，1991．

［8］ 李怀方等编著．园艺植物病理学．北京：中国农业大学出版社，2001．

［9］ 韩召军等编著．园艺昆虫学．第二版．北京：中国农业大学出版社，2008．

［10］ 杨有乾，李秀生编著．林木病虫害防治．郑州：河南科学技术出版社，1982．

［11］ 曹子刚主编．核桃板栗枣病虫害看图防治．北京：中国农业出版社，2000．

［12］ 黄可训，胡敦孝编著．北方果树害虫及其防治．天津：天津人民出版社，1979．

［13］ 邱强主编．中国果树病虫原色图鉴．郑州：河南科学技术出版社，2004．